내 아이를 위한
매터링 코칭

NEVER ENOUGH

미국 교육계가 권하는 신개념 양육, 매터링의 비밀

Mattering Matters

내 아이를 위한

매터링 코칭

제니퍼 월리스 지음

조경실 옮김

whale books

내 아이들, 윌리엄, 캐럴라인, 제임스에게
그리고 모든 청소년에게

최근 열여섯 살 고등학생이 "성취가 성공과 같은 말인가요?"라고 물었을 때, 이 책을 건네주고 싶었다. 성취만 좇는다면 절대 성공할 수 없지만, 가족, 친구, 공동체에서 중요한 존재가 된다면 언제나 성공했다고 느껴지기 때문이다. 저자는 이 책에서 매터링의 중요성을 아주 적절히 제시한다.

앤절라 더크워스
Angela Duckworth, 《그릿》 저자

부모와 기자의 시각을 잘 보여줄 뿐 아니라 전문가들의 통찰력까지 담은 빛나는 책이다. 건강하고 행복한 아이를 성공적으로 키우는 참신한 방법을 제공한다. 아이에게 정말 필요한 것이 무엇인지 알고 싶다면 이 책을 읽어보길 권한다.

네드 존슨
Ned Johnson, 《놓아주는 엄마 주도하는 아이》 공동 저자

현대인의 정신 건강이 위기에 처했다. 이 책은 우리가 중요하게 생각해야 하는 것이 무엇인지 말한다. 지금 우리에게 꼭 필요한 책이다.

이브 로드스키
Eve Rodsky, 《페어플레이 프로젝트》 저자

우리가 당장 주의를 기울여야 할 문제를 정확히 짚어냈다. 다음 세대를 위해서 형광펜을 손에 들고 이 책을 꼼꼼히 읽어야 한다.

켈리 코리건

Kelly Corrigan, 베스트셀러 작가이자 팟캐스트 〈켈리 코리건 원더스〉, PBS 〈텔 미 모어〉 진행자

제니퍼 월리스는 전문적으로 현 교육 환경을 진단한다. 독자에게 성과 중심 문화가 어떤 악영향을 끼치는지 알리고, 앞으로 나가야 할 방향을 알려준다. 이 책은 모두를 위한 책일 뿐 아니라 풍요로운 삶을 살기 위한 지침서이다.

로빈 스턴

Robin Stern, 예일 대학교 감성지능센터 공동 설립자이자 부책임자

현실적이고 명쾌한 방법을 제시한다. 양육의 새로운 길을 알려주는 책이다.

리처드 웨이스보드

Richard Weissbourd, 하버드 대학교 교육대학원 교수이자 메이킹 케어링 커먼 프로젝트 책임자

제니퍼 윌리스는 연구 결과를 신중하게 해석하는 한편, 매터링이라는 개념으로 아이들의 정신 건강을 개선할 수 있는 방법을 제시한다. 매터링은 부모가 실질적으로 활용할 수 있는 개념이며 좋은 도구다.

알리자 프레스맨
Aliza Pressman, 팟캐스트 〈레이징 굿 휴먼스〉의 진행자

성과 중심 문화는 부모가 아이들에게 무조건적인 사랑을 베풀지 못하게 한다. 또 가족 관계를 약화하고 아이들을 병들게 한다. 제니퍼 윌리스는 수백 건의 연구 결과와 인터뷰를 집약해 이 책을 써냈다. 궁극적인 진실은 이력이나 성과와 관계없이 우리 모두가 중요한 사람이라는 것이다. 우리는 지금 모습 그대로 충분하다.

케네스 R. 긴즈버그
Kenneth R. Ginsburg, 필라델피아 아동 병원 소아청소년과 전문의, 《넘어져도 다시 일어서는 아이》의 저자

쉬우면서도 심오한 주장을 담은 이 책으로 윌리스는 우리 세대를 대표하는 중요한 사람으로 자리 잡았다. 윌리스는 현대 부모들이 직면한 문제에 대해 고민하면서 어린이, 청소년, 부모 모두를 병들게 하는 성과 중심 사회의 압박을 해소하는 방법을 제시한다.

리사 헤퍼넌
Lisa Heffernan, 육아 커뮤니티 그로운 앤드 플로운 공동 운영자이자 베스트셀러 작가

현재 상황을 정확하게 바라본 연구가 인상적이다. 저자는 이 책으로 아이에 대한 사랑이 성과 중심의 문화 때문에 변질된 상황이 얼마나 슬픈지 보여주는 한편, 아이들이 행복하고 바르게 성장하기 위해서 문제를 어떻게 해결해야 하는지 알려준다.

리노어 스케나지
Lenore Skenazy, 프리 레인지 키즈 운동 주창자

그동안 내가 읽은 자녀 교육서 중 다섯 손가락 안에 꼽힌다! 저자는 이 책에서 성과 중심의 문화가 빚어내는 문제를 해결할 실질적인 방법을 제안한다. 10대 아이들이 잘 성장하려면 우리가 어떤 역할을 해야 하는지 알려준다.

히나 탈리브
Hina Talib, 아트리아 연구소 소아청소년과 전문의

대한민국에서 대학 입시를 준비하는 10대가 위기에 놓여 있다는 사실은 구체적인 사례를 들어 설명할 필요가 없어진 지 오래다. 아이들을 안쓰럽게 여기던 일부 어른들마저 사라지고 있다. 어쩌다 우리 아이들은 위기에 놓이게 되었을까? 아이들의 성취가 상향 평준화되고 있다. 요즘에는 아이들이 '특출'해야 하는 분야가 점점 늘어날 뿐 아니라 특출의 기준도 계속 높아져 아이들이 스스로를 충분하지 않다고 느낀다는 저자의 주장에 깊이 공감한다. 아이들은 이 사회에서 자신이 사랑받을 가치 있는 사람이 되려면 날씬하고, 돈 많고, 똑똑하고, 재능이 있어야 한다는 신호를 끊임없이 받고 있다.

아직 초등학교에 입학하지도 않은 아이의 영어유치원 입학 테스트 결과에 부모가 그토록 마음 졸이거나 분개하는 대한민국의 모습 역시 '탁월해야 한다'는 압박감 때문이다. 존재 자체로는 인정받을 수 없다고 느끼게 된 아이는 자신을 이상적이고 완벽한 모습으로 보여주려 애쓰게 된 것은 당연한 현실이다. 지금의 이 안타까운 현실을 지켜보며 변화가 필요하다고 믿는 사람은 나뿐만이 아닐 거라 믿는다.

아이가 스스로 가치 있고 중요한 존재라고 느끼는 내적 자존감, 즉 '매터링'을 키워주고 행복한 학교생활을 할 수 있게 환경을 만들어주어야 한다. 이 책은 부모가 아이를 위해 어떻게 매터링 코칭을 해줄 수 있는지 구체적으로 알려준다. 저자의 표현처럼 "압력솥에 들어앉아 버린" 두 명의 10대를 키우는 나에게 부모 역할을 위한 가이드서로 더없이 유용했다. 경쟁이 일상이 된 아이의 모습을 지켜보며 걱정해 본 적이 있는 부모라면 누구나 이 책의 메시지에 깊이 공감하며 도움받을 거라 확신한다.

이은경 부모 교육 전문가, '슬기로운초등생활' 대표

"저는 별로 잘하는 게 없어요. 남들보다 뛰어나지도 않고요." 많은 어린이가 스스로를 충분하지 않다고 여긴다. 주목받는 사람이 되려면 더 똑똑하고, 더 예쁘고, 운동도 더 잘하고, 무언가에 특출난 재능이 있어야만 한다는 메시지를 성공 중심의 문화로부터 끊임없이 주입받기 때문이다. 탁월해야만 가치 있는 존재가 될 수 있다는 압박감은 아이가 가지고 있는 역량을 제대로 발휘하기도 전에 무기력에 빠지게 만든다.

이럴 때 아이들에게 필요한 것은 자신이 중요한 존재라는 사실을 인지하는 '매터링 감각'을 키워주는 것이다. 《내 아이를 위한 매터링 코칭》은 극심한 경쟁에 시달리는 요즘 아이들이 건강한 자아를 형성하도록 매터링을 표현하는 구체적이고 실용적인 솔루션을 알려준다. 우리 아이가 '성과'가 아닌 '존재' 자체로 자신을 가치 있게 여기며 단단한 자존감으로 우뚝 서길 바란다면 이 책을 펼치시라. 아이를 위해서 읽다가 양육자이자 한 명의 어른인 나 자신의 자존감도 회복할 수 있을 것이다.

이현아 교사, '좋아서하는어린이책연구회' 대표, 《어린이 마음 약국》 저자

솔직하게 말하면 스스로 꽤 괜찮은 교사이자 부모라고 자만하며 살았다. 학교에서는 교실 속 아이들과 다정한 대화를 나누고 아이들의 의견을 존중하고 마음을 다독였다. 열심히 공부하려면 힘든 것도 참고 이겨내야 한다고 버거워하는 아이들을 어떻게든 끌고 갔다. 집에서는 10대의 거친 풍랑을 맞고 있는 내 아이를 보며, 많이 사랑하고 보듬어주고 있다고 생각했다. 또래보다 학원도 적게 보내고 시험 성적에 대해 크게 잔소리한 적도 없었다. 공부에 허덕이는 아이의 고통도 그 시기에 자연스레 겪고 넘어가는 성장통으로 보고 대수롭잖게 여겼다.

'요즘 애들 다 이렇게 스트레스받으며 공부하잖아', '그래도 내 아이 정도면 학원도 많이 안 다니고 편하게 공부하는 편이지'라고 합리화했던 부모로서의 내 민낯을 《내 아이를 위한 매터링 코칭》이라는 책에서 마주했다. 지금은 힘들어도 훗날 원하는 삶을 살기 위해서는 눈 딱 감고 견뎌야 한다고 아이를 설득해 왔던 내 모습을 떠올리니 털썩 무릎을 꿇고 싶은 기분에 휩싸였다(아마 이 책을 읽고 난 독자들 대부분이 나와 같은 기분을 느끼리라 짐작해 본다). 책을 읽는 내내 '얼음물을 뒤집어쓴 충격'을 느끼는 순간이 계속되었다. 내 아이가 행복하게 살았으면 좋겠다고 말하면서도 성적에 신경을 곤두세우고 입시에 대해 경우의 수를 끊임없이 가늠해 보는 부모들의 마음속에 뿌리내린 성과주의를 날것으로 마주하자니 아득하기만 했다.

아이가 시험을 망쳐도 크게 내색하지 않고 격려를 통해 다음번에 더 잘해보자고 말하며 애써 태연한 척 넘어갔던 나의 불안을 과연 아이는 몰랐을까? 아이가 어릴 때는 너의 존재 자체로도 사랑받기에 충분하다고 말하고, 아이가 경쟁에 뛰어드는 순간 실수해도 진심으로 괜찮다고 다독여주던 부모는 도대체 어디로 사라진 걸까?

저자는 이 책을 통해 이런 잔혹한 현실을 다양한 사례를 통해 파헤치며 이를 극복할 방법으로 '매터링'이라는 개념을 제시한다. 나 자신은 매우 가치 있는 사람이고 다른 사람에게 도움이 되는 존재며, 성과와 상관없이 우리는 모두 존중받아야 마땅하다고 확신에 찬 목소리로 이야기한다.

지금 아이의 힘겨움은 언젠가 누릴 안온한 일상을 위해 마땅히 감내해야 할 '대가'라고 생각하고, 행여 '기회'를 안일하게 흘려보낼까 걱정하며 다양한 경험을 하게 해주려 애쓰는 부모들이 얼마나 많은가. 하지만 그 과정에서 부모 역시 어쩔 수 없는 외로움과 불안, 고통에 시달린다는 사실은 또 어떻게 받아들여야 할까? 부모로서 내가 계획한 아이의 행복과 아이가 진짜 원하는 행복이 다를 수 있다는 걸 받아들이고 좀 더 진지하게 아이와 함께 이 길을 걷겠노라 다짐한 순간, 이 책을 좀 더 많은 사람이 읽으면 좋겠다는 생각이 들었다.

"지나치게 열심히 하지 않아도 괜찮아. 너무 최선을 다하지 않아도 괜찮아", "넌 쉬어야 할 때 쉬고 다시는 오지 않을 찬란한 이 시기를 누릴 권리가 있어"라고 말해주는 '부모'가 되자. 그리고 이런 가치를 중요하게 여기는 부모로서의 삶이 내 아이에게 이정표가 되길 바란다면 나 역시 중요한 사람임을 인지하고 스스로를 소중히 여기는 '내'가 되자. 어른으로서 우리가 걸어야 할 길을 이토록 명쾌하고 단호한 손짓으로 알려주는 이 책이 부모들의 마음에 와닿길 바란다.

초등샘Z 교사, 《오늘 학교 어땠어?》 저자

눈을 감은 채 전력 질주 하는 아이들

이 책을 준비하던 초기에 워싱턴주에 사는 11학년생 몰리를 인터 뷰했다. 인터뷰를 시작하자마자 몰리는 AP 과정〔미국 고등학생들에게 미리 대학 과목을 학습할 기회를 주고, 이후 입학 전형 시 가산점을 주거나 입 학 후 이수 학점으로 인정해 주는 제도〕을 이수하려면 공부할 양이 많기 때문에 친구들 대부분이 새벽 3시에 잠자리에 들거나 일어난다는 말 을 꺼냈다. 그러면서 자신은 "올빼미 체질이 아니라서 주로 밤 12시 쯤 잠자리에 들었다가 새벽 5시쯤 일어나 시험공부를 하거나 과제를 마무리한다"라고 했다. 학교 대표 팀 선수 활동까지 하면서 겨우 다 섯 시간 자고 어떻게 체력을 유지하냐고 물으니, 몰리는 하나로 올려 묶은 머리카락을 더 질끈 잡아당기면서 농담기 없는 말투로 이렇게 대답했다. "실제로 눈을 감고 체육관 트랙을 달린 적도 많아요."

3년이 지나 문득 그 대화가 떠올랐다. '눈을 감은 채 운동장을 달리는 세대'라는 이미지가 다소 과장된 감이 있지만, 오늘날 많은 10대가 생활하는 교실, 경기장, 늦은 밤 방 안의 새로운 풍경을 상징하는 적절한 표현이라는 생각이 들었다. 지난 수십 년 사이 미국 내 많은 지역에서 직업인 또는 선수만큼이나 전문화된 교육을 받는 아이들이 늘었다. 아이의 잠재력을 최대한 끌어내기 위해 일분일초까지 관리하기 때문이다. 어른의 주도로 학업, 운동, 과외 활동이 과열되며 그로 인한 경제적 부담도 무시할 수 없게 되었다. 아이들은 충분히 쉬지도 못하고 자신이 이 경기를 뛰고 싶은지 생각할 겨를도 없이 다른 사람이 정해놓은 코스를 달린다.

이런 탓에 여러 부작용도 생겼다. 유년기에 빈곤하거나 폭력적인 환경에 노출된 아이가 성인이 되어서도 신체적·정신적으로 건강하지 않을 가능성이 크다는 사실은 수십 년간의 연구로 드러났다. 2019년 미국 발달 과학 분야 최고 전문가들이 '위기에 놓인 청소년군'에 새로운 집단을 추가해 사람들에게 큰 충격을 안겨주었다. 연구에 따르면, 소위 '좋은 학교'에 다니는 학생들 가운데 "상대적으로 감정 조절 능력에 문제가 있는 아이가 많으며, 이는 학업과 과외 활동에서 뛰어난 실력을 발휘해야 한다는 압박을 지속적으로 받아왔기 때문일 가능성이 크다".[1] 한 전문가는 미국 학생 세 명 중 한 명은 학업에 대한 과도한 압박에 시달린다고 추정했다.[2]

지난 10년 동안 나는 현대 가정의 일상생활에 관한 글을 써왔다. 그리고 최근 새롭게 제기되고 있는 '위기에 놓인 청소년 집단'을 다루는 글을 《워싱턴 포스트》에 기고했는데, 기사가 뜨자마자 사람들에게 빠르게 회자되는 것을 보았다. 모르는 사람이 기사와 관련한 더 자세한 정보를 얻고 싶다며 내 홈페이지를 방문했고, 기사가 학교 로비에 붙거나 뉴스레터에 링크된 걸 봤다며 친구들이 이메일을 보내오기도 했다. 교사, 교장, 운동부 코치는 물론 부모들끼리도 기사를 공유했다. 정신을 차리고 보니 시급한 논의의 한가운데 서 있었다. 2006년 심리학자인 매들린 러바인Madeline Levine이 《물질적 풍요로부터 내 아이를 지키는 법》을 출간해 이러한 논의를 본격적으로 다루었다. 러바인은 심리 상담을 하며 만났던 청소년들이 겉으로는 우등생처럼 보이지만 실제로는 내적 공허와 불안, 우울감을 겪는 경우가 많다고 설명했다. 최근에는 러바인의 경험을 뒷받침하는 자료들이 훨씬 많아졌다. 역설적인 듯 보이지만, 행복감을 수치화했을 때, 모든 기회를 누린 학생이 중산층 가정에서 자란 또래보다 오히려 좋지 않은 결과를 보이곤 한다.

우수한 성적을 내는 학생들의 행복을 걱정한다는 게 어딘가 이상하고 불합리하게 느껴질 수도 있다. 그 아이들 대부분은 주거 환경이나 보건 의료에 관해서 걱정할 필요조차 없고, 설령 문제가 있다 해도 해결할 돈이 충분한 가정의 아이들이 아닌가. 그런 아이들에게 주의를 기울여야 할까? 세상에는 어려운 환경 속에서 고통받는 사람이 이렇게나 많은데, 미국 상위 20퍼센트 가정의 아이들이 겪는 어려움도 과연 문제라고 말할 수 있을까? 가난과 굶주림, 폭력, 차별을 겪는 청소년이 좋은 학교에 다니는 또래 아이보다 큰 역경을 겪을 확률이 훨씬 높은 건 의심의 여지가 없다. 하지만 내가 이같이 질문했을 때, 심리학자 수니야 루타Suniya Luthar는 이렇게 대답했다. "고통은 저울에 올릴 수 있는 것이 아니에요. 고통받는 아이는 고통받는 아이일 뿐, 어떤 아이도 자기 환경을 스스로 선택한 적은 없어요."

유년기에 겪는 극심한 고통이 얼마나 부정적인지 알려진 후로 아이의 성공을 바라보는 시선도 변화했다. 이러한 변화는 아이들의 고통을 더 잘 바라보도록 했다. 현재 청소년들의 스트레스, 불안, 우울은 치명적인 전염병처럼 빠르게 확산되고 있다. 정도가 심각하다 보니 2021년 미국 공중보건단장 비벡 머시Vivek Murthy 박사는 다음과 같은 공공보건주의보를 발표하기까지 했다. "최근 정부에서 실시한 조사에 따르면 정신 건강이 좋지 않은 아이들이 늘어나고 있습니다.[3] 지난 2019년 고등학생 세 명 중 한 명이, 그리고 여학생의 절반이 지속적인 우울감 또는 무기력을 호소했습니다. 이는 2009년 대비 40퍼센트 가까이 늘어난 수치입니다." 청소년의 정신 건강은 유전자부터 사회적 영향력social forces에 이르기까지 여러 요인에 영향을 받는다고 머시 단장은 말했다. 특히 대중매체와 대중문화는 청소년에게 "외모 면에서 아직 부족하고, 인기도 없고, 머리도 그리 좋지 않고, 돈이 많지도 않다는 그릇된 메시지를 보내 자아 존중감을 무너뜨릴 수 있습니다"라고 설명했다. 이 말이 시사하는 바는 명확하다. 심한 스트레스는 청소년에게 아주 해로운 영향을 미치기 때문에 어른으로서 우리는 당연히 무엇인가를 해야만 한다.

저널리스트이자 청소년기 세 자녀를 둔 엄마인 나는 이런 현상을 자세히 알아봐야겠다고 생각했다. 그래서 2020년 초 하버드 교육대학원 연구원들의 도움을 받아 최초로 미국 전역의 부모를 대상으로 양육 실태를 조사했다. 나는 아이와 부모들이 느끼는 압박감과 그 원인을 알고 싶었다.[4] 온라인 육아 커뮤니티에서 설문 조사에 관한 논의가 활발히 이뤄졌고, 페이스북에도 관련 글이 자주 올라왔다. 불과 며칠 사이 전국 곳곳의 부모 6000명 이상이 설문에 참여했다.

좋은 성적을 받아야 한다는 압박감은 일부 지역만의 문제가 아니었다. 미국 전 지역의 가정이 영향권에 있었다. 부모들은 자기 경험을 공유하고 싶어 했고, 모두가 느끼고 있지만 누구도 말하지 않던 사실을 터놓고 말할 기회를 주어 고맙다고도 했다. 부모들에게 물은 질문은 다음과 같다.

"행복한 인생을 살기 위해 가장 중요한 요소는 좋은 대학에 들어가는 것이라는 데에 주변 부모들이 대체로 동의한다."

→ 73퍼센트가 '그렇다'고 응답[5]

"주변 사람들은 아이의 학업 성적이 우수한 것은 부모가 양육을 잘했기 때문이라고 생각하는 경향이 있다."

→ 83퍼센트가 '그렇다'고 응답[6]

"내 아이가 지금보다 스트레스를 덜 받고 유년기를 보냈으면 좋겠다."

→ 87퍼센트가 '그렇다'고 응답[7]

이런 생각들의 실체를 파악하려면 이들을 수면 위로 끄집어내는 게 우선인 것 같았다. 그래서 설문지 마지막에 인터뷰할 의향이 있는 부모는 이메일을 보내달라고 덧붙였고, 그때 받은 이메일이 수백 통에 달했다. 나는 이후 3년 동안 여러 지역을 돌며 부모들과 학생들을 만나 깊이 있는 대화를 나눴다.

인터뷰에서 만난 부모 대부분이 대학을 졸업한 전문직 종사자였다. 그 점을 제외하고는 그들이 속한 환경은 다양했다. 다른 인종과 민족적 배경을 지녔을 뿐만 아니다. 이성 커플인 경우와 동성 커플인 경우도 있었다. 또한 정치적으로 진보 성향인 사람과 보수 성향인 사람이 있었으며, 홀로 아이를 키우는 아빠, 전업주부인 엄마도 있었다. 도시, 교외, 시골처럼 사는 곳도 조금씩 달랐고, 교사, 간호사, 변호사, 학부모회 회장, 은행원, 심리학자 등 하는 일도 제각각이었다. 이처럼 배경은 다양했지만 지나치게 성취를 강요하는 사회에서 옳은 길을 찾으려는 마음만은 모두 한결같았다.

마지막에는 지금의 성과 중심 문화가 주는 압박감에도 잘 성장한 아이들을 찾아 나섰다. 그 아이들은 스트레스를 적절히 해소하기 위해 어떤 완충 장치를 썼을까? 어떤 사고방식으로 어떻게 행동할까? 집에 있을 때 그들의 부모가 집중했던 것은 무엇인가? 아이들에게 학교란 어떤 곳인가? 아이들이 공통으로 지닌 특성이 있다면 무엇인가? 나는 학부모 회의나 엄마들 모임을 찾아가 포커스 그룹(시장 조사나 여론 조사를 위해 각 계층에서 추출한 소수의 그룹)을 인터뷰했다. 하지만 부모와 학생을 일대일로 만나는 경우가 훨씬 많았다. 카페에서,

집 부엌 식탁에서, 사무실에서, 이동하는 차 안에서 이야기를 나눈 적도 있고, 온라인 줌으로 인터뷰한 적도 있다. 집으로 돌아온 뒤에도 대화는 계속 이어졌다. 종종 '지난번 나눈 이야기에 관해 좀 더 생각해 봤는데요…'로 시작하는 긴 이메일을 받기도 했다. 책을 집필하는 동안 나는 인터뷰한 가족들 다수와 연락을 이어갔고, 고등학교를 졸업하고 대학에 간 몇몇 학생을 꾸준히 지켜보기도 했다.

그동안 해온 설문 조사와 그로 인해 알게 된 사람들 덕분에 많은 자료를 얻었고, 개인적인 사례뿐 아니라 반복해서 나타나는 특징도 찾을 수 있었다. 연구를 진행하며 조금씩 어떤 결과가 드러났을 때, 나는 얼음물을 뒤집어쓴 것 같은 충격을 받았다. 우리 아이들은 자신의 가치가 '내가 어떤 사람인가'가 아니라 평점, 소셜 미디어의 팔로어 수, 대학 이름과 같은 '성과'에 달렸다는 생각에 젖어 있었다. 또한, 자신이 성공했을 때만 주변 어른, 또래 친구, 지역 사회에서 중요하게 받아들여진다고〔저자는 원문에서 '중요하다'는 의미의 단어 'matter'를 사용했다〕느꼈다.

앞 문장에서 '매터mattter'는 내가 의도적으로 사용한 단어다. 1980년대 이후 많은 연구자가 긍정적이고 건강한 정신을 유지하기 위해, 성인이 되어서 잘 살기 위해 반드시 필요한 것으로 '자신이 가치 있는 사람이고 다른 사람에게 도움이 된다'는 느낌을 뜻하는 매터링mattering을 꼽았다.

'매터링'은 아이들을 괴롭히는 압박감을 이해하고, 나아가 어떻게 아이들을 지킬지 알아내는 데 직관적이고도 풍부한 뼈대를 제공한다. 현실적으로 유용할 뿐 아니라 심오한 의미를 담고 있기도 하다. 완전히 새로운 시각으로 아이들을 바라보고 아이들의 가치, 잠재력, 사회 참여에 관해 생각하게 해주는 것이 바로 매터링이다.

매터링은 학업을 비롯한 수행 능력에도 도움을 준다. 매터링을 경험했을 때 우리는 가정, 학교, 지역 사회에 더 긍정적이고 건강히 참여할 수 있다. 우수한 성적을 내면서도 건강한 학생의 비밀이 높은 수준의 매터링 감각이라는 사실을 이번 연구로 알아냈다. 매터링은 우리가 사용하는 언어, 중요하게 생각하는 것, 그리고 실패를 다루는 방법에 영향을 미친다. 쳇바퀴 돌리는 삶에 지친 어른에게도 도움이 된다. 학업 압박에서 아이를 구제해 줄 뿐 아니라 그 과정에서 아이를 망치는 일도 피할 수 있다.

처음 나는 부모들과 학생들이 자신의 이야기를 공개하길 꺼리거나 깊은 속내를 드러내야 하는 주제에 상처 입지는 않을까 걱정했다. 하지만 그건 착각이었다. 지난 3년 동안 200명의 사람이 기꺼이 자기 삶에 관해 말해줬고 나는 그 점에 너무나 감사한다. 내가 인터뷰한 아이들은 믿을 수 없을 정도로 솔직했고, 그만큼 나를 믿어주었다. 사랑하는 사람을 자살로 잃은 가족을 만난 적도 있다. 청소년들에게 새로운 길을 열어주려는 지역 사회단체와도 이야기를 나눴다. 과거의 잘못을 깨닫고 다른 사람이 같은 실수를 반복하지 않았으면 해 자신의 이야기를 공유하려는 부모들도 만났다. 이 책에는 내가 배우고 깨달은 것들이 담겨 있다. 독자들을 위해 이 책을 썼지만, 한편으로는 모두가 같은 방향으로 달리도록 강요하는 문화에서 아이를 건강하고 능력 있는 사람으로 키우려고 애써온 나를 위해 쓰기도 했다.

그동안 나는 이 세대 부모들이 지닌 불안을 같은 입장에서 솔직하게 들여다보려고 했다. 물론 한 권의 책에 모든 부모의 경험을 담는 것은 불가능하다. 성공해야 한다는 부담감은 개개인 각자가 살아온 배경과 경험에 따라 모두 다를 것이다. 최대한 다양한 입장에서 현상을 바라보려고 했지만, 사회과학 서적이나 역사책, 또는 공공 정책에 관한 책만큼 깊게 파고들지는 않았음을 미리 밝힌다.

이 책은 거주 지역과 아이를 보낼 학교를 선택할 여유가 있는 부모, 그리고 아이들과 매일 함께 생활하는 어른을 대상으로 했다. 물론 학교 교육, 과외 활동, 운동과 관련해 한 가족이 하는 선택은 그렇게 할 여유가 없는 다른 가족이 얻을 기회에 영향을 미치고, 나아가 사회 불평등을 확대한다. 그래서 구조적 인종차별, 사회로부터 소외되는 현상, 특권 같은 중요한 주제에 관해 더 깊이 알고자 하는 독자를 위해 책 말미에 관련 자료를 정리해 두었다.

나 역시 좋은 학교 출신이다. 백인이고 아이비리그를 졸업했으며 내 아이들도 소위 말하는 '명문 학교'에 다닌다. 나는 그 특권을 이용해 숨은 문제를 조명하고, 해결책을 찾고 싶었다. 성과에 대한 압박이 팽배한 지금의 상황을 무작정 비판할 게 아니라 대화 방향을 바꿀 수 있다면 좋겠다. 우리를 불행하게 만드는 힘이 한 개인, 가정, 학교, 지역 사회만의 문제가 아님을 독자들도 이해했으면 하는 게 내 바람이다.

이 책은 우리가 여기까지 오게 된 과정, 그리고 커지는 성과 압박이 아이들에게 미치는 영향을 들여다보는 데서 시작한다. 거기서부터 실질적인 해결책을 논의하고, 몸과 마음이 건강할 뿐 아니라 능력도 뛰어난 아이로 키울 수 있는 쉽고 설득력 있는 방법을 보여주려 한다. 마지막으로 가정을 넘어 우리가 만들 수 있는 변화에 관해 최고의 전문가들이 들려준 통찰력 있는 조언도 모아놓았다. 그중에는 성공 중심 문화가 만드는 부정적인 압박을 완화하기 위해서 학교와 지역 공동체가 할 수 있는 일도 포함되어 있다.

이번 연구를 통해 많은 청소년이 경험하는 불안, 우울, 고독감에 대응하기 위해 집, 교실, 체육관에서 우리가 할 수 있는 일이 있다는 사실을 알게 되었다. 그 일을 하려면 사회가 날마다 보내는 위험한 메시지, 피할 수 없고 필연적으로 보이기까지 하는 메시지를 넘어서는 사고 전환이 필요하다. 어른으로서 우리는 어떻게 하면 아이들을 보호할지 고민하고 옳은 길을 찾아야 한다. 아이들이 인생을 잘 헤쳐나가는 어른으로 세상에 나아가도록, 그리고 우리가 더 이상 옆에서 길을 안내해 주지 못할 때도 홀로 잘 살도록 도와주어야 한다.

차례

CHAPTER 1

우리 아이는 어쩌다 위기에 놓이게 됐을까?

뜨거운 '압력솥'에
들어앉다

어맨다가 얼마나 우쭐했을지 상상이 간다. 경쟁이 치열하기로 소문난 고등학교 대표 팀 선수면서 토론 클럽 회장이었고, 최우수 성적으로 졸업할 예정이었다. 원하는 대학의 합격 통지서도 일찌감치 받아놓은 상태였다. 그것도 경쟁률이 10 대 1이나 되는 명문대였다. 6년 내내 이 순간을 위해 달려왔다고 해도 과언이 아니었다. 바라던 걸 이뤘으니, 이제 어맨다는 뭐든 할 수 있었다. 그런데 만족감으로 가슴 벅차야 할 그때, 심리적 동요와 불안을 경험했다. 입학 허가서를 받은 그 주 토요일, 어맨다는 보드카 한 병을 들고 친구 집에 가 밤새워 파티를 하며 술을 마셨다. 합격을 축하하기 위해서가 아니라 마음 깊숙한 곳에서 올라오는 알 수 없는 절망감을 잠재우기 위해서였다.

어맨다는 미국 서부 해안 지역의 비교적 부유한 소도시에서 자랐다. 내가 이 책의 자료 조사를 위해 방문한 다른 수많은 도시와 비슷한 지역이었다. 많은 세금을 쏟아부었을 법한 아름다운 중심가, 화이트칼라 전문직으로 장시간 일하는 부모들, 평소에는 많은 양의 과제를 하고 주말에는 스포츠 클럽에서 활동하며 부모만큼이나 바쁘게 생활하는 아이들은 그런 도시에서 공통으로 나타나는 특징이었다. 더 어렸을 때는 어맨다도 학교를 좋아했다. 어맨다는 "학교에 가는 게 진짜 좋았고 뭔가를 배우는 게 재밌던 때도 있었어요"라고 했다. 중학생이 되기 전까지는. "중학생이 되니 '원하는 대학에 들어가려면 이런 활동을 해야 해, 저 수업을 들어야 해' 같은 말을 계속 듣게 됐고, 그때부터 가능한 한 제일 좋은 대학에 들어가기 위해 스펙을 쌓는 게 제 삶이 되어버렸어요."

고등학교에 다니는 4년(미국의 학제는 주에 따라 다르지만, 고등학교 과정이 4년인 곳이 일반적이다) 동안 어맨다는 강도 높은 스케줄을 소화해야 했다. 1년 내내 운동했고, 방과 후 불우 이웃 돕기 활동을 했으며, 우등반 수업과 AP 수업을 들을 수 있는 만큼 들었다. 부모는 엄격한 노동 윤리를 어맨다와 다른 자녀들에게 주입했다. 아버지는 기술 관련 회사의 변호사로 하루 열두 시간씩 일했고, 어머니는 줄곧 학부모회 임원으로 활동했다. 어른들은 집을 항상 흠잡을 데 없이 가꾸었다. 집에 손님이 올 때마다, 심지어 뭔가를 주러 잠깐 들를 때조차 모든 게 말끔히 정돈된 상태여야 한다며 어머니가 얼마나 수선을 피웠는지 어맨다는 떠올렸다. 어머니는 명절과 연말연시를 특히 중요하게 생각해서 몇 주 전부터 집을 꾸몄고, 아이들에게 동화의 한 장면 같은 추억을 만들어주려고 무척 애썼다. 가족끼리 휴가를 갈 때도 꼼꼼하고 신중하세 계획을 세웠기에 작은 것 하나 운에 맡기는 일이 없었다. 어맨다는 "부모님에게는 인생에서 성취가 가장 중요한 일이었어요"라고 말했다.

어맨다의 부모는 학교 성적에 관련해 자신들의 바람을 직접적으로 언급하지 않으려고 조심하는 편이었다. "'네 잠재력을 다 발휘하지 않았구나'라는 식으로 에둘러 표현했어요." 과제 점수로 C를 받거나 B를 받았을 때도 별말 하지 않았지만, 어딘가 냉랭한 듯했다. 어맨다의 말대로 노골적이진 않았지만, 부모가 보내는 메시지는 분명했다. '이거보다 더 잘할 수 있었을 텐데.'

어맨다의 친구들도 사정은 마찬가지였다. "저희가 사는 동네는 그런 곳이에요. 성적, 외모, 체중, 여행지, 집 외관, 모든 게 최고이고 완벽해야 하고, 동시에 그런 것들이 별 노력 없이 유지되는 것처럼 보여야 해요." 고등학교 수업은 경쟁이 치열했고, 공부 양도 무척 많았다고 어맨다는 기억했다. 방과 후 클럽에서 만난 스포츠 코치는 물론이고, 각 과목 선생님도 학생들의 성적이 높은 수준이길 기대했다.

겉으로는 어맨다는 학업과 여러 활동을 잘 해낸 것처럼 보였을 것이다. 갑자기 모든 게 제자리에 우뚝 멈춰서기 전까지는. 11학년 말 무렵, 대학 입시가 조금씩 현실로 다가와 압박감이 커지면서 어맨다는 밤늦게까지 공부했고, 잠자리에 들어도 불안감에 사로잡혀 쉽게 잠을 이루지 못했다. 다음 날, 완전히 녹초가 된 몸으로 일어나 수업을 빼먹고 음악실에 간 적도 있었다. 피아노로 바흐와 쇼팽의 곡을 연주하며 잠시나마 현실에서 벗어나곤 했다.

당시 어맨다는 스스로 인지하지 못했지만, 우울증을 앓고 있었다. 뭔가 즐거운 일을 할 시간도, 쉴 시간도 전혀 없는 상태여서 생활이 매우 경직되어 있었다. 끊임없는 스트레스에 거식증과 폭식증 증상이 동시에 나타났다. 고통을 무디게 하려고 쿠키와 아이스크림을 꾸역꾸역 먹을 때마다 자제력을 잃은 자기 모습에, 이번에도 어른들의 기대에 부합하지 못했다고 생각했다. 어맨다의 자존감은 체중계가 가리키는 수치나 시험 점수에 따라 올라갔다 내려갔다. "집과 학교, SNS에서까지 항상 완벽한 모습을 보여줘야 한다는 생각 때문에 사람들과 마음을 터놓고 지내지 못했어요. 부모님과는 특히 더 그랬고요. 진짜 외로웠어요."

어맨다는 정신 건강에 문제가 있었지만, 어른들은 눈치채지 못했다. 속은 곪아가면서도 여전히 학교 성적은 모두 A를 받아왔기 때문이다. 주말에는 잠깐이나마 기분 전환을 할 수 있었다. "저도 친구들도 '주중에 힘들게 공부했으니 주말에는 좀 놀아도 되잖아?'라고 생각했던 것 같아요." 어맨다는 또래 친구들과 어울려 술을 마셨고, 가끔은 필름이 끊길 때까지 마시기도 했다. 어떤 부모는 주중에 할 일만 제대로 하면 주말에는 뭐든 해도 좋다고 암묵적으로 허락해, 술을 사주거나 심지어 어른들 술자리에 아이들을 끼워주기도 했다. 하지만 어맨다의 부모는 생각이 달랐다. "친구들과 노는 걸 시간 낭비라고 생각하셨어요. 그래서 외출 전에 꼭 싸우곤 했죠. 저희 부모님은 생산적인 일을 하고 성공하는 걸 다른 어떤 것보다 우선했고, 친구 관계 같은 건 별로 중요하지 않게 여겼어요."

대학에 갈 무렵, 어맨다는 '열심히 일하고 열심히 놀자'고 생각했다. 대학에 가니 경쟁은 고등학교 때보다 오히려 더 치열했다. 모든 과목에서 A를 받기 위해 애써야 했다. 식이 장애가 악화되었고, 과음하는 버릇도 계속되었으며, 부모의 기대에 미치지 못했다는 괴로움에서 벗어나기 위해 마약에까지 손을 댔다. 부모의 관심은 학교 성적에서 여름 방학 인턴십으로 옮겨갔다. 대학 졸업 후 어맨다는 바라던 대로 광고업계의 괜찮은 회사에 취업했고, 샌프란시스코에 있는 멋진 아파트로 이사도 했다. 그땐 정말이지 짜릿하고 흥분되었다.

하지만 더 많은 걸 이뤄야 하고, 더 높이 올라야 하고, 동료 사이에서 최고가 되어야 한다는 중압감이 다시 찾아왔다. "매일 일만 했고 덕분에 승진도 했지만 스트레스를 잘 푸는 방법 같은 건 모르고 살았어요." 그래서 건강하지 않은 예전 습관에 다시 의지하게 되었다. 어느 날 밤에는 친구들과 흥청망청 술을 마시고 마약까지 한 뒤, 집 근처 갓길에 앉아 있는데, 자살하고 싶다는 생각이 들었다. 어맨다는 그때를 이렇게 회상했다. "더는 못할 것 같다는 절망감 같은 게 느껴지더라고요. 완전히 지쳐서 그냥 다 관두고만 싶었어요."

우울증이 심해진 어맨다는 주중에도 술을 마시기 시작했다. 한번은 음주 단속에 걸려 구속된 적도 있다고 했다. 거의 10년 가까이 과음하고 마약까지 복용한 사실이 드러나 어맨다는 강제로 치료를 받아야 했고, 부모님도 모든 걸 다 가진 줄 알았던 딸이 내면은 완전히 공허한 상태라는 걸 그제야 받아들이게 되었다.

어맨다는 중독 치료를 받았고, 술과 마약을 끊은 지 2년이 되었다. 그리고 지금도 계속 전문가와 상담하며 20년간 자신을 무겁게 누르고 있던 짐을 천천히 내려놓는 중이다. "저는 완벽해지지 않으면 사람들이 저를 사랑하지 않을 거라고 늘 생각했어요." 그런 생각이 깊이 뿌리박혀 완전히 떨쳐버릴 수 있을지 자신이 없다고 했다. "지금도 열심히 일하고 싶고, 성공하고 싶어요. 하지만 지금은 제가 뭘 잘못해도 저를 막 몰아붙이지 않으려고 노력해요."

위기에 놓인 10대

수니야 루타가 미국 10대의 삶에 처음 관심을 두기 시작했을 때, 그는 연구의 초점을 대도시 빈민가 아이들에게 맞추었다. 1990년대 예일 대학교 연구원이던 루타는 빈곤, 범죄, 약물 남용에 노출된 10대 그룹을 조사했다.[1] 그리고 인근 부유한 동네에 사는 10대 피실험자들을 모집해 우울감 경험률, 일탈 행동의 횟수와 정도, 마약이나 알코올 남용 같은 변수를 기록하고 비교했다.

그런데 도시 근교에 사는 중상류층 청소년들이 여러 항목에서 더 좋지 않은 결과를 보인다는 사실을 알고 루타도 무척 놀랐다고 한다. 중·상류층 가정 아이들은 평균적인 10대 또는 빈민가 아이들보다 술과 마약을 하는 비율이 눈에 띄게 높았다. 특히 도시 근교에 사는 여자아이들은 꽤 심각한 수준의 임상 우울증을 겪고 있었으며, 남녀 상관없이 많은 아이들이 심한 불안감을 느낀다고 대답했다. 루타는 조사 결과가 직관에 어긋난다고 생각했고, 다른 사람들은 단순히 결과가 잘못되었으리라고 생각했다. 루타는 이렇게 말했다. "기회도 많고 모든 걸 다 가진 듯한 아이들이 빈곤한 가정의 아이와 평균적인 미국 아이들보다 좋지 않은 행동을 더 많이 한다니 처음에는 뭔가 잘못된 거 아닌가 하는 생각이 들더군요." 결과를 이해할 수 없었다. 대부분의 사람은 경제적 부가 행복과 직결된다고 여기며, 행복을 보장해 주지는 않더라도 최소한 여러 고통과 시련으로부터 아이들을 보호해 주리라 믿는다고 루타는 말했다.

이 실험을 계기로 루타는 동료들과 함께 몇 년에 걸쳐 추가 연구를 했고, 임상적으로 높은 수준의 불안, 우울, 약물 남용 증세를 보이는 아이들이 '위기'에 처하게 된 것은 중·상류층 환경에서 자랐기 때문이 아니라 끊임없이 압박하는 환경에서 자랐기 때문이라는 사실을 밝혀냈다.[2] 2018년 로버트 우드 존슨 재단RWJF의 영향력 있는 공중 보건 정책 전문가들이 출간한 보고서에는 청소년기 아이들의 행복에 부정적인 영향을 미치는 주요 환경으로 빈곤, 정신적 외상, 차별과 더불어 '남보다 뛰어나야 한다는 과도한 압박감'이 명시된다.[3] RWJF 보고서에 따르면 "성공해야 한다거나 다른 이들보다 뛰어나야 한다는 과한 압박을 주는 가정 및 학교는 청소년기 아이들에게 눈에 띄게 해로운 영향을 미치며, 높은 수준의 스트레스, 불안 장애, 알코올과 약물의 남용 및 중독을 일으킨다".[4] 여기에 더해, 인종, 사회계층, 민족적 배경, 신원 등으로 사회에서 소외된 학생들은 감당하기 어려운 수준의 스트레스를 받아 제대로 성장하는 데 큰 어려움을 느낄 수 있다고 한다.

학생들의 표준 시험 성적이 미국 상위 25퍼센트 내에 분포하는 경쟁이 심한 학교들은 주민 대부분의 가구 소득이 상위 20~25퍼센트 이내에 속하는 지역에 주로 자리한다. 물론 이런 학교와 지역 사회에는 소득이 상위 25퍼센트가 되지 않는 가구도 포함되지만, 그런 가구의 학생도 좋은 성적을 받아야 한다는 지속적인 압박을 받을 가능성이 크다. 다시 말해 청소년의 성장을 저해하고 전반적인 건강에 영향을 미치는 요인은 가구 소득이 아니라 아이들이 양육되는 환경에 더 가깝다는 것이다. 그토록 유리한 입장에 있는 아이들인데도 내가 만난 학생들 상당수가 불안하고 우울하고 외롭다고 했다. 한 학생은 이런 말을 하기도 했다. "고등학교에 다닐 때 심각할 정도로 우울해서 편안한 적이 거의 없었어요. 성적과 결과를 우선하는 분위기는 학교에서도 심했지만, 친구들 사이에서도 엄청 심했어요."[5]

스탠퍼드 대학교 부속 연구 기관인 챌린지 석세스가 미국 전역 4만 3000명의 학생에게 실시한 설문 조사에서 고등학생의 3분의 2 이상이 대학 입시에 관해 '자주 또는 항상 걱정한다'고 응답했다.[6] 리더 자리를 얻고 좋은 대학에 입학하기 위해 또래와 경쟁할 때 아이들은 지나치게 큰 기대 속에서 성장한다.

그렇다면 아이가 대학에 입학하고 나면 정신 건강 문제도 해결되지 않냐고 생각하는 사람이 있을지도 모르겠다. 하지만 그렇지 않다. 코로나19 팬데믹의 충격이 닥치기 전부터 학생들의 정신 건강은 계속해서 중요한 문제로 떠올랐다. 팬데믹 이전에 실시한 설문 조사 결과를 보면, 대학생 다섯 명 중 세 명이 불안감 때문에 힘들었던 적이 있다고 답했고, 다섯 명 중 두 명이 지난해 제대로 생활하기 힘들 정도로 우울했던 적이 있다는 답을 내놓았다.[7] 2020년 하버드 대학교 특별조사단은 15개월간의 연구로 재학생들이 '심한 스트레스, 과도한 학업량, 뒤처짐에 대한 두려움 때문에 힘들어하며, 스트레스를 건강하게 해소하지 못하고 있다'고 발표했다.[8] 또한 '과외 활동 역시 순수한 기분 전환 거리보다는 경쟁과 스트레스의 또 다른 원인'인 경우가 많다는 것도 밝혔다. 이처럼 고등학교에서 시작된 압박감은 대학까지 지속되고 있었다.

원인이 무엇이든, 고강도 스트레스는 신체 건강에 장기적으로 악영향을 미쳐 더 큰 위험을 야기하기도 한다. 우리 몸은 위험을 인지했을 때 일시적으로 아드레날린과 코르티솔을 분비한다. 그러다 위기가 지나고 나면 호르몬 수치가 내려가 평소 상태로 돌아간다. 그러나 우리 몸은 만성적인 스트레스를 처리하도록 고안되지는 않았다. 호르몬이 계속 분비되어 각성 상태가 유지되면 심장 질환, 암, 만성 폐 질환 및 간 질환, 당뇨, 뇌졸중 같은 질병을 유발하고, 단기적·장기적으로 신체를 망가뜨릴 수 있다. 점점 증가하는 약물 남용의 위험 또한 성인이 되어서까지 지속되는 것을 알 수 있다. 26세 성인을 대상으로 한 연구에서는 명문 학교를 졸업한 사람이 중산층에 속한 또래보다 중독으로 고생할 확률이 두세 배나 높게 나타났다.[9]

"전문가들은 요즘 세대를 과잉보호 속에서 응석받이로 자란 아이들이라고 말하지만, 사실은 정반대라고 생각해요. 더 많은 걸 성취하라는 요구 때문에 아이들이 이렇게 짓눌린 채 살고 있는걸요"라고 루타는 말했다. 일종의 도금된 압력솥 안에 아이들이 살고 있다고 봐도 무방하다는 생각이 들었다. 겉으로는 반짝거리지만, 안은 극도로 힘들고 고통스러운 삶. 뭔가를 해낼 때마다 '더 어려운 수업, 더 힘든 운동 경기' 하는 식으로 기대치는 자꾸 높아진다. 운동이나 악기 연주처럼 즐기기 위한 활동조차 인생의 이력서를 채우려는 수단이 되었다. 어린 학생들과 이야기를 나누며 이런 압박이 해로울 뿐이라는 생각은 더욱 확고해졌다. 뉴욕에서 만난 한 학생은 겨우 초등학교 3학년이었는데, 나와 이야기를 나누다 울음을 터뜨리기도 했다. 수학 시험에서 C를 받아 하버드에 들어가지 못하게 되었고, 그래서 '잘 살 기회'도 놓친 것 같아서였다.

어른들의 좋은 의도에도 아이들이 느끼는 압박감은 지나치게 커졌다. 지난 30년간 경쟁이 점점 심해지고 불확실성은 커지다 보니, 부모들은 어린 나이에 이룬 성공이 안정되고 행복한 삶으로 가는 확실한 지름길이라고 믿게 되었다. 이런 믿음은 어린 시절의 모습, 가족 내 우선순위, 일상의 흐름 등을 바꿔놓았다. 자기 아이는 특별하다고 착각하는 부모를 우리는 쉽게 비웃으면서도 혹시 자기 아이만 뒤처진 건 아닌가, 이걸 얼마나 더 해야 하나 전전긍긍한다.

누구나 머리로는 모든 아이들이 공정한 환경에서 경쟁해야 한다고 생각하지만, 옳은 것과 그렇지 않은 것의 경계를 과연 쉽게 정할 수 있을까? 가구 소득의 10퍼센트 이상을 아이 운동에 쏟아붓는 게 옳을까? 혹은 아이가 수학을 어려워해서가 아니라 반 아이들보다 앞서나가길 바라서 수학 과외 선생님을 붙여주는 게 옳을까? 아니면 아이의 시험 시간을 연장하기 위해 의사에게 가짜 진단서를 받아다 주는 게 옳을까?《월스트리트 저널》기사에 따르면 코네티컷주 웨스턴과 매사추세츠주 뉴턴에 거주하는 학생 25~30퍼센트가 학습 불능 진단을 받아 시험 시간을 연장했다고 한다(저소득층이 모인 동네에서는 학습 불능 진단을 받은 학생의 비율이 1.6퍼센트에 불과했다).[10] 그렇다면 이런 지역에 사는 부모는 어떻게 해야 할까? 그런 편법이 있는 걸 알면서도 '정정당당하게 경기를 치른' 부모는 자기 아이가 진짜 더 행복한지 의문을 품을 것이고, 경제적으로 그럴 여유가 없는 부모는 자기 아이를 불리한 입장에 놓이게 한 이 상황을 어떻게 극복해야 할지 고민할 것이다.

나 역시 이런 덫에 빠진 적이 있다. 아이를 자랑스러워하는 마음에 압도된 때도 있었다. 아이들 하나하나가 고유한 존재이고, 계속 그렇게 커나가는 것을 보면 지금도 놀랍고 신기할 따름이다. 그래서 아이들이 기쁨과 행복, 목적의식을 찾도록 뭐든 다 해주고 싶은 마음이다. 또 어떤 날은 불안감에 사로잡히기도 했다. 아이의 방과 후 활동 스케줄을 짤 때면 이런 불안감이 엄습한다. 내가 제대로 된 수업을 신청한 게 맞나? 혹시 더 나은 프로그램이 있는 건 아닐까? 우리 애가 너무 바쁜 건 아닐까? 반대로 너무 안 바쁜 건 아닐까? 적당히 하고 있나? 아니면 너무 많은 걸 하고 있나?

첫째 아들 윌리엄이 6학년이 되었을 무렵, 나는 아이가 '열정'을 쏟을 대상을 어서 찾아줘야 하는데 그동안 너무 꾸물거렸다는 생각이 들었다. 주변 아이들은 벌써 자신의 특기를 모두 찾아낸 것처럼 보였기 때문이다. 바이올린 신동, 축구 영재, 떠오르는 체스계의 샛별인 아이도 있었고, 겨우 초등학교 3학년생이 학교 단어 맞추기 보드게임 대회에 나갔다는 말도 들었다. 한 남자아이는 고대 공예품에 광적으로 관심이 많아서 유물을 발굴하는 여름 캠프에 갈 거라는 얘기도 들었다. 세 아이에게 잠재된 재능과 관심을 내가 제대로 보지 못하고 있는 건 아닐까, 라는 걱정이 늘 나를 따라다녔다.

윌리엄은 어렸을 때부터 건축과 디자인에 관심이 많았다. 아주 어렸을 때는 자기 침실 바닥에 나무 블록을 쌓아 도시를 세우거나 그리스 성전과 비슷하게 생긴 건물을 만들었고, 좀 더 자란 뒤에는 레고로 새로운 세계를 상상하고 만드느라 오후 내내 꼼짝하지 않을 때가 많았다. 여행을 가면 항상 높은 곳을 올려다보고 특이하게 생긴 건물이 있으면 손으로 가리키며 신기해하곤 했다. 아이의 이런 열정을 키워주는 게 내 역할이 아닐까?

나는 미친 듯이 인터넷을 뒤져 뉴욕시에서 건축과 디자인을 가르치는 곳이 있는지 찾았고, 단연 최고인 곳부터 연락해 보았다. 한때 기업가 앤드루 카네기Andrew Carnegie의 집이었고, 어퍼이스트사이드의 뮤지엄 마일(박물관 밀집 지역)에 위치한 쿠퍼 휴잇 스미스소니언 디자인 박물관에 전화를 걸었다. 6학년 학생이 들을 수 있는 수업이 있는지 진지하게 묻자, 그런 수업은 없다고 답하는 직원의 말투에서 살짝 킬킬대는 듯한 느낌을 받았다. 나는 목록에 적힌 다음 장소로 넘어 갔다. 한 학교 담당자는 우리 아이가 건축 설계 프로그램인 CAD에 대한 지식이 있는지 물었고, 나는 아직은 모른다고 대답했다.

그래도 단념하지 않고 연락한 끝에 결국 프로그램 하나를 찾아냈 다. 나와 통화한 직원은 고등학생과 대학생을 대상으로 저녁에 하는 건축 입문 수업인데 그래도 듣길 원하냐고 물었다. 그리고 혹시 등 록하면 내가 아이 옆에 앉아 함께 수업을 들을 수 있냐고도 물었다. 내가 흥분해서 그 소식을 윌리엄에게 전했을 때, 아이는 내 눈을 똑 바로 바라보며 이렇게 말했다.

"엄마, 전 건축이 정말 좋아요. 그러니까 제가 알아서 하게 그냥 내버려두시면 안 될까요?"

◆ ◆ ◆

한 세대 전만 해도 우리 집처럼 대학을 나온 맞벌이 부모가 있는 것은 조금 특별한 경우였다. 당장은 경제적으로 안정되지 않더라도 사회적 지위가 금세 상승할 가정으로 받아들여지곤 했다. 나는 혹시 라도 우리 아이가 '뒤처지는' 건 아닌지 늘 걱정인데, 이번 연구로 그 런 걱정이 내가 별나고 특이한 부모라서 품는 마음이 아니라는 걸 깨달았다. 이 불안감은 점점 확대되는 새로운 문화 현상으로, 대학 교육을 받은 전문직 종사자들이 주로 모여 사는 지역에 뿌리를 내리 고 있다. 내가 자랄 때 우리 부모님은 자식들을 응원하고 가끔 운동화 같은 걸 사주긴 했지만 선 바깥에서 지켜보기만 했다. 하지만 현대의 많은 부모는 아이가 성공할 수 있게 만들고, 무리의 맨 앞으로 아이를 밀고 나가는 게 자신이 해야 할 일이라고 느낀다. 그리고 이런 현상은 부모와 아이 모두에게 많은 대가를 치르게 했다.[11]

떠밀리듯 살다 보니 주체성을 빼앗겼다고 느끼는 아이도 있다. 뉴욕주 브루클린의 명문 공립 고등학교 12학년에 재학 중이던 한 학생이 학교신문에 기고했던 사설을 내게 보낸 적이 있는데, 이런 내용이었다. "학생 대부분이 '사회적 지위'를 끌어올리고 대학 입시에서 뒤처지지 않기 위해 거짓으로 열정이 많은 척하며 살고 있다." 학생의 말에 따르면, 다른 사람보다 더 돋보여야 한다는 압박이 지금 아이들에게 불합리한 영향을 미치고 있다는 것이다. 학생들은 자기가 아닌 사람이 되도록 강요당하고, 좋은 대학에 가는 데 유리하도록 열정이 많은 사람인 척한다. 그러다 보니 좋은 성적을 받아야 한다는 생각에 사로잡혀 뭔가를 배우는 데 반감을 품게 된다. 글은 이렇게 끝났다. "어른들은 우리가 진짜 참모습을 찾길 바란다고 말하면서 우리를 우리가 아닌 사람으로 만들었다."

정신분석학자 에릭 에릭슨 Erik Erikson은 청소년기에 가장 중요한 과제는 자아 정체성을 형성하는 것이라고 강조했다. 그런데 이 시기의 아이들이 사랑받기 위해 더 뛰어난 능력을 보여줘야 한다거나 완벽해져야 한다고 느낀다면 정체성을 찾는 과정이 순조로울 리 없다. 청소년기에는 자신이 어떤 사람이 될지, 또 얼마나 가치 있는 사람인지 판단할 때 다른 사람의 의견에 의존하는 경향이 있다. 그리고 개인의 가치가 단지 또래보다 앞서나가는 데 달렸다고 느낄 때, 아이들은 내적 의미와 목적을 발달시키지 못할지도 모른다. 그렇게 되면 무엇을 성취해도 만족스럽지 않고, 번아웃 상태가 되거나 냉소주의에 빠지고 만다.

모두를 지치게 하는 '경주'가 갑갑하다고 느끼는 사람은 비단 아이들뿐만이 아니다. 내가 인터뷰한 부모들 역시 과도하게 경쟁하는 사회 속에 갇힌 것 같다고 말했다. 설문에 답한 6000명이 넘는 부모의 80퍼센트가 자기가 사는 지역의 아이들이 '성공해야 한다는 지나친 압박 속에 살고 있다'는 문항에 '그렇다'고 대답했다. 그리고 그 압박이 어디에서 비롯되었느냐고 물었을 때 80퍼센트 이상이 다른 부모가 주요 원인이라고 응답했다. 설문지에 이런 글을 남긴 사람도 있었다.

"우리 지역은 모든 분야에서 경쟁이 치열하다. 다른 집 아이는 내 아이를 '앞지를' 수단을 끝도 없이 많이 가지고 있다. 그래서 아이가 집에 와서 다른 애들이 뭘 하고 뭘 먹고 뭘 입고 방학에 어디를 가는지 따위를 이야기하면 나도 그것과 똑같은 기회를 주어야 한다고 느끼는데, 그게 내가 아는 전부이기 때문이다. 요즘 아이들이 자라는 환경이 이렇다."

나는 이 부모들에게 '행복한 아이, 성공한 아이, 목적의식을 가진 아이, 열정을 가진 사회의 일원' 가운데 자녀가 어떤 모습이길 바라는지 순위를 매겨달라고 부탁했다.[12] 또한 같은 지역의 다른 부모들이 무엇을 가장 우선시할지도 적어보라고 했다. 거의 80퍼센트가 다른 부모들이 가장 중요하게 생각하는 두 가지로 학교 성적과 직업인으로서의 성공을 꼽았다. 하지만 이 두 가지를 자기 아이에게 바란다고 대답한 사람은 겨우 15퍼센트뿐이었다. 부모들이 서로 얼마나 견제하는지 잘 드러내는 결과라 볼 수 있다. 많은 부모가 스트레스를 느끼고 자기 아이가 받는 압박감을 걱정하지만, 누구도 먼저 경주를 그만두려 하지 않고, 어떻게 하면 그만둘 수 있는지도 생각하지 않는다.

내가 진행했던 설문 조사에 참여한 부모 가운데 아이가 축구팀 주장이 되는 것, 올 A를 받는 것, 옥스퍼드 대학교의 장학생이 되는 것을 바란다고 말한 사람은 아무도 없었다. 그들은 그저 아이가 행복하고 자기 할 일을 잘하는 사람이 되길 바랐다. 《타이거 마더》를 쓴 에이미 추아Amy Chua도 이런 말을 한 적이 있다.[13] "만약 마법의 버튼이 있어 아이에게 행복과 성공, 둘 중 하나를 줄 수 있다면 나는 당장 행복 버튼을 누를 것이다."

하지만 마법의 버튼 같은 건 없고, 행복으로 가는 길을 마치 '성공'을 향해 큰돈을 걸고 달리는 단거리 자동차 경주처럼 생각하는 사람들이 점점 늘고 있다. 부부 관계가 아무리 좋은 가정이어도 아이를 위해 많은 돈과 시간을 쓰다 보면 결혼 생활에 큰 무리를 줄 수 있다. 그리고 주말마다 축구 경기, 학교 프로젝트 수업, 체스 경기 같은 게 몇 개씩 잡혀 있으면 이를 다 해낼 수 없는 때도 생긴다. 한번은 비까지 와서 으슬으슬한 날씨에 축구 경기를 하는 아이를 기다리며 서 있는데, 문득 이런 생각이 들었다. '다른 사람들은 이 힘든 걸 매주,

매년 어떻게 다 해내는 거지? 아이가 한둘이 아닌 집도 있는데? 우리가 도대체 이걸 왜 계속하는 거지?'

압박감은 어디에나 존재한다

수니야 루타는 이렇게 말한다. "아이들을 짓누르는 압박감이 전부 어디서 오는 거냐고 부모들이 물으면 저는 '압박감이 없는 곳도 있나요?'라고 반문해요." 부모, 운동 코치, 교사, 또래 친구처럼 예전에는 아이들을 보호하고 잡아주던 관계가 요즘은 스트레스의 원인인 경우가 많다. 이 사람들 개개인이 잘못해서 그런 건 아니다. 루타는 교사부터 학교 경영자, 운동 코치까지 어른들 역시 중요한 직책이나 임무를 맡으면 맡은 일을 잘하려 노력하고, 최고의 자리에 올라 열정을 증명해야 한다는 부담감을 느낀다고 설명한다.

운동 코치를 예로 들어보자. 최근 청소년을 대상으로 한 스포츠 산업이 경쟁적으로 커지며 현재 약 200억 달러 규모의 시장을 형성하고 있는데, 코치는 아이들이 운동 센터에 꾸준히 등록하도록 아주 어린 나이부터(과한 운동으로 인해 부상의 위험이 있는데도) 쉬는 기간 없이 한 스포츠에 열중하도록 몰아붙이고 있다.[14] 뉴저지주에서는 청소년 20만 명이 스포츠 활동을 하는데, 한 청소년이 쓴 사설에는 선수로 뛰는 고등학생 중 다수가 운동부 코치에게 무리한 스케줄을 조정해 달라고 한 적이 있다는 내용이 있었다. 덧붙여 '잠자기', '밀린

숙제 하기', '가족과 시간 보내기' 등 재충전할 시간을 갖게 시즌 중에
도 일주일에 하루는 쉬게 해달라고도 했다. 요구 사항이 어찌나 소
박한지 가슴이 아플 정도였다.[15]

한편 공립 학교 순위와 주택 가격이 연관되다 보니, 학교 경영자
는 학교 순위를 유지해야 한다는 압박을 느끼고, 그런 걱정이 학생
들에게도 전가되고 있다. 뉴욕 엘우드 지역의 할리 애비뉴 초등학
교 교장은 다음과 같은 안내장을 학부모에게 보냈다.[16] "이번 유치원
장기 자랑이 취소된 이유는 간단합니다. 우리 학교는 아이들이 평생
활용할 수 있는 능력을 갖춰 대학에 들어가고 좋은 일자리를 얻도록
준비시켜야 하는데, 그러려면 책을 읽고 글을 쓰고 협동하는 방법을
배우고 문제를 해결하는 훈련이 우선입니다." 그런 이유로 장기 자
랑은 하지 않고, 교사들은 '다섯 살짜리' 아이들이 미래를 더 잘 준비
하도록 하겠다는 게 글의 요지였다.

사립 학교 경영자 역시 학교 명성과 시장 점유율을 지키려는 이
사회와 졸업생 단체 때문에 부담감을 느낀다. 그러다 보니 높은 학
업 수준을 유지하도록 재학생들을 압박하고, 심지어 일류 대학 진학
률을 높이기 위해 편법을 쓰기도 한다.《무엇을 희생해야 하는가? 경
쟁이 치열한 학교에서 청소년 발달을 옹호함At What Cost? Defending Adolescent
Development in Fiercely Competitive Schools》을 쓴 심리학자 데이비드 글리슨David
Gleason은 한 교장과 나눈 대화 일부를 소개했다.[17] "우리가 현실을 부
정하고 청소년기 발달에 맞는 스케줄을 짠다면 사실상 학생들의 정
신과 육체를 균형 있게 성장시킬 수는 있겠지만, 우리 학교가 지닌

차별성은 잃을 겁니다. 뛰어난 학생이 모인 학교라는 강점을 포기하고 평범한 학교가 되면 도대체 누가 오려고 하겠습니까?"

점점 심화하는 소비문화로 자녀조차 투자 대상으로 보고, 이른 시기에 기대 수익을 평가받게 해야 한다는 생각이 확대된 면도 있다. 이미 대학에서는 우등 졸업생 명단, 성적 우등생 명단, 우등생 친목 단체 등을 통해 최고의 모범생이 누군지 오래전부터 파악하고 있었다. 고등학교에는 내셔널 아너 소사이어티라는 명예 학생 단체가 있고, 2008년에는 내셔널 엘리멘터리 아너 소사이어티가 처음 등장해 성적이 뛰어나고 똑똑한 초등학생을 선발했다.[18] 스포츠라고 예외는 아니다. 예를 들면, 요즘에는 농구 올스타 후보에 4학년 선수가 포함되면서 여기에 선발되길 바라는 아이들은 여섯 살 때부터 농구를 시작해 준전문가 수준으로 훈련을 받는다고 한다. 음악 경연 대회, 춤 경연 대회, 미술 대회 같은 각종 대회에서 수상하기 위해서는 물론이고, 심지어 고등학교 음악 밴드에 들어가는 데도(전력을 다하는 정도는 아니라 해도) 요구하는 수준이 예전보다 훨씬 높아졌다. 마인크래프트 게임, 산악자전거 타기, 매듭 공예처럼 예전에는 재미를 위해 하던 일들도 요즘에는 탁월한 수준에 도달하기 위해 경쟁적으로 노력하는 취미가 되어버렸다. 한번은 아들과 함께 장난삼아 인터넷에 '루빅 큐브 대회'를 검색해 본 적이 있었는데, 혹시나 했더니 역시나 그런 대회가 실제로 존재했다.

요즘 아이들은 워낙 바쁜 스케줄대로 움직이다 보니, 학교가 끝난 뒤 한가하게 시간을 보내거나 친구, 가족과 주말을 보내는 일이 사치가 되어버렸다. 하루 종일 진행되는 체스 토너먼트 또는 다른 주에서 열리는 라크로스 경기에 참가하느라 가까운 사람의 생일 파티에도 못 가는 경우가 많아졌다. 우리 아들은 증조모의 아흔 번째 생일 파티에 참석하느라 축구 경기에 한 번 빠진 적이 있는데, 그때 팀코치가 매우 엄한 말투로 내게 주의를 주었다. 알래스카주에 사는 케이티의 아이들은 지난 8년간 축구 토너먼트 경기에 참가하느라 다른 가족들과 명절 휴가를 함께 보낸 적이 없다고 했다. "우리 애들은 추수감사절에 친척들과 식탁에 둘러앉아 명절 음식을 함께 먹는 즐거움을 알지 못해요"라고 케이티는 말했다.

대표 팀 선수, A를 가장 많이 받은 학생, SNS에서 '좋아요'를 가장 많이 받은 사람 등 '이상적 기준'에 들어맞는 누군가가 더 중요하다고 가르치는 문화에서 자라다 보면 아이들은 자신의 중요성과 가치를 끊임없이 의심하게 된다. 어맨다는 서서히 늘어나는 부담감에 힘들어했고, 비현실적인 기대를 충족하지 못해 자신이 충분히 잘하고 있지 않다고 여기며 살았다. 그 영향이 어맨다와 부모에게는 대단히 치명적인 결과로 돌아왔다. 어맨다의 부모 역시 심리 치료를 받고 있는데, 그러면서 어맨다와 다른 자녀들에게 심한 부담을 줬다는 사실을 받아들이게 되었다고 한다. 어맨다는 "엄마 아빠 모두 다시 좋은 관계로 돌아가기 위해 무척 노력하고 계세요"라고 말했다. 하지만 완전히 회복되기까지는 시간이 필요할 것이다. "두 분은 제게 부모 노릇을 제대로 하지 못했다고 생각하시는 것 같아요."

부모도 압박감을 느낀다

한 친구가 내게 캐서린을 소개해 줬다. 뉴욕시 근교에 살며 두 아들을 둔 캐서린은 양육에 관한 설문 조사를 한 뒤, 더 자세한 이야기를 나누고 싶다는 의사를 전해왔다. 나는 우리 아이들을 학교에 데려다준 다음, 캐서린을 만나기 위해 교외로 차를 몰았다.

캐서린의 집에 도착하자, 그녀는 나를 반갑게 맞으며 거실로 안내했다. 긴 소파에 앉으니, 탁자 위에 쿠키와 차가 보였다. 캐서린은 소파 반대편에 앉으며 길게 숨을 들이마신 뒤 이야기를 시작했다.

"남편과 저는 우리 아들이 무척 똑똑하다고 생각했어요." 캐서린은 한결 부드러운 표정을 지으며 기억을 떠올리는 듯 살짝 미소 지었다. "전 이런 동네에 살면 지역 특유의 압박감이 아이들을 계속 짓누를 거라는 말은 믿지 않았어요. 단지 아이의 재능을 최대한 살려주려면 어떤 활동을 하면 좋을지만 걱정했죠." 대신 오후에는 아이가 보드게임을 하거나 동네에서 자전거를 타면서 쉬게 했다고 말했다.

캐서린이 사는 곳은 넓은 대지에 아름답고 고풍스러운 집들이 들어선 동네였다. 학교와 체육관까지 아이들을 태워줄 SUV가 있고, 집마다 잘 손질된 잔디밭에는 커다란 축구 골대가 서 있으며, 진입로에는 농구 골대가 서 있는 모습이 눈에 띄었다. 한 시간마다 어디선가 통근 열차 지나가는 소리가 희미하게 들려왔다. 하지만 대부분의 가정은 단순히 마을의 예스러움에 반해 이곳으로 이사 온 게 아니었다. 뉴욕주 공립 학교 가운데에서도 거의 항상 최우수 학군으로 꼽히고 명문대 진학률도 높은 학교들 때문이었다.

캐서린은 두 아이를 키우려고 하던 일도 그만두었다(이후 만난 많은 어머니들도 그랬다). 대신 동네에 일이 있으면 적극적으로 참여했고, 학교 행사가 있거나 현장 학습을 갈 때면 늘 제일 먼저 봉사자로 나섰다. 첫째 아이가 아직 어릴 때는 최대한 간섭하지 않았다고도 말했다. 부모로서 아이의 잠재 능력을 최대한 발휘하도록 할 의무가 있다고 느낀 건 아이가 초등학교를 졸업할 무렵부터였다. 남편이 예일 대학교 출신이었는데, 그동안 아이가 보여준 가능성을 봤을 때 아이 역시 충분히 예일 대학교에 갈 만한 실력이 된다고 생각했다. 하지만 40년 전 예일 대학교 합격률이 25퍼센트 정도였던 데 반해, 지금은 4퍼센트에 불과하다는 사실[19]을 감안하면 요즘은 그때와는 상황이 매우 달랐다. 커지는 기대감을 충족시키기 위해 캐서린은 양육 태도를 변화시킬 수밖에 없었다.[20]

"아들이 그러더군요. 중학교에 다니던 어느 날 스위치가 탁 내려간 것 같은 기분이 들었대요. 그동안은 푸근하게 엄마 역할만 하던 제가 갑자기 성적에 신경을 쓰니까 그게 아이에게는 엄청난 충격이었나 봐요." 아이가 고등학교에 들어가면서 아이를 잘 이끌어줘야 한다는 부담감은 더 커졌다. 9학년이 되면서 우등반 엄마들은 아이가 더 많은 걸 해내게 하는 데 초점을 맞췄다. 엄마들 대부분이 아이가 교실 밖에서 더 많은 자극을 받을 수 있다고 확신했다. 그래서 주말마다 과외 수업을 시키고 여름 방학에는 캠프에 보냈다. "진짜 부모 노릇을 한다는 게 뭔지 다시 생각하게 됐어요. 그러니까 그때는 아이의 학교 공부에 제가 더 관여해야 하지 않나 생각했던 것 같아요. 자질구레한 걸 대신 해결해서 아이가 공부에만 온전히 집중할 수 있게 해줘야 하지 않나, 그냥 수영장에서 놀게 놔두지 말고 컴퓨터 수업에 보내야 하는 건 아닐까, 그런 생각을 했죠." 캐서린은 아이가 더 잘할 수 있게 도울 일이 있는데도 하지 않으면 다른 부모들이 자신을 열의가 부족한 부모로 판단한다고 말했다.

무슨 말인지 너무 잘 알기에 나도 모르게 계속 고개를 끄덕였다. "내 양육 방식이 맞는 건지 불안해지고 자꾸 고민하게 되더라고요. 그렇게 되니 아이의 행복에 주의를 기울이는 게 아니라 내가 제대로 하는 게 맞나, 거기에 자꾸 초점을 맞추게 됐어요." 아이가 11학년이 되었을 무렵 모든 대화와 관심사가 오로지 아이의 학교 성적과 대학 입시에 관련된 것이었다. 잠시도 마음이 편할 날이 없었다. 하루가 끝나면 아이를 보는 게 그저 기쁘고 좋아야 하는데 그렇지 못했다. "아이가 집에 오자마자 이런 질문을 계속 해댔어요. '오늘 시험 어땠어? 이번 주말에는 무슨 과제를 해야 하니? 시간 배분은 어떤 식으로 할 생각이야? 엄마가 표시해 둔 대학 입시 가이드 읽어봤어?'"

캐서린은 자기가 불안해서 아이의 사소한 일까지 참견하고 챙기려 했다고 했다. 그러고는 기운 빠진 목소리로 아이에게 정말로 필요했던 걸 해주지 못했다고, 아이가 학교에서 느꼈을 부담감을 잠시라도 떨쳐버리고 쉬게 해줬어야 하는데 그러지 못했다고 말했다. 모든 게 완전히 멈춘 뒤에야 무엇이 잘못되었는지 보였다. "12학년이 되고 스트레스가 더 심해지자, 아이는 학교도 안 가고 침대 밖으로 나오지도 않았어요. 아무것도 하려고 하질 않아서 고등학교를 졸업할 수는 있을지 걱정하는 지경에 이르렀어요." 그즈음에는 캐서린이 그동안 잘 가꿔왔던 아이와의 관계도 완전히 엉망이 되고 말았다.

심리 상담과 약물 치료 덕분에 아이는 제때 졸업했고, 두 시간 거리 인근 주에 있는 작은 문과 대학에 입학할 수 있었다. 하지만 대학 생활이 시작되면서 다시 우울증과 불안감이 커졌다. 그러자 아이는 예전에 그랬던 것처럼 학교 수업을 빼먹고 방에 틀어박혀 온종일 게임만 했다. 그리고 결국 퇴학당했다. 아이가 잘되게 하려고 했던 모든 일이 역효과만 낳았다.

이후 몇 년 동안은 모두가 힘든 시기를 보내야 했다. 이제 20대 후반이 된 아이는 지방 대학에서 경제학을 전공해 졸업을 앞두고 있으며 취업할 곳도 정해놓은 상태라고 했다. 캐서린은 성적에만 정신이 팔려 아이를 망칠 뻔했던 자신을 이해할 수 없다고 말했다.

아이가 잠재 능력을 최대치로 발휘하지 않기를 바라는 부모는 세상에 없다. 아이가 능력을 끌어올릴 수 있도록 옆에서 도와주는 게 부모의 역할이 아닐까? 나는 캐서린의 이야기를 들으며 가만히 끌어안고 위로라도 하고 싶었다. 내 마음을 알았는지 캐서린은 옆으로 다가앉으며 내 손을 잡았다. 그러면서 부모로서 중요한 걸 조언하려는 듯 내 눈을 바라보며 말했다. "아이가 할 수 있는 최상의 상태까지 몰아붙이는 게 엄마인 제가 해야 할 일이라고 생각했어요. 그걸 정말 후회하고 있어요."

그 무렵 고등학교 진학을 준비 중이던 윌리엄이 생각났다. 우리가 누린 것을 아이들도 누리게 하고 싶은 바람, 잠재력을 발휘하도록 도와주고 싶은 마음, 그리고 불안감. 방금 캐서린에게 들은 많은 부분을 나도 똑같이 느끼고 있었다. 그건 단순한 바람이 아니었다. 아이들이 성공적인 삶을 살도록 최선을 다해 준비시키는 것, 그게 부모로서 우리가 해야 할 의무라고 느끼고 있었다. 캐서린이 지적했듯이 우리를 판단하는 건 비단 우리 자신만이 아니었다. 때로는 남들이 우리가 마치 아이를 위해 최선을 다하지 않았다고 판단할 때도 있다. 하지만 밀어붙여야 할 때와 물러서야 할 때를 가르는 기준은 무엇일까? 캐서린은 상냥하고 예의 바르고 사려 깊은 사람이었다. 캐서린의 말에는 내 가족과 다른 사람들이 자신과 똑같은 실수를 저지르지 않기를 바라는 마음이 담겨 있었다.

CHAPTER 2

Mattering Matters

아이를 짓누르는
부모의 욕심

부모 마음에 뿌리박힌
불안감은 어디에서 왔나

아직 기사 제목도 보지 못했는데, 친구들로부터 문자가 쏟아졌다.

"그냥 와우라는 말밖에 안 나오네. 이게 말이 돼?!"
"정말이야? 요즘엔 운동부 신입 자리도 돈으로 산다는 게?"
"완전 소름."

뉴스에 보도된 이야기는 넷플릭스 다큐멘터리로 만들어도 손색이 없을 만큼 충격적이었고, 결국 정말로 만들어지기도 했다. 2019년 수험생들이 합격자 발표가 나기만을 초조하게 기다릴 무렵, 미국 법무부에서는 대학 입시 비리에 연루된 수십 명을 형사 기소했다.[1] '그들만의 계절'이라는 암호명으로 진행된 수사에서 미국 동부와 서부 연안 지역에 거주하는 여러 사람이 비리에 연루된 것으로 밝혀졌고, 그 중에는 유명 배우와 기업체 임원이 포함되어 있어 더 큰 충격을 안겨 주었다. 그들은 자기 아이를 예일, 스탠퍼드, 서던캘리포니아 대학교 같은 명문대에 입학시키기 위해 공범자들과 부정한 방법을 모의했고, 그 과정에서 대략 2500만 달러가 오갔다. 일부는 징역 20년 형을 선고받을 만큼 중대한 범죄를 저지르기도 했다.

여론의 반응은 싸늘했다. 이미 넘칠 정도로 많은 돈과 권력을 지닌 영화배우, 자본가, 운동선수가 자기 아이를 좋은 대학에 보내겠다고 범법 행위를 서슴지 않은 것을 보고 사람들은 경멸의 눈빛을 보냈다. 드라마 〈풀하우스〉에 출연했던 배우 로리 로우린과 남편은 딸을 USC 조정 팀 선수로 넣기 위해 (심지어 여자 선수는 뽑지도 않는데도) 대입 전문 컨설턴트에게 50만 달러를 건넸다. 〈위기의 주부들〉에서 주연을 맡았던 배우 펠리시티 허프먼도 SAT 감독관에게 딸의 답안지를 고쳐 시험 점수를 올려달라며 뇌물을 건넸다. 뉴스 기사에 따르면 허프먼의 아이가 "운동을 특별히 잘하는 것도 아니고, 고액 기부자거나 명문대 출신인 부모를 둔 것도 아니기 때문에 합격 가능성이 높지 않으니 뭔가 특별한 노력을 해야 한다"라며, 허프먼의 불안을 이용했다. 허프먼은 법정에서 자기 죄를 인정하며 아이를 너무 걱정한 나머지 자기도 모르게 제정신이 아닌 행동을 했다고 진술했고, 이런 말을 덧붙였다. "너무나도 간절히 좋은 엄마가 되고 싶었어요. 그래서 이렇게 하는 게 제 딸에게 공정한 기회를 주는 거라고 저 자신을 속였던 것 같습니다." 이번 일에 연루된 아이들은 자기 부모가 한 행동을 전혀 몰랐던 경우가 대부분이었고, 언론에서 보도한 뒤에야 사실을 알게 되었다고 했다. 부모가 저지른 일을 들은 허프먼의 딸은 무척 참담해하며 이렇게 말했다. "왜 절 믿지 못하신 거예요?"[2]

　사실 부모라면 자식 일에 필사적으로 관여한 경험이 한 번쯤은 있을 것이다. 내가 만난 많은 부모들이 자녀의 대학 입시 문제로 불안과 걱정에 사로잡힌 적이 있다고 털어놓았다(그렇다고 누군가에게 뇌물을 건네거나 기소당할 일을 저지르지는 않았지만 말이다). 중서부 지역에 사는 한 부모는 중학생이 될 아이에게 수학 과외 선생님을 구해준 적이 있는데, 아이가 수학을 어려워해서가 아니라 7학년이 되었을 때 고급 수학반에 들어갈 수 있게 미리 준비하기 위해서였다고 했다. 그리고 결국 12학년이 되었을 때 그 수학반에 들어갔고, 덕분에 좋은 공대에 원서를 넣을 기회도 생겼다고 했다. 또 다른 부모는 딸이 다음 해 학교 수업을 더 잘 따라갈 수 있게 하려고 여름 동안 AP 화학 수업을 예습하는 특강반에 등록했다고 했다. 또 다른 부부는 아이가 축구에 흥미를 잃었는데도 축구부 활동을 계속하는 조건으로 용돈을 올려줬다고 했다. 11학년 때 운동을 그만두면 입시에 불리할까 봐 그랬다는 거였다. 그들은 아이가 애머스트 칼리지에 들어가리라 기대했는데, 아이의 어머니도 그 대학 출신이라고 했다. 또 다른 어머니는 딸의 대학 입시를 준비하는 동안 정신적으로 너무 힘들어 우울증 치료제를 복용했다고 털어놓았다.

　이런 불안이 아주 소수에게 나타나는 증상도 아니고, 몇몇 선별된 대학에 들어가려는 지원자에게만 국한된 이야기도 아니다. 어떤 가족은 아이들의 평점과 과외 활동에 무척이나 집착하는 모습을 보였는데, 명문대 입학을 목표로 해서가 아니라 그래야 장학금을 받을 수 있기 때문이었다. 설문 조사에 참여했던 한 여성은 이렇게 썼다. "저희 부부와 아이가 스트레스를 받는 가장 큰 이유는 대학 학비가 너무 비싸서예요." 사립대 학비가 터무니없이 오르니, 상대적으로 학비가 싼 주립 대학의 경쟁률도 점점 더 높아지고 있다. 이런 현상으로 아이들은 성적, 스포츠, 또래 친구에 대해 부담을 느끼고 있었고, 부모들은 여러 활동과 대학 투어에 들어가는 비용, 과외비 때문에 힘들어하고 있었다. 한 어머니가 보낸 설문지에는 이렇게 적혀 있었다. "진짜 끝이 없어요."

대학 입시 열기는 학령기 이전의 유아에게까지 영향을 미치고 있었다. 뉴욕에 거주하는 어떤 부부는 아이를 '좋은' 어린이집에 보내기 위해 컨설턴트를 알아봤다고 한다. 그래야 '좋은' 초등학교에 진학하고 이후에 '좋은' 고등학교에도 들어갈 수 있을 테고, 다음 과정도 순조로울 거라고 여긴 탓이다. 브루클린에 사는 두 아이의 어머니는 이제 8주 된 아기가 다닐 놀이방을 미리 알아보러 다니던 중 한 시설에서 유아용 침대 위 벽에 장식된 명문대 교기를 보았다고 했다. 원장에게 왜 대학 깃발을 걸었냐고 물었더니, 이런 대답이 돌아왔다. "저희 시설은 최고의 보육을 하고 있으니까요."

정신적 압박감은 전염성이 강하다. 나는 학교 기금 모금 행사에 갔다가 처음 본 학부모와 마주 앉은 적이 있다. 그 어머니는 테이블에 앉은 사람들에게 자기 아들을 펜실베이니아 대학교에 보내기까지 자신이 어떤 노력을 했는지 신이 나서 이야기했다. 아들이 8학년이 됐을 때, 미리 전문 컨설턴트를 찾아갔다고 했다. "고등학교에 가서 준비하면 늦어요." 게다가 다른 아이들과 차별화할 수 있는 아이만의 '특기'를 찾아야 한다고 강조했다. 아이가 자연환경에 관심이 많다면 환경보호 단체에서 봉사 활동을 하고, 지역 하천의 수질 오염에 관해 국회의원에게 편지를 쓰고, 학교에서는 해양소년단 같은 클럽을 조직하게 해야 한다고 말했다.

그런 얘기를 듣고 나니, 마음이 불안해졌다. 그날 밤 나는 우리 아이들의 특기를 생각하느라 잠을 이루지 못했다. 아니, 오히려 아이들의 부족한 점을 생각했다고 하는 게 맞겠다. 막내 제임스가 그리스 신화에 관심이 많은데, 그걸 아이만의 특기로 만들 수 있을까? 그러다 생각이 다른 쪽으로 이어졌다. 어쩌면 고전 연구에 재능이 있는 게 아닐까? 제임스는 글솜씨가 좋아 이야기를 잘 지어냈다. 자기만의 현대 신화를 쓰고 출간해 볼 수 있지 않을까? 그런 다음 고등학교에 가서 고전학 동호회 회장을 맡고, 라틴어와 그리스어를 배워 특기로 만들 수 있지 않을까? 그러다 문득 정신이 들었다. 제임스는 이제 겨우 아홉 살인데, 말도 안 되는 생각이라는 걸 깨달았다.

대대적인 입시 비리 스캔들 이후 6개월이 지났을 무렵, 나는 친구 아들의 열 번째 생일 파티에 갔다. 체육관을 빌려 하는 파티라 아이들은 피구를 하고, 어른들은 그 모습을 옆에서 지켜보고 있었다. 그러다 손주를 보러 멀리서 방문한 아이의 할아버지와 대화를 나누게 되었다. 내가 무슨 일을 하는지 묻기에 요즘 '학업 압박'을 주제로 책을 쓰고 있다고 말했더니, 할아버지는 농담 반 진담 반으로 이렇게 물었다. "노하우에 관한 책인 거죠? 그러니까 애들을 좋은 대학에 보내려면 어떻게 압박해야 하는가, 그런 얘길 쓴다는 거잖아요."

하지만 금세 진지해진 말투로 젊은 시절 자기 세대가 아이를 키울 때는 이렇지 않았는데, 요즘 부모들은 스트레스가 너무 큰 것 같다고 이야기했다. 생일 주인공인 아이의 아버지도 우리 옆에 서 있다 대화에 끼며 이렇게 말했다. "아이를 통해 부모가 못다 이룬 꿈을 이루려고 한다는 식의 판에 박힌 결론 말고, 우리가 왜 이렇게 되었는지 정말 근본적인 이유를 파고들었으면 좋겠어요. 꼭 그런 내용을 책에 써줘요."

깊이 박힌 사회적 지위에 대한 열망

우리 뇌는 사회적 지위를 매우 중요하게 생각한다는 것, 거기에 바로 불편한 진실이 있다.[3] 그 역사는 아주 먼 옛날 우리 조상들로 거슬러 올라간다. 공동체에서 개인의 지위가 높으면 생존에 유리했다. 제일 먼저 먹을 것과 쉴 곳, 짝짓기 상대를 고를 수 있었고, 한번 유리한 위치에 서면 자신은 물론 후손까지 장기적인 안전을 보장받았다. 무엇이든 성취하고 성공하려는 뿌리 깊은 동기는 오늘날까지도 여전히 우리를 조종하는 실처럼 작동하고 있다.

현대에서의 지위 추구는 아이들이 인기를 얻으려고 할 때, 그리고 게임 중에 편을 가를 때도 일어난다. 어른의 경우에는 입은 옷, 행동, 주변 인맥 등으로 자신의 지위를 드러내곤 한다. 어떻게 보면 지위에 대한 열망을 가장 노골적으로 드러내는 게 인스타그램 같은 소셜 미디어라고 할 수 있다. 어떤 유저들은 더 많은 '좋아요'를 받고, 팔로어 수를 늘리기 위해 완벽한 이미지를 꾸미고 편집하는 데 강박적으로 노력한다. 사회적 지위를 추구하는 심리가 우리 모두에게 깊이 배어 있긴 하지만, 그걸 과시하는 방식이 모두 똑같지는 않다. 멋진 차를 모는 데 관심이 많은 사람이 있는가 하면 학부모회 회장직에 집착하는 사람도 있다. 로레타 그라지아노 브루닝*Loretta Graziano Breuning*은 《나, 포유동물*I. Mammal*》에 이렇게 썼다. "사회적 지위에 너무 신경 쓰지 말아야 한다고 말하는 사람도 있을 것이다.[4] 하지만 평소 '사회적 지위에 반대한다'고 말하는 사람들을 모아놓으면, 자기들끼리 반대하는 정도를 따져 금세 그 안에서 서열을 만들어낼 게 뻔하다."

브루닝은 현대인이 여전히 자신을 조종하는 줄에 매달린 채 살아가고 있고, 그걸 바꾸기는 쉽지 않다고 설명했다. 인간의 본능은 생존하고 번식하도록 고안되었다. 우리가 인지하든 그렇지 않든, 사회적 지위에 대한 민감성이 아이를 양육하는 방식에도 영향을 미친다. 우리는 내 아이의 순위가 또래보다 조금이라도 위에 있거나 아래에 있다고 보여주는 지표, 사회적 지위를 표시하는 사소한 기준에도 많은 주의를 기울인다. 아들이 결승 골을 넣었다거나 딸이 학예회에서 주연을 맡았을 때처럼, 지위가 살짝만 올라간 듯 보여도 우리 몸에서는 도파민, 세로토닌, 옥시토신, 엔도르핀같이 기분을 좋게 하는 호르몬이 쏟아져 나온다. 반대로 번식 면에서 유리하지 않은, 즉 '사회적 지위가 하락'하고 있다고 뇌가 받아들일 때 우리는 불안과 스트레스를 경험한다. 인스타그램에 올린 글이 '좋아요'를 많이 받지 못하거나 아이가 미시간 대학교에 지원했다가 떨어졌을 때처럼 사회적 지위가 하락했을 때, 그토록 마음이 아픈 것도 이 때문이다. 지위 하락으로 느끼는 고통이 어찌나 극심한지 우리는 당장 그걸 멈추게 하려고 장기적으로 봤을 때는 좋지 않은 행동과 말을 불쑥 해버리기도 한다. 경기장 사이드라인에 서서 아이의 운동 코치와 말싸움을 벌이는 일도 그래서 벌어진다. 브루닝은 이렇게 말했다. "부모들은 이 부분을 분명히 인지하지는 못하지만, 자녀의 사회적 지위를 높이거나 유지하는 일은 성공적인 번식의 기본 형태예요."

나는 심리학자이자 하버드 교육대학원 교수인 리처드 웨이스보드Richard Weissbourd를 뉴욕시의 한 레스토랑에서 만났다. 글을 쓸 때 그의 말이나 자료를 자주 인용했기에 그 만남은 내게 매우 특별한 의미가 있었다. "부모들이 그토록 대학 이름에 목을 매면서 극단적인 행동까지 하는 이유는 과연 뭘까요?"라고 물으니, 웨이스보드는 웃으며 대답했다. "중학생 자녀에게 SAT 과외를 시키거나 대학 합격에 유리할 거라며 비영리 단체를 만드는 등 별나게 행동하는 부모를 지적하기는 쉽죠. 하지만 그런 게 진짜 문제라고 생각되진 않아요." 말로 하지 않아도 부모의 주된 관심사는 자녀에게 전달되기 마련인데, 부모 자식 간의 관계가 오로지 자녀의 성공을 중심으로 형성된다면 그거야말로 걱정스러운 일이라고 말했다. 아이에게 제일 중요한 건 노력이라고 말해놓고 다른 친구의 시험 성적이 어떻게 나왔냐고 묻거나, 어떤 대학이든 중요하지 않다고 말해놓고 명문대에 들어간 사촌을 입이 아프도록 칭찬하는 게 그런 예다. 그는 요즘처럼 미래를 예측할 수 없는 시대에 내 아이가 살아남을 방법은 오로지 성공뿐이라는 의식이 가장 큰 문제라고 말했다. 그 말을 듣는 순간, 불현듯 무엇인가 떠올랐다.

우리는 미국이라는 나라가 능력 중심의 사회라고 배웠다. 그 말에는 열심히 노력하면 누구나 성공할 수 있다는 가정이 깔려 있고, 거기에 약간의 운까지 더해지면 성공할 수 있다는 게 미국이 약속하는 '성공 신화'다. 이는 매우 솔깃한 약속이 아닐 수 없는데, 사다리의 몇 칸 위에서 시작하는 부유한 백인이라면 더더욱 그럴 것이다. 물론 여느 사회 계급과 마찬가지로 제일 꼭대기 자리는 소수의 몇몇만이 차지할 수 있다. 사회적 지위를 쟁취하고자 하는 부모들의 열망을 건드리는 게 바로 그 지점이다.

보통 사회적 지위에 관해 얘기할 때, 우리는 아이가 과학 과제를 제때 제출하도록 밤늦은 시간까지 자료 찾는 걸 도와주고, 아이의 특기를 살릴 개인 과외 수업을 알아보는 어머니의 모습을 떠올리지는 않는다. 하지만 사회심리학을 연구하는 멀리사 밀키_{Melissa Milkie}와 캐서린 워너_{Catharine Warner}에 따르면, '지위 보호_{status safeguarding}'란 자손의 지위가 하락하지 않는 조건을 만들기 위해 수십 년에 걸쳐 지속되는 프로젝트로, 지위 보호의 가장 전형적인 예가 어머니의 그런 행동들이다. 멀리사 밀키는 아이가 더 많은 기회를 얻어 행복하게 살게 하려고 아이에게 가장 잘 맞는 과목과 취미를 선택해 스케줄을 짜고, 사회적·정서적 소양을 기르도록 하는 모든 양육이 지위 보호 활동에 포함된다고 설명했다.

일반적으로 지위 보호 활동은 어머니의 몫일 때가 많다. 물론 많은 아버지가 지위 보호 활동에 참여하지만, 연구자들도 지적했듯이 아이들을 위해 정신적·감정적 노동의 상당 부분을 수행하는 사람은 대부분 어머니들이다. 이 무형의 노동에는 살면서 맞닥뜨리는 사소한 일을 처리하는 것뿐 아니라 잠재적으로 발생할 문제를 예상해 대처하는 일까지 포함된다.[5] 밀키의 논문에 따르면, 아이가 "평균 이하의 점수를 받거나 선생님에게 적절한 주목을 받지 못했거나 친구들과 잘 지내지 못하는 것처럼 보일" 때, 어머니는 과외를 구하고, 선생님에게 면담을 요청하고, 사회 정서적 소양을 개선하도록 도와줄 심리 치료사를 찾는 식으로 개입할 가능성이 크다. 역설적이지만 아이가 경쟁이 치열한 노동 시장에 성공적으로 진출하려면 어머니는 희생을 감수할 수밖에 없고, 자신의 경력이나 경제적 보상의 상당 부분을 잃는다. 이에 자연스레 사회적 지위도 낮아지게 된다.

사람들은 차분하고 논리적인 사고가 가능한 순간에는 지위를 추구하는 양육 충동을 최대한 억제할 수 있다고 생각한다. 내 아이는 똑똑하고 재능이 있으니까 입단 테스트에서 떨어지거나 시험에서 좋은 성적을 받지 못해도 괜찮다고 스스로 되뇐다. 하지만 내 아이의 생존에 위협을 느낄 때 뇌에서는 경보가 울리기 시작한다. 특히 경쟁적인 환경에서 뭔가가 빠른 속도로 진행될 때, 생물학적 스위치가 높아지면서 거짓 양성 반응을 보일 때가 있다. 미시간 대학교 정신 의학 및 심리학과 명예 교수 랜돌프 네스Randolph Nesse는 자극에 민감하게 반응하는 이런 성질에 '화재 감지기 원리the smoke detector principle'라는 이름을 붙였다. 베이글을 태우면 벨이 울리는 화재 감지기처럼 인간은 실제로 위험에 빠지지 않은 순간에도 스트레스를 느끼도록 진화했는데, 진짜 위험이 닥쳤을 때 제대로 반응하지 못하면 그 대가가 너무 크기 때문이다. 그래서 우리 뇌는 총을 든 사람과 마주친 순간처럼 진짜 위협과 아이가 최우수 팀에서 잘리고, 장학금을 받지 못하고, 1지망인 대학에 떨어지는 일 같은 인지된 위협을 잘 구분하지 못한다.

이렇게 지나친 방어는 지금의 현실과는 잘 맞지 않는다. 하지만 아이를 명문대에 보내기 위해 '부모'가 해야 할 일에 관해 들은 그날 밤, 내가 쉽게 잠을 이루지 못한 데는 이런 심리적인 이유가 있다. 내 친구는 딸이 최우수 축구팀에 들어가지 못했을 때, 자기도 모르게 제대로 노력하지 않았다고 아이를 마구 윽박질렀고, 그런 자신의 행동을 자책하느라 밤새 뒤척였다고 말한 적이 있다. 친구가 그토록 화를 낸 데도 이런 이유가 작용했을 것이다. 내 아이가 경기장에서 뛰는 시간이 얼마나 긴지, 스페인어 퀴즈에서 몇 점을 받았는지 확인하려는 것도 그 때문이다. 그리고 내가 고작 6학년밖에 안 된 아이를 고등학생이 듣는 건축 강좌에 등록시키려 하고, 제대로 집중하는지 옆에서 지키고 앉아 있으려 했던 것도 다 그 때문이다.

결핍이 영향을 미치는 방식

'미국은 기회의 땅'이라는 말에는 '파이가 끝도 없이 커질 것'이라는 전제가 깔려 있다. 과거 미국인들은 파이가 계속 커지는 한 모두에게 파이 조각이 돌아갈 것이고, 다음 세대는 이전 세대보다 경제적으로 더 풍요로워질 거라고 믿었다. 하지만 그 생각이 바뀌고 있다. 오늘날 미국인의 3분의 2는 세대를 거듭할수록 경제가 좋아질 거라는 말을 더 이상 믿지 않는다. 미국 부모들은 아이들이 쓸 자원이 점점 줄어들고 있다는 사실을 걱정하며, 여러 경제 자료 역시 그런 믿음을 뒷받침하고 있다. 1940년에 태어난 백인 중산층 아이가 부모보다 돈을 더 많이 벌 확률은 90퍼센트였는데, 1980년대에 태어난 아이가 부모보다 더 많이 벌 확률은 50퍼센트로 떨어졌다.[6] 지난 20~30년간 상황은 계속 나빠지기만 했다. 1980년대 초에서 2000년대 초 사이에 출생한 밀레니얼 세대는 평균적으로 소득이 낮고 자산은 적어 이전 세대의 같은 연령대와 비교했을 때 덜 부유하다는 연구 결과도 있다.[7]

사회적 지위와 마찬가지로, 결핍도 복잡한 방식으로 우리의 정신을 각성시킨다. 각자에게 돌아갈 자원이 충분하지 않다는 걸 알았을 때, 우리 뇌는 '결핍 의식'을 기본값으로 설정하는데, 그렇게 부족한 것에만 집착하다 보면 더 큰 그림을 보지 못하는 실수를 범하게 된다.[8] 진화의 관점에서 보면, 음식과 주거지처럼 꼭 필요한 자원이 제한되었을 때 결핍 의식은 사람을 생존에 가장 중요한 것에 집중하게 해 긍정적으로 작용하기도 한다. 그런데 내 아이가 좋은 대학에 들어갈 수 있을지 모르는 불확실한 상황을 인지했을 때도 이와 똑같은 일이 벌어진다. 사람들은 더 보수적으로 변하고, 상황을 통제하고 싶어 하고, 사회적 지위를 보호하려고 방어 태세를 취한다.

그러므로 현대의 양육 방식이 신경과민에 걸린 듯 극단적으로 보일지 모른다. 사실 그런 행동은 불확실한 상황에 대한 본능적인 반응이다. 늘 돈이 부족하다는 생각을 갖는 게 어떤 면에서는 당연한데, 돈은 우리가 사는 곳과 아이가 다닐 학교를 결정짓고, 아이를 더 풍족한 환경에서 키울 수 있게 하기 때문이다. 그런데 연구자들이 발견한 바로는 부모가 양육 방식을 결정하는 데 영향을 미치는 요인은 단지 개인 소득만이 아니었다. 사회에 존재하는 불평등 문제처럼 살면서 피부로 느끼는 거시 경제적 환경 역시 큰 영향을 미친다. 겉으로는 부족할 게 없어 보이는 중·상류층 사람들이 오로지 아이 문제로 전전긍긍하며 밤새 잠을 설치는 건 바로 이 때문이다.

날씨만큼이나 변덕스러운 돈과 양육 스타일의 상관관계에 대해 더 자세히 알아보기 위해 나는 노스웨스턴 대학교 경제학과 교수 마티아스 되프케Matthias Doepke에게 연락했다. 되프케 교수는 1970년대 서독일의 중산층 가정에서 자랐다. 아버지는 공무원이었고, 전직 교사였던 어머니는 아이들을 돌보기 위해 학교를 그만두고 가족 농장을 운영했다. "그 당시 대부분의 다른 부모님처럼 우리 부모님도 제 학교생활에 대해 어떤 간섭도 하지 않으셨어요." 그의 부모는 숙제나 성적에 관해 물은 적이 없고, 학교 밖에서 뭘 하고 시간을 보내든 전혀 신경 쓰지 않았다. 학교가 끝나면 어느 친구네 집에 가서 놀지 정하는 일이 가장 큰 스트레스였다고 했다.

그 당시 대부분의 산업화된 국가에서는 되프케 교수처럼 어린 시절을 느긋하고 여유롭게 보내는 게 매우 흔한 일이었다. 어린아이가 몇 시간씩 숙제를 하거나 부모가 자기 시간을 투자해 아이의 이력을 만들어주느라 애쓰는 경우는 거의 없었다. 그렇게 해봐야 얻는 게 많지 않았기 때문이다. "대학에 가고 싶으면 그냥 가장 가까운 대학에 갔어요. 제일 좋은 학교에 가야 한다는 개념조차 없었죠. 특별한 걸 전공하기 위해 다른 지역에 있는 대학에 가길 원하면 고등학교 졸업장만 있으면 됐어요. 고교 성적이 그리 좋지 않아도 다 합격했죠." 사실상 대학에 간다고 확실하게 우위를 점하는 것도 아니었다. 도제 제도처럼 학생들이 택할 수 있는 다른 길이 많았고, 그런 길을 택해도 대학 학위를 받은 것만큼 존경받았다. 때로는 오히려 더 높은 연봉을 받기도 했다. 경제적 이익이 거의 비슷했기 때문에 사람들은 개개인의 재능과 관심을 고려해 진로를 선택했다.

현재 되프케 교수는 시카고 외곽에 있는 부유한 동네에 살며 세 아이를 키우고 있다. 그런데 가족의 생활 모습이 자신이 자랄 때와는 완전히 다르다고 했다. 예전 자기 부모와 달리, 자신은 아이들의 일에 적극 관여하고 있다고 했다. 그는 아이가 친구들과 약속을 정하는 일부터 음악과 운동 레슨을 등록하고 제때 숙제를 다 했는지 확인하는 일까지 관리하느라 훨씬 더 많은 시간을 쓰고 있었다. 되프케는 '내 양육 방식이 부모 세대와 다른 이유는 뭘까?'를 고민하게 되었다고 했다.

2017년 그는 예일 대학교 경제학과 교수인 파브리치오 칠리보티 Fabrizio Zilibotti 와 팀을 이뤄 연구를 시작했다. 칠리보티 역시 아이를 키우는 아버지로 세대 간 양육 방식에 차이가 있다는 데 주목했다. 두 사람은 지난 몇십 년간에 걸친 경제 전반의 상황과 사회 동향을 들여다본 뒤, '지배적인 경제적 요인은 부모가 출산하는 자녀의 수나 양육 방식을 결정할 때 언제나 직접적인 영향을 미치는가?'라는 주제를 도출해 냈다. 그런 다음, 미국인 시간 사용 실태 조사와 다국적 시간 사용 실태 조사의 대표본을 비교 분석했다. 이 두 가지 정보는 성인의 시간 사용 실태를 정확히 알아보기 위해 15분 간격으로 매일 기록해 만든 자료다.

그리고 두 사람은 현대의 미국인 부모가 아이를 위해 쓰는 평균 시간이 1970년대보다 두 배 증가했다는 사실을 확인했으며, 그중에서도 아이에게 책을 읽어주거나 과제를 도와주면서 아이의 '학업'에 관여하는 시간이 가장 크게 증가했음을 알게 되었다. 또한 오늘날 부모들은 이전 세대보다 과외 활동과 대학 입시를 위한 개인 교습에 더 많은 돈을 쓰고 있었다. 중요한 것은 이런 추세가 심화된 경제 불균형과 함께 일어났다는 사실인데, 학력이 대졸 이상인 사람과 고졸인 사람의 소득 차가 특히 심하게 나타났다. 되프케 교수는 1970년대 미국에서는 평균적으로 대학 졸업자가 학위가 없는 사람보다 대략 50퍼센트 높은 소득을 올리는 데 그쳤지만, 40년이 지난 뒤에는 200퍼센트 많은 소득을 올렸다고 지적했다.

되프케와 칠리보티가 여러 나라와 세대별 상황을 두루 살펴본 결과, 국가별 소득 불균형, 사회계층 이동, 교육에 대한 투자 대비 수익 같은 것들이 부모의 행동에 영향을 미친다는 사실을 발견했다. 두 경제학자는 이런 행동을 좀 더 쉽게 분류하기 위해 심리학자 다이애나 바움린드Diana Baumrind가 정리한 부모 유형별 양육 스타일을 빌려왔는데, 거기서 설명하는 세 가지 유형은 다음과 같다. 먼저, 아이가 자유롭게 생활하고 자아를 발견할 여지를 주는 '허용형' 부모, 아이가 부모에게 복종하고 진지한 태도를 갖추길 요구하면서 아이의 자율성을 제한하는 '독재형' 부모, 마지막으로 아이와 의견을 나눠 옳은 행동을 유도하고 아이의 한계를 없애려는 '권위형' 부모가 있다. 되프케와 칠리보티는 국가의 기조를 이루는 경제 상황과 양육 방식에 직접적인 연관성이 있다는 사실을 발견했다. 예를 들면, 교육에 투자해도 돌아오는 게 많지 않은 북유럽에서는 허용형 부모가 많았다. 한편 산업혁명 이후, 성실한 공장 노동자로 키우는 것이 곧 아이의 안정적인 미래를 뜻하던 시절에는 대부분의 선진국에서 독재형 양육 방식이 널리 퍼졌다. 그러다 1980년대부터 미국, 영국, 캐나다를 포함한 일부 고소득 국가에서 독재형 양육이 권위형으로 바뀌면서 부모들은 아이를 능력 있는 화이트칼라 전문직, 즉 대학 학위를 딴 창의적 인재로 키우는 데 집중했다.[9] 점점 불안정해지는 경제에 불안감을 느낀 부모들에게 허용형 양육 스타일은 상황을 위태롭게 만드는 것으로 느껴졌을 터다.

그런데 놀랍게도 부유한 고학력 부모들이 권위형 양육 방식을 택한 비율이 눈에 띄게 높았다. 그런 가정에서 자란 아이는 상대적으로 대학에 갈 가능성도 훨씬 큰데, 부모들은 왜 그토록 교육에 신경 쓰는 것일까? 두 가지 이유가 있다. 먼저, 부유한 고학력 부모는 아이를 집중적으로 양육할 수 있는 시간과 경제적 여유가 있다. 과외 교사에게 수업료를 내고, 특별 수업에 아이를 데려다줄 시간도 낼 수 있기 때문이었다. 이보다 더 중요한 두 번째 이유는 바로 '사회적으로 계층이 하락할 가능성이 위로 갈수록 높아지기 때문'이다. 되프케는 잘사는 부모일수록 자녀의 사회경제적 지위가 하락할 것에 대비해 이를 보호할 필요를 더 크게 느낀다고 설명했다.

행복한 유년 시절의 기억을 지닌 되프케는 자신이 누렸던 자유를 자기 아이들에게도 누리게 하려고 노력한다고 말했다. 시간을 정하지 않고 놀 수 있게 하거나 보호자 없이도 친구들과 시간을 보낼 수 있게 했다. 하지만 요즘의 경제 상황에 어느 정도 대응하기 위해 아이의 학업에도 여전히 관여하는 편이라고 했다. 앞으로 아이들이 살아갈 사회에서는 불평등이 더욱 심해지리라는 사실을 누구보다 잘 알기 때문이다. 그렇기 때문에 주말마다 축구장 사이드라인에 서서 아이를 지켜보는 일을 그만두지는 못할 거라고 말했다.

개별 안전망 만들기

되프케와 칠리보티의 연구는 겨우 20~30년 사이 부모들이 보는 세상이 얼마나 많이 변했는지 명확히 보여준다. 1960년대와 1970년대 초반, 백인 중산층 부모는 아이가 성공하는 일에는 덜 신경 쓰고, 아이의 행복에 더 집중할 수 있었다. 당시에는 삶 자체가 그리 빡빡하지 않았다. 집을 사고, 의료 보험에 가입하고, 괜찮은 공교육을 받는 게 훨씬 쉬웠다. 제2차 세계대전 이후, 안정적으로 사는 가정이 늘었는데, 이는 전반적으로 경제가 성장했을 뿐 아니라 연방정부에서 보조하는 담보 대출, 참전 용사를 위한 대학 등록금 무료 지원 같은 공공 정책이 생겨났고, 노동조합의 힘이 강해지면서 연금 같은 복지를 충분히 보장받을 수 있었기 때문이다. 설령 아이가 진로를 잘못 택했다 해도 결국에는 안전하게 중산층으로 진입할 거라고 부모들은 예상했다. 어느 정도 느슨함이 허용되던 시절이었다. 하지만 1980년대부터 과학기술의 발달, 세계화, 노동조합의 쇠퇴, 변화된 정부 정책 등의 영향이 합쳐지며 사회적 불평등 문제가 급격히 늘어났다. 그 결과, 부모들은 위로 올라가는 고속 엘리베이터에 내 아이가 얼른 올라타지 않으면 영원히 아래층에 머무를 것 같은 불안을 느끼게 되었다.

사회복지가 더 탄탄하게 갖춰져 있고 소득 격차도 덜한 나라에서는 부모가 이런 불안감에 밤잠을 설칠 가능성이 훨씬 적었다. 그런 나라에 살았다면 우리 아이들도 되프케 교수가 자랄 때 누렸던 자유를 여전히 누리지 않았을까. 내 친구 하나는 노르웨이에서 딸을 키우며 산다. 노르웨이는 미국에 비해 경제적 불평등이 훨씬 덜한 곳이다. 친구 얘기를 들어보면, 그 집 딸의 삶은 우리 아이들과 매우 달랐다. 일곱 살에 축구 선발팀에 들어가거나 운동을 전문적으로 배워야 한다는 압박감 같은 게 없었고, 자유롭게 마음껏 노는 것을 사치라고 여기지 않는 분위기였다. 생활비가 자꾸 더 들어가고 경쟁이 심해지는 문제가 있긴 해도 정부가 보장하는 사회 안전망 때문인지 그곳 사람들은 미국인보다는 잃을 게 훨씬 적다고 느끼는 것 같았다.

밀키와 워너의 설명대로, 미국에는 보장된 사회 안전망이 없기 때문에 부모 개개인이 '개별 안전망'을 만들어 자녀의 사회·경제적 지위를 확보하려고 애쓴다. 부모들은 자녀의 성공과 행복을 잠재적 장애물이 가로막지는 않는지 끊임없이 살피면서 하루하루를 살아간다. 예를 들어, 한 어머니는 요즘 교육이 누구에게나 두루 적용되는 의료 서비스가 아니라 추가로 비용을 지불하는 '개인 맞춤형 의료 서비스'처럼 생각된다고 말한 적이 있다. 그 집 아이는 엄마의 요청으로 주말에 해야 할 과제를 따로 받는데, 수학 과외를 받은 덕분에 다른 아이보다 수학 실력이 몇 년은 앞서 있기 때문이라고 했다. 물론 이렇게 하면 반 아이들의 전체적인 평균 실력은 올라갈지 몰라도 따로 과외를 받지 못하는 학생은 사실상 불리해질 수밖에 없다.

개별 안전망을 구축하는 것은 자잘하게 신경 쓸 거리가 많고, 돈도 많이 들 뿐 아니라 정신적 에너지 소모도 매우 큰 일이다. 부모로서 이런저런 활동을 하는 아이를 계속 따라다니거나 어떤 취미와 수업, 운동이 아이에게 가장 좋을지 계속 머리를 굴리다 보면 여간 지치고 피곤한 게 아니다. 캐럴라인이 피아노를 배우고 싶다고 했을 때, 나는 가장 잘 맞는 선생님을 찾아다니며 상담하느라 꽤 많은 시간과 에너지를 써야 했다. 그런 뒤에는 딸에게 연습시키느라 또 시간과 에너지를 들였고, 몇 달 뒤 그만두겠다고 했을 때는 조금만 더 해보자고 설득하느라 더 많은 시간과 에너지를 들여야 했다. "뭐든 잘하려면 노력해야 하지만, 스스로 노력하는 아이는 거의 없다. 아이가 하고 싶다는 대로 내버려둬서는 안 되는 중요한 이유가 여기 있다. 종종 아이가 노력하기를 거부할 때 부모는 의연해질 필요가 있다. 무슨 일이든 처음이 어려운 법인데, 그럴 때 서양 부모들은 쉽게 포기하는 경향이 있다." 《타이거 마더》의 작가 에이미 추아가 칼럼에 썼던 말이 계속 떠올랐다.[10] 한동안 화도 내보고 선물로 꾀어도 보다가 결국에는 포기하고 말았다. 내가 그 나이였을 때 우리 부모가 내게 억지로 피아노를 가르치지 않았던 것처럼 나도 딸을 그냥 내버려두었다.

부모에게는 다음 세대를 세상에 내보낼 책임이 늘 따라다니지만, 그 책임이 요즘처럼 힘겹고 외로웠던 적은 없는 것 같다. 주변에서 여덟 살짜리 아이들을 축구 실력으로 순위를 매기거나 다섯 살밖에 안 된 아이를 영재 프로그램에 보내기 위해 과외를 시키는 집 이야기를 한 번쯤은 들어본 적이 있을 것이다. 런던정치경제 대학교 연구원 토머스 커런Thomas Curran이 지적한 바와 같이, 부모가 처한 사회적·거시경제적 상황은 아이를 양육하는 스타일에서도 드러나게 마련이다. 부모들은 앞으로 우리 아이가 누릴 수 있는 것이 점점 줄어든다는 생각에 불안감을 느끼다 보니, 자꾸만 아이 일에 지나칠 정도로 관여해 상황을 통제하려는 태도를 보인다고 한다. '사회적 전달자'로서 앞으로 닥칠 경제적 불평등과 치열한 경쟁에 아이가 대비하도록 하는 게 부모의 역할이라고 생각하기에 어쩌면 당연한 결과라 할 수 있을 것이다.

우리는 아이들이 더 많은 자유를 누리고 어린 시절을 그저 행복하게 보내길 바란다. 피아노 따위 그만두고 싶으면 언제든 그만두고, 내가 그랬던 것처럼 아이들도 어린 시절을 되돌아보며 위안을 느꼈으면 좋겠다고 생각한다. 그러면서 나날이 치열해지는 경쟁 세계에서 아이들이 살아남도록 대비시켜야 한다는 부담도 엄청나다. 어떤 어머니는 자신이 정말로 원하는 건 그저 아이와 함께 즐거운 시간을 보내고 부모로서 아이들이 크는 모습을 지켜보는 게 다인데, 아이가 잘 자라기 위해 알아야 하는 모든 걸 가르치려다 보니 불안이 시작되는 것 같다고 말했다.

사회적 지위와 결핍이 충돌할 때

요즘의 대학 입시보다 사회적 지위와 결핍을 더 잘 보여주는 사례는 없을 것이다. 우리는 윤리 시간에 교육이란 교양 있는 시민을 양성하고, 민주주의를 강화하기 위한 공익 활동이라고 배웠다. 하지만 현실에서 수준 높은 교육이란 경제학자들이 말하는 '지위재' 같은 것이 되어버렸다. 다시 말해, 수준 높은 교육의 가치는 실제 제공되는 교육 그 자체에 있는 게 아니라 모든 사람이 거기에 접근할 수 없다는 사실에 있다. 가령 애머스트나 포모나 같은 대학의 입학 허가서를 받는 건 구찌 핸드백을 갖는 것보다 더 강한 사회적 지위의 상징이 되었다.

그런 상징적 지위에 접근하는 길이 점점 좁아지고 있다. 내가 코네티컷주 부모들을 위한 행사에 참석했을 때, 심리학자 수전 바우어펠드Susan Bauerfeld와 칼리지 카운슬러〔전반적인 학교생활과 대학 진학에 관해 개인적으로 지도하는 교사〕 빅토리아 허슈Victoria Hirsch가 정리한 프레젠테이션을 보았는데, 지금의 현실이 아주 정확히 이해되는 기분이었다. 미국에 대략 2만 7000개의 고등학교가 있는데, 각 학교의 수석과 차석 졸업생 5만 4000명만 해도 상위 20위 안에 드는 대학의 모집 정원을 두 번 채우고도 남을 인원이라는 것이었다. 대학의 모집 인원이 얼마나 적은지 그동안 냉정하게 생각해 본 적이 없는 부모들은 그 말을 듣자마자 깜짝 놀란 듯 헉 소리를 냈다.

대학들은 입학생 수가 적은 게 학교에는 오히려 바람직하게 작용한다는 사실을 너무나도 잘 알고 있다. 요구에 맞춰 입학 정원을 늘리는 건 학교 명성을 해치기만 할 뿐이다. 대신 일부 학교에서는 '합격하지 못할 걸 알기에 더 가고 싶게 만드는' 전략을 사용해 최대한 많은 학생이 지원하도록 노력과 비용을 아끼지 않는다. 학교가 더 많은 지원자를 떨어뜨릴수록 학교 선호도 순위도 올라가기 때문이다. 미국 내 가장 경쟁력 있는 대학 50위 안에 드는 학교의 입학률을 보면 2006년에는 지원자의 3분의 1 이상이 합격했지만, 2018년에는 4분의 1 이하로 내려가면서 합격률이 45퍼센트나 떨어졌다. 상위

10위 대학 가운데 입학을 허가하는 비율은 약 16퍼센트 정도에서 3퍼센트까지 떨어지며 합격률이 급격히 낮아졌다.

최근 사람들 사이에서는 고등학교에 가서 대학 입시를 준비하기 시작하면 너무 늦다는 인식이 널리 퍼져 있다. 사회학자인 힐러리 리비 프리드먼Hilary Levey Friedman은 자신의 책《플레잉 투 윈Playing to Win》에서 요즘 아이들은 어린 시절 내내 테니스 레슨을 받고, 수학 공부를 하고, 축구 선발팀에서 운동한 친구와 경쟁하기 때문에 너무 뒤늦게 입시에 필요한 기술을 습득하려고 하면 '자격증 병목 현상'을 겪게 된다고 지적하기도 했다.

일부 부모 중에는 사회적 지위를 유지하기 위해 아이가 '어디든 상관없이 좋은 대학에만 들어가면 된다'가 아니라 특정 학교의 로고가 들어간 운동복을 입어야 한다고 생각하는 사람도 있다. 가령 아이비리그나 자기 모교와 같은 수준의 학교를 염두에 뒀을 가능성이 크다. 내가 인터뷰한 결과, 자녀가 가길 바라는 대학 리스트를 이미 머릿속으로 정해둔 부모가 의외로 많았다. 책에 쓸 자료를 수집하던 초기에 나는 오래전부터 알고 지내던 지인에게 전화를 걸었다. 보스턴에 사는 그는 10대인 두 아이의 아버지이자 스포츠 심리학자로서 정신적으로 힘들어하는 아이들을 주로 치료해 오고 있었다. 그는 요즘 부모들이 압박감을 느끼는 건 아이를 양육하는 장기 목표에 더 이상 공감하지 못하기 때문이라고 했다. 바로 눈앞에 '사회적 지위'라는 반짝거리는 대상이 마음을 홀리기에 아무리 좋은 의도를 지닌 부모라도 그걸 쉽사리 거부하지 못한다는 설명이었다. "어떤 부모들은 아이를 하버드에 보낼 수만 있다면 억지로 밀어붙여서라도 그렇게 하고 싶어 해요. 그러다가 아이에게 우울증이나 불안 장애가 생길 수도 있는데, '그래도 하겠다'고 말한다는 게 진짜 슬픈 현실인 거죠."

리처드 웨이스보드 교수는 부모들이 아이의 성공에 그토록 몰두하는 것은 그들이 다녔던 수준의 대학에 자신의 아이가 들어가지 못할까 봐 걱정하기 때문이라고 설명했다. 의식적이든 무의식적이든 부모의 마음에는 이것이 사회적 지위 하락으로 인식되어 민감한 화재 감지기처럼 벨이 울린다는 것이다. 그래서 많은 부모가 힘겨운 자기반성 대신 아이의 성취를 이끌어내는 일을 자신의 유일한 임무라고 받아들인다. 웨이스보드는 그렇게 해서 아이를 올바른 성품과 사고방식을 지닌 성인으로 키우는 일은 뒷전으로 밀리고, 특정 명문 대학에 밀어 넣는 게 양육의 전부가 되고 말았다고 말했다.

입시 비리 스캔들까진 아니더라도 지위 보호는 부모를 매우 극단적인 상황으로 몰고 가기도 한다. 내슈빌에 사는, 고등학교 2학년 딸을 둔 한 아버지는 딸의 반 친구들 상황을 모두 꿰고 있다고 말했다. 주변 아이들의 성적 순위, 부모가 졸업한 학교, 눈에 띄는 과외 활동, 부모의 자선 사업 참여 여부와 규모 같은 걸 모두 파악하는 것이다. "고액 기부자인 집 아이와 경쟁하면 우리 애가 떨어질 게 뻔한데, 그런 애가 가려는 대학은 피하는 게 좋잖아요."

2019년 워싱턴 DC의 명문 사립 학교 시드웰 프렌즈 스쿨에서 좋지 않은 일이 벌어졌다. 기사에 따르면, 일부 12학년 학부모가 자신의 아이가 특정 대학에 들어갈 확률을 높이고자 칼리지 카운슬러에게 경쟁 학생을 비방하는 내용의 음성 메시지를 익명으로 남겨 충격을 주었다.[11] 그 일로 카운슬러 두 명이 사임했고, 브라이언 가면 교장은 '앞으로 학교에서는 학생에 관한 근거 없는 익명 제보를 받지 않을 것이며, 발신 번호 표시가 제한된 전화에 응답하지 않겠다. 학생 본인, 확인된 가족 구성원 또는 보호자의 요청이 아닌 이상 학생에 대한 어떤 기록도 공개하지 않을 것'이라는 내용이 담긴 안내장을 학부모들에게 보냈다고 한다.

지나친 부모의 노력은 우리 아이들을 마치 상품처럼 만들어버리기도 한다. 아이들의 삶이 이제 막 펼쳐지는, 불완전하지만 각각의 특별한 줄거리를 담은 이야기가 아니라 입학 사정관, 장학회, 선수 선발 담당자의 눈길을 끌도록 만든, 고비용 제품이 되고 마는 것이다. 요즘 아이들은 청소년기라는 중요한 발달 단계에 '나는 누구인가?'라는 질문뿐 아니라 사회에서 자신이 있을 자리는 어디인가를 놓고도 고민해야 한다. 아이들은 고유의 존재로서가 아니라 겉으로 드러나는 매력, 그동안 이뤄놓은 이력으로 가치를 평가받는다고 느낀다. 성취를 중시하는 문화 속에서 아이들은 '이 세상에서는 뭔가를 이룬 사람만 중요한가?'라는 의문을 품기 시작했다.

CHAPTER 3

Mattering Matters

내 아이를 위한,
첫 매터링 코칭

아이의 성취와 아이는
분리해야 하는 것

운전대를 꽉 잡은 채 집으로 향하던 레베카는 차오르는 눈물에 자꾸만 시야가 흐려져 눈을 깜박였다. 마음을 가라앉혀야겠다 싶어 결국 갓길에 차를 댔다. 그녀가 운 이유는 직장에서 힘든 일이 있어서도, 중요한 뭔가를 잃어서도 아니었다. 딸아이 유치원에서 한 학부모 미팅 때문이었다. 유치원에서 부모들의 불만으로 긴급히 회의를 소집했다. 돌아오는 차 안에서 레베카는 운전대에 머리를 대고 흐느껴 울었지만, 마음은 전혀 진정되지 않았다.

당시 레베카와 가족은 덴버에 살고 있었다. 그 주 딸아이가 다니는 유치원에서는 학부모 모두에게 자녀의 IQ 테스트 결과가 적힌 이메일 한 통씩을 보내왔다. 그리고 그 점수를 토대로 초등학생을 대상으로 운영하는 영재 프로그램에 들어갈 학생을 선발할 거라는 말도 덧붙였다. 그런데 일부 학부모들이 시험의 신뢰도에 이의를 제기하면서 선택받은 소수의 아이가 행복하고 성공적인 삶을 향하는 동안 선택받지 못한 나머지 아이들은 모두 뒤처지는 게 아니냐는 불만의 목소리가 터져 나왔다. 누군가는 그렇게 극단적으로 생각하지 않았는지도 모른다. 하지만 내가 방문했던 다른 지역들처럼 고학력자가 모여 사는 동네에서는 부모들이 자기 아이가 조금이라도 불리한 위치에 놓였다고 생각되면 쉽게 감정적으로 변하는 경향이 있었다.

레베카는 딸의 점수가 평균에 가까웠다면서 얼른 이렇게 덧붙였다. "물론 그 점수도 괜찮아요." 하지만 전혀 예상하지 못한 감정이 자신을 압도하는 바람에 그녀는 당황하고 말았다. 아이의 학습 능력에 관해 그토록 직설적으로 평가받은 건 그때가 처음이었는데, 레베카는 마치 댐이 무너져 내린 것처럼 자라면서 느꼈던 모든 압박감이 한꺼번에 몰려오는 기분이 들었다고 했다. 뒤이어 자신의 반응에 죄책감과 당혹스러움도 느꼈다. 레베카는 그때 깨달았다. 부모로서 느끼는 불안을 이해하고 제대로 통제하지 않으면 그게 내 아이까지 옥죌 거라는 사실을 말이다.

레베카는 샌프란시스코, 로스앤젤레스, 덴버, 그리고 최근에는 시카고까지 여러 지역에서 사람들이 상담을 받기 위해 일부러 찾아올 만큼 능력 있는 임상 심리학자였다. 그녀가 치료했던 아이들은 주로 편두통이나 위장병 같은 증상을 호소했는데, 알고 보면 심리적인 문제가 대부분이었다. 레베카는 표준 시험의 한계를 잘 알고 있었기에 점수에 집착해선 안 된다는 것도 이해하고 있었다. 하지만 세 아이의 엄마로서 유치원에 다니는 딸이 '평균' 점수를 받았다는 걸 알게 되었을 때는 충격을 받을 수밖에 없었다.

요즘은 측정하고, 평가하고, 추적하고, 분류하는 일이 쉴 새 없이 이뤄지며 학교 안팎에서 아이들의 생활을 점점 압박하고 있다는 느낌을 지울 수가 없다. 아이에 대한 평가와 분류가 급격히 늘어나는 시기는 대개 중학교 때부터다. 나는 일리노이주에 사는 한 어머니로부터 딸이 다니는 학교에서는 '등급을 일찍부터 세분화하기 위해' 6학년 우등생 명단을 세 단계로 구분했다는 말을 들은 적이 있다. 고등학교에 가면 분류는 단지 성적만으로 이뤄지는 게 아니라 수업의 난도와 학생이 수강하는 AP 과목 수, 동시에 GPA 4.0 이상을 유지할 수 있는가를 놓고도 이뤄진다고 한다. 교실 바깥에서도 아이들은 그저 운동을 즐기거나 악기 연주를 좋아하는 수준에서 만족할 수 없다. 대학에 합격하고 장학금을 받으려면 실력이 제일 좋은 선수, 연주를 가장 잘하는 뮤지션이 되어야 하기 때문이다.

요즘 아이들은 마치 학교 성적과 과외 활동으로 평가받는 것만으로는 충분하지 않다는 듯 제3의 시험대에 자신을 올려놓는데, 그게 바로 소셜 미디어다. 10대 아이들 대부분이 또래 친구와 비교해 자신이 어떤 평가를 받는지 궁금해하는 성향이 있고, 소셜 미디어는 현재 자신의 인기를 공개적이고 객관적으로 기록하는 수단이 된다.[1] 그래서 아이들은 사진에 내가 태그된 횟수, 팔로 비율(내가 팔로잉하는 사람 대 내 팔로어 수의 비율), '좋아요'를 받은 횟수, 게시물에 달린 댓글 수, 심지어 얼마나 빨리 댓글이 달리고 '좋아요'를 받는지까지 신경 쓰며 관리한다. 한 어머니는 대학 2학년인 딸이 인스타그램에 사진을 올릴 때 필터를 너무 많이 써서 엄마인 자신조차 얼굴을 못 알아볼 정도라며 걱정하기도 했다. 그러면서 진짜 딸의 모습과 온라인상의 모습이 얼마나 다른지 보여주었는데, 확실히 인스타그램 속 모습에서는 다리가 길고 날씬했으며, 코는 작고 눈은 크고 얼굴 윤곽이 흐릿해 보이긴 했다.

물론, 실력을 평가하고 나누는 게 그리 새삼스러운 일은 아니다. 내가 어렸을 때도 반에서 달리기나 팔씨름을 가장 잘하는 애, 수학 문제를 잘 푸는 애, 테니스를 잘 치는 애가 누군지 다들 알고 있었다. 하지만 오늘날 순위를 매기는 일은 훨씬 집요하고 끝이 없다. 요즘에는 다섯 살밖에 안 된 아이가 표준 시험에서 상위 1퍼센트 안에 들어야 하고, 5학년짜리 아이가 최고 수준의 축구 선발팀에 들어가야 하고, 열세 살 된 아이가 자기 소셜 미디어 프로필을 관리하는 게 당연한 일처럼 여겨진다. 우리 세대는 대입 시험을 치르고 내신 성적을 관리하는 수준이었지만, 우리 아이들은 횡포에 가까운 수준으로 모든 걸 측정하는 세상에서 살아가고 있다.

상향 평준화

요즘에는 아이들이 '특출'해야 하는 분야가 점점 늘어날 뿐 아니라 '특출'의 기준도 계속 높아져서 아이들이 스스로가 충분하지 않다고 느낄 때가 더 많아지고 있다. 아이들은 사랑받고 주목받을 가치가 있는 사람이 되려면 날씬하고, 돈 많고, 똑똑하고, 예쁘고, 운동도 잘하고, 재능이 있어야 한다는 메시지를 성공 중심의 문화로부터 끊임없이 흡수하고 있다. 마치 충성스러운 군인처럼 이런 말도 안 되는 요구를 착실히 따르다 못해, 이제는 그런 생각을 완전히 내면화하는 데 이르렀다. 내가 인터뷰했던 한 학생은 명문 고등학교에서 올 A에 가까운 성적표를 받고도 "이 정도는 그냥 평범한 수준"이라고 덤덤하게 말했다.

요즘 아이들에게는 기대치에 '도달하는 것'보다 그걸 '넘어서는 게' 더 중요해졌다. 그리고 '모두'가 무리의 다른 아이보다 두드러져야 한다고 생각한다. 앞에서 말한 유치원 부모들이 아직 어린 자녀의 시험 결과에 그토록 분개하는 것도 모두가 탁월해야 한다는 압박감 때문이다.

런던정치경제 대학교 연구원 토머스 커런과 영국 요크 세인트존 대학교 연구원 앤드루 힐Andrew Hill은 정신 건강과 관련해 외부 자극에 취약한 정도를 결정하는 요인에 대해 고민해 왔다. 그리고 10년간의 연구 끝에 지난 40년 사이 청소년들이 완벽주의를 추구하는 경향이 현저하게 높아졌다는 사실에 주목했다. 아이들에게 너무 비현실적인 기대를 걸다 보니, 아이들이 느끼는 압박감이 무려 33퍼센트나 증가했다고 그들은 말했다.[2]

커런과 힐은 부모가 아이에게 지나치게 기대하는 것은 사회적 요구와 분위기 때문이지 부모 탓이 아니라고 분명히 선을 그었다. 진짜 문제는 아이가 할 수 있는 것과 부모와 사회가 아이들에게 기대하는 것 사이에 잠재적 차이가 존재하기 때문이라고 했다. 커런은 학업에 대한 압박은 점점 커지고, 부의 불평등은 심해지고, 기술 발달로 생겨난 소셜 미디어는 우리에게 비현실적인 이상향을 자꾸만 주입하다 보니, 치열한 경쟁 세계에 부모들이 걱정스러운 반응을 보이는 거라고 설명했다.

부모가 지나치게 압박감을 느끼면 자녀의 성적에 과민하게 반응하고, 스케줄에 관여하고, 아이가 좋지 않은 결과를 냈을 때 과도하게 아이를 비난할 수 있다. 하지만 아이의 정신 건강에 부모 자식 간의 유대 관계는 무엇보다 중요한데, 아이가 부모의 높은 기대에 부응하지 못하면 유대 관계도 위태로워질 수밖에 없다. 부모에게 비난을 들은 아이는 부모가 자신을 사랑하지 않고 거부했다고 받아들인다. 부모 자식의 관계가 안전한 장소에서 위험 지대로 옮겨가는 것이다. 존재 자체로는 사랑받을 수 없다고 느끼게 된 아이는 자신을 이상적이고 완벽한 모습으로 보여주려 애쓰게 된다. 그래야 간절히 바라는 애정을 얻고 안전을 보장받는다고 믿기 때문이다.

시간이 흐르면서 청소년들은 지나치게 높은 기대치를 내면화했고, 그 기대치를 충족했는가로 자신의 가치와 부모의 사랑을 확인하게 되었다. 아이들 눈에 그 기댓값은 가치를 인정받기 위해 도달해야 할 기준이다. 그래서 기준에 도달하지 못하면 스스로 자신의 존재를 비난하고 공격할 수도 있다.

아이들이 느끼는 압박감, 완벽주의, 불안, 우울, 외로움을 말할 때,

우리가 정말 이야기하는 건 사실 충족되지 않은 욕구다. 아이들이 진정 바라는 것은 우승 트로피, 대학 입학 통지서, SNS의 '좋아요' 수, 대회에서 받은 상장이 아니라 아무 조건 없이 스스로를 가치 있는 사람이라고 느끼는 일이다. 우리가 '압박감'이 아이의 (그리고 부모의) 행복감을 해친다고 말할 때, '압박감'이 의미하는 것은 아이들이 자신의 가치가 성공 여부에 달렸다고 잘못 인지하게 만드는 주변 환경을 가리킨다. 아이들이 부모의 사랑과 애정을 얻으려면 특정 수준의 뭔가를 성취해야 한다고 믿을 때, 그들은 자신을 부족한 존재라고 느끼고, 건강하고 안정된 자아를 형성하지 못한다.[3]

스스로를 가치 있는 사람이라고 느끼는 것

1980년대 '매터링'이라는 개념을 처음 정립한 사람은 모리스 로젠버그Morris Rosenberg라는 유명한 사회 심리학자다.[4] 그는 청소년의 자존감에 관해 연구하면서 고등학교 학생들의 행복을 좌우하는 데 자신을 가치 있는 사람이라고 느끼는지가 매우 결정적인 역할을 한다는 사실을 발견했다. 자신이 부모에게 중요한 존재라고 느끼는 학생은 그렇지 않은 학생보다 자존감이 높았고, 우울감을 느낄 확률도 현저히 낮았다.

토론토 요크 대학교에서 완벽주의와 매터링에 관해 연구한 고든 플렛Gordon Flett 교수는 우리가 자신이 중요한 사람이라고 느낄 때, 타인과 단단하고 의미 있는 관계를 맺으며, 혼자 힘든 삶을 헤쳐나가는 게 아니라는 믿음을 확고하게 가진다고 설명했다. 브라운 대학교의 사회 심리학자 그레고리 엘리엇Gregory Elliott도 우리는 모두 주변 사람들이 나를 봐주고 좋아하고 이해해 주었으면 하는 욕구가 있는데, 마음속 깊이 존재하는 그 욕구가 바로 매터링이라고 말했다. 엘리엇은 한 강연에서 매터링 감각을 이런 식으로 설명했다. "사람들이 나에게 관심을 갖고 내가 하는 말에 귀 기울이나요? 뭔가를 성취했을 때 기쁨을 나누고 힘든 일이 생겼을 때 응원해 줄 사람이 있습니까? 사람들이 나를 믿고 의지하면서 조언과 도움을 청하나요?[5] 우리가 살아 있는 한 다른 사람에게 내가 중요한 존재로 받아들여졌으면 하는 이 본능적 욕구는 결코 변하지 않을 겁니다."[6]

매터링이 명확하게 어떤 개념인지 들어본 적이 없을지도 모르지만, 어떤 느낌인지는 알 수 있을 것이다. 매터링은 친구들이 진심 어린 말로 나를 축하해 줄 때처럼 인생의 중요한 순간에 드러난다. 몸이 좋지 않다는 말에 친구가 직접 수프를 끓여 집으로 찾아올 때처럼 일상적인 순간에도 느낄 수 있다. 현관문을 열어보니 친구가 거기 서 있을 때 '친구가 나를 정말 중요하게 여기는구나, 나는 사랑과 응원을 받을 가치가 있구나'라는 느낌을 받게 되는데, 그 감정이 바로 매터링이다. 선생님이 학생에게 교실에 있는 화분에 물 주기를 맡기면, 아이는 자신이 '중요한 사람'이라고 느낀다. 그리고 다른 사람이 자신을 믿는다고 느끼고 자기만의 작은 세계에 중요한 가치를 더하게 된다.

매터링에는 단계가 있다. 부모와의 관계에서 시작해 지역 사회로 확장되고 그다음 더 넓은 세계로 이어나가는 식이다.[7] 스스로가 가치 있는 사람이라고 느끼면 느낄수록 자신에게 부여하는 가치도 커지며, 이 가치가 커질수록 스스로 가치 있는 사람이라고 느낀다. 공동체 심리학자 아이작 프릴렐텐스키Isaac Prilleltensky는 이런 선순환이 반복되어 우리의 매터링 욕구가 채워진다고 말한다.[8] 그의 말을 정리하면, 메타 욕구meta need는 "나는 가치 있는 사람이다"라는 느낌을 주는 소속감, 공동체 의식, 애착뿐 아니라 "자신이 주위에 기여하고 있다"라는 느낌을 주는 자기 결정력, 전문 지식, 역량 등과 연결되는데, 이 메타 욕구가 곧 매터링이다. 그 모두를 하나로 합쳤을 때, 매터링을 경험하게 된다는 것이다.

태어날 때부터 자신에게 내재된 가치를 아는 사람은 아무도 없다. 우리는 시간이 지나면서 주변 사람, 특히 주 양육자가 자신을 대하는 방식을 보고 이런 인식을 형성한다. 즉 자존감은 외부와 단절된 상태에서는 발달하지 않는다. 자존감은 우리가 다른 사람의 눈에 어떻게 비치는지, 주변 사람들에게 내가 얼마나 가치 있는지를 스스로 인지하며 형성된다.[9] 마음속 깊이 '나는 존재만으로도 중요한 사람'이라고 느낄 때, 우리는 단단한 자존감을 지닐 수 있는 것이다. 매터링은 우리에게 내재된 가치로 향하는 통로다. 매터링을 알면, 나는 나로서 충분하다는 걸 스스로 깨닫게 된다.

물론 매터링으로 모든 걸 해결할 수 있는 건 아니지만, 오늘날 청소년들이 겪는 정서와 행동 문제를 다루는 데 매터링은 특히 유용하다. 높은 수준의 매터링 감각은 스트레스, 불안, 우울, 외로움을 막아주는 방패 역할을 하기 때문이다. 매터링의 가장 큰 장점은 그걸 심어주는 게 그리 어렵지 않다는 것이다. 부모, 교사, 운동 코치, 믿을 만한 어른으로서 우리는 아이들이 힘든 길을 잘 걸어갈 수 있게 매터링 감각을 높여줄 수 있다.

반면 스스로를 중요한 사람이 아니라고 느낄 때, 학대와 무시를 당하고 소외되었을 때 우리는 다른 사람이 나를 주목하도록 억지스러운 행동을 하게 된다. 완벽한 이미지를 만들려고 강박적으로 노력하기도 하고, 지나치게 노력하거나 식이 장애를 일으키거나 극단적인 행동을 하기도 한다. 매터링이 결핍되면 우울, 불안, 약물 남용, 자살 같은 증상을 보일 가능성도 커진다. 자신이 중요한 사람이라고 느끼지 못할 때, 우리의 시야는 안으로 향한다. 하던 일을 포기하고, 술을 마셔 현실에서 도망치려 하고, 심지어 자해하기도 한다. 또한 매터링 감각이 낮은 사람은 자기 생각을 지나치게 일반화하고 최악의 상황을 상상하는 경향이 있으며, '나는 지금도 중요하지 않고 앞으로도 그럴 것이다'라는 확신을 갖게 된다고 한다. 플렛의 연구에 따르면, 미국과 캐나다에 거주하는 청소년 가운데 3분의 1이 공동체 내 다른 사람들에게 자신이 중요한 사람으로 받아들여지지 못하는 것 같다고 답했다.

불가능할 정도로 높은 기준과 뭐든 수치로 환산하는 문화가 우리 아이들의 매터링 감각에 직접적인 타격을 준 탓이다. 여기서 미리 밝히자면, 내가 만난 부모 중에 자기 아이를 깊이 사랑하지 않는 사람은 없었다. 문제는 너무 많은 아이들이 성공 여부에 따라 자신의 가치가 달라진다고 스스로 인식하는 것이었다. 그레고리 엘리엇은 저서 《페밀리 매터스*Family Matters*》에서 만약 아이가 부모의 지시를 잘 따르는지 또는 부모의 기대에 부응하는지에 따라 '중요하게 받아들여진다'면, 그 아이는 진정한 매터링을 경험하지 못할 거라고 말하기도 했다.

지금 아이들의 자아는 위기에 놓여 있다. 유년기와 청소년기는 아이가 흔들리지 않고 굳건히 살아가도록 안정된 정체성의 기반을 형성하는 시기다. 그런데 우리는 아이들이 단단한 정체성을 만들어주는 대신 무심코 '네가 가치 있는 사람이 되려면 노력해서 뭔가를 얻어내야 한다. 그래야만 너는 이 집, 학교, 세상에서 중요한 사람이 될 수 있다'는 무시무시한 메시지를 계속 보내고 있다.

고든 플렛은 자신의 저서 《매터링의 심리학*The Psychology of Mattering*》에서 자신이 중요한 사람임을 느끼게 하는 결정적인 요소 일곱 가지를 다음과 같이 정리했다.[10]

고든 플렛의 매터링 감각을 키워주는 일곱 가지 요소

1. **관심**: 다른 사람이 나를 지켜본다고 느낄 때
2. **중요성**: 내가 소중한 사람이라는 느낌을 받을 때
3. **신뢰 관계**: 내게 의지하는 사람이 있기 때문에 스스로를 중요한 사람이라고 느낄 때

4. **자아 확장**: 내게 정서적인 에너지를 쏟고, 내 일에 관심을 보이는 사람이 있음을 인지할 때
5. **나의 부재에 대한 주목**: 내가 없음을 아쉬워하는 사람이 있다고 느낄 때
6. **인정**: 나와 내 행동이 가치 있다고 느낄 때
7. **고유성**: 자신을 고유하고 특별하다고 느끼고, 자기 참모습을 드러낼 수 있을 때

우리가 한 말이 아닌, 아이들이 들은 말

우리는 아이들을 아낌없이 사랑하면서도 정작 아이들이 받는 압력을 줄여주는 일은 무심결에 거부하고 있다. 아이들이 부모에게 거리감을 느끼지 않고, 안정적인 관계 속에서 매터링 감각을 형성해 나가기 위한 준비가 필요하다는 것을 부모들이 미처 의식하지 못하는 듯하다. 나는 이번 연구를 진행하면서 아이를 무조건적으로 사랑하는 걸로는 충분치 않다는 사실을 깨달았다. 우리가 주는 사랑이 무조건적임을 아이들도 '느낄 수 있어야' 하는데, 이때 중요한 건 우리가 한 말이 아니라 아이들이 들은 말이라는 것을 기억해야 한다. 평소 입으로는 성적이 다가 아니라고 말해놓고, 아이가 현관에 들어서자마자 시험은 잘 봤냐고 물으면, 아이들은 겉과 속이 다른 말이라는 사실을 귀신같이 알아차린다.

"많은 부모가 자신이 아이를 소중하게 여긴다는 걸 아이도 느낄

거라고 믿지만, 사실 아이는 그렇게 느끼지 못하거나 확신하지 못할 때가 많아요." 플렛은 이렇게 말하면서 한 교육위원회가 실시했던 설문 조사 결과를 언급했다. 그 조사에서 아이가 스스로 중요한 사람이라고 느끼지 못하는 것 같다고 답한 부모는 8퍼센트였지만, 실제 스스로를 중요한 사람이라고 느끼지 못한다고 대답한 학생은 무려 30퍼센트나 되었다. 아이가 우리에게 어떤 존재인지 아이도 다 알 거라고 생각하지만, 내가 실시한 설문에서도 그렇지 않다는 결과가 나왔다.

- 놀랍게도 설문 조사에 참여한 청소년 가운데 자신이 일 또는 공부를 잘했을 때 부모님이 '나를 소중하게 여기고 인정해 주는 것'처럼 느낀다고 답한 비율이 무려 70퍼센트가 넘었다.
- 50퍼센트 이상은 자신이 더 잘했을 때 부모님이 나를 더 사랑하는 것 같다고까지 말했고, 그렇게 느낀 정도를 물었더니 '아주 많이' 그렇다고 답한 학생이 25퍼센트나 되었다.
- '나는 내가 뭔가를 잘해서가 아니라 나라는 존재 자체로 중요한 사람이라고 느낀다'라는 문장에 '조금 그렇다' 또는 '전혀 그렇지 않다'고 대답한 학생이 25퍼센트나 되었다.

다시 말해, 설문에 참여한 학생의 4분의 1은 자기 부모가 가장 중요하게 여기는 것이 나라는 존재 자체가 아니라 내가 성취한 결과물이라고 믿고 있었다. 한 친구는 자신의 아들에게 좋은 성적을 받았을 때 더 사랑받는다고 느낀 적이 있냐고 물었더니, 아이가 이렇게 답했다고 한다. "제가 A를 받아 오면 집안 분위기가 좋아진 게 확실히 느껴지는걸요."

나는 설문지에 '고등학교에 들어와서 느낀 압박감에 관해 주변 어른들에게 하고 싶은 말이 있다면 써달라'는 문항도 넣었는데,[11] 아이들이 답한 내용을 읽으며 부모로서 너무 마음이 아팠다.

- 성적이 다가 아니라는 걸 어른들이 이해했으면 좋겠다. 부모님이 더 잘하라고 부담을 줄 때마다 나는 불안과 걱정에 시달렸다.
- 내 가치는 시험 성적에 따라 달라진다고 느꼈다.
- 가끔은 시험에서 A를 받지 못해도 괜찮다는 걸 부모님도 알았으면 좋겠다. 나는 모든 걸 다 잘하지 않아도 괜찮다고 생각한다.

어떤 학생은 부모님이 주는 부담이 '도움'이 되기보다 '정신적 폭력'에 더 가깝다는 사실을 알았으면 좋겠다고 쓰기도 했다. 좀 더 교묘한 비난에 대해 설명한 아이도 있었다. "우리 엄마는 나랑 제 친구를 비교하고, 그 친구네 엄마는 친구와 저를 비교해요. 그렇게 주위 사람과 자꾸 비교하는 건 마음에 상처가 될 뿐 아니라 저 스스로도 남과 저를 비교하게 만들어요." 심리학자들은 아이를 비난하거나 혼낸다고 반드시 아이가 부모를 미워하게 되는 건 아니라고 말한다. 아이는 오히려 자기 자신을 미워하게 된다.

아이를 꾸짖거나 잔소리하는 엄마, 스포츠 활동에 지나치게 열을 올리는 아빠처럼 틀에 박힌 부모의 모습이 어떤지 우리는 잘 알고 있다. 대부분은 그런 행동이 아이에게 부정적인 영향을 미친다는 걸 알기에 의식적으로 하지 않으려고 한다. 그럼에도 여전히 우리는 아이가 돋보이는 행동을 하면 자랑스러워 어쩔 줄 모르고, 나쁜 소식을 들으면 순간적으로 실망한 게 드러날까 봐 입을 꽉 다문다. 어쩌면 그건 자연스러운 반응일지도 모른다. 하지만 이런 반응에도 메시지가 담겨 있어서 아이들은 그걸 더 강하게 마음에 담아둘 수도 있다. 뉴욕시에 거주하는 한 남학생의 말을 들었을 때, 나는 정말이지 정곡을 찔린 듯한 기분을 느꼈다. "성적표가 나왔을 때 부모님이 바로 얘기하지 않고 며칠 뜸을 들이면 제 성적이 좋지 않아 실망했다는 뜻인 거, 저도 알아요. 부모님이 저를 꾸짖은 건 아니니 괜찮다고 생각하겠지만, 아무 말도 없는 그 모습도 제게는 똑같이 상처가 되는걸요." 일부러 그런 건 아니었지만, 나 역시 내 아이에게 비슷한 행동을 한 적이 있다. 아이가 뭔가를 잘했을 때는 곧장 축하해 줬지만, 시험을 망쳤을 때는 아무 말도 하지 않았다. 아이에게 실망해서 그런 게 아니라 풀 죽은 아이의 모습에 마음이 아파 그랬던 거였는데, 아이는 그렇게 받아들이지 않았을 것 같았다. 이보다 더 사랑할 수 없다고 자신할 만큼 나는 우리 아이들을 사랑한다. 하지만 아이들이 내 행동에서 그런 사랑을 느낄 수 있었을까? 그때 일을 되돌아보니, 당장이라도 집으로 달려가 오해를 바로잡고 싶었다.

정신분석가이자 예일 대학교 감성지능센터 부책임자 로빈 스턴 Robin Stern에게 이 얘기를 했더니, 그녀도 자기 아이와 비슷한 경험을 한 적이 있다고 했다. 스턴은 아이들이 어렸을 때 도시락에 "늘 생각할게", "오늘 하루도 즐겁게 보내" 같은 짧은 메모를 써서 넣어주곤 했는데, 마지막에는 꼭 "네가 할 수 있는 최선을 다하렴"이라는 응원의 말을 적곤 했다고 한다. 그리고 최근에 이제는 청소년이 된 아이들과 그 쪽지에 관해 이야기할 기회가 있었는데, 뜻밖에도 딸은 이렇게 말했다. "엄마, 솔직히 그 쪽지 진짜 부담스러웠어요."

로빈은 정말 당황스러웠다고 했다. "전혀 그런 의미가 아니었어요. 아이가 자기만의 길로 꾸준히 나아가길 바라서 주변 아이들이 뭘 하든지 신경 쓰지 말라는 뜻이었는데, 아이들은 그런 응원의 말도 압박으로 받아들인 거죠."

우리가 한 말과 아이들이 들은 말의 간극은 10대에게서 더 크게 벌어진다.[12] 10대는 부정 편향이 나타나기 쉬운 시기라, 긍정적인 일보다 부정적인 일을 접했을 때 뇌 신경이 더 강하게 반응한다. 비난은 긍정적인 피드백보다 훨씬 큰 영향을 미친다는 연구 결과도 있다.[13] 심리학자들은 더욱이 다른 연령대보다 강하게 부정 편향에 치우치기에 주변에 위협 요소가 있을 때, 심지어 상상으로 만들어진 위협이라 할지라도 훨씬 민감하게 반응한다고 설명한다.[14] 또한 이런 편향성 때문에 성적 같은 성과와 관련한 미묘한 메시지에도 아이들은 과도하게 압박받을 수 있다. 부모가 아무리 티를 내지 않았다 하더라도 아이의 행동을 유도하고 통제하기 위해 비난의 말이나 행동을 했다는 사실을 '인지'하면 아이의 정신 건강에 좋지 않은 결과를 가져온다.[15]

평소 자주 통제받고 지적받는다고 느끼는 아이는 부모에게 자신이 온전히 받아들여지지 못한다고 여긴다. 그러면 부모와 자녀의 관계가 약해질 수밖에 없다. 결국 아이는 자신이 부모에게 덜 중요한 사람이라고 생각하게 된다. 성과와 사랑을 연관 짓는 버릇은 유년기를 훌쩍 넘어서까지 아이에게 영향을 미친다.[16] 그래서 '나는 줄곧 A를 받아야, 또는 몸무게 5킬로그램을 빼야, 또는 팔로어 10만은 되어야 가치 있는 사람이야' 하는 식으로 스스로를 인정하기 위한 조건을 붙이고, 이 패턴은 평생 지속될 수 있다. 성과를 중시하는 요즘 같은 세상에서 우리 아이들에게 필요한 말은 더욱더 최선을 다하라는 말이 아니다. 그와는 정반대로 '너의 존재 가치는 절대적이고, 무슨 일이 있어도 바뀌거나 달라지지 않는다'는 말을 해야 한다.

거짓 자기

그레고리 엘리엇 교수는 강의 중에 이렇게 말했다. "일찍 들어온 것은 깊은 곳까지 들어갑니다."[17] 부모가 아이를 자주 비난하거나(넌 왜 네 형처럼 못하니?) 조건에 따라 애정을 준다고 느낄 때(이번 학기에는 전 과목에서 A를 맞을 거라고 기대할게) 아이는 자신이 불완전한 존재라고 느낀다. 그리고 그 괴로운 감정에 대처하기 위해 진짜 자기 모습, 참 자기true self를 감추고 부모가 바라는 사람이 되려고 애쓴다. 다시 말해, 이러한 잠재의식이 아이의 본모습을 바꾼다. 길고도 예민한 청소년기 내내 부모와 친밀해지기 위해 진짜 자기를 버리고, 심리학자들이 거짓 자기 false self라고 부르는 모습을 내보이는 것이다 연약한 아이가 생존하기 위해 스스로 세우는 일종의 대응 전략이라고 할 수 있다.[18]

압박감을 느낀 아이가 겉으로 훌륭한 거짓 자기를 내보이는 동안 아이의 마음속에서는 실제 자신은 사랑받을 만한 사람이 아니라는 수치심이 자란다. 거짓 자기로 살아가는 시간이 길어지면서 아이는 자신과 맞지 않는 친구, 배우자, 직업을 선택하기도 한다. 근본적으로 다른 사람의 삶을 살게 되는 것이다. 그런 사람들은 나는 사랑받을 만한 사람이 아니야, 남들이 궁금해할 만한 사람이 아니야, 라고 느낀다. 극단적으로는 거짓 자기로 중압감을 느낀 청소년이 자살 충동을 겪기도 한다. 실제로 자살을 시도했다가 병원에서 치료 중인 한 학생은 내게 이렇게 말했다. "제가 저를 죽인다는 느낌조차 들지 않았어요. 내가 만들어낸 가짜, 누군지도 모르는 다른 사람을 죽이는 기분이었어요."

로스앤젤레스에 거주하며 두 청소년 자녀를 키우는 싱글맘 베스는 어린 시절, 집에 돈 한 푼이 아쉬울 정도로 여유가 없어도 자신이 원하는 건 뭐든지 들어주는 부모 밑에서 자랐다고 한다. 베스는 실력 있는 학생들만 모인 여자고등학교에 다녔고, 학창 시절 내내 전국에서 손에 꼽힐 정도로 뛰어난 운동선수였다. 겉으로는 정말 멋있게 사는 것처럼 보였지만, 베스에게 집은 결코 편안한 곳이 아니었다. 아주 어렸을 때부터 베스는 부모의 사랑을 얻으려면 '부모'가 바라는 삶을 살아야 한다는 걸 직감했다. 그게 자신을 속이는 일일지라도 달리 선택의 여지가 없었다. 경기에서 우승하고 늘 완벽한 모습을 보여 부모가 주변 어른들에게 자랑할 수 있는 자식, 즉 '트로피 키즈'가 되는 게 자기 역할이라는 걸 무의식적으로 알고 있었다.

부모님이 못마땅하게 생각하는 것에 관심을 보이거나 어쩌다 목표를 이루지 못했을 때, 베스는 부모님이 자신을 거부한다고 느꼈고, 멸시한다는 느낌까지 받았다. "어리고 성격도 예민했던 저는 제 기분이 어떤지 말하고 싶었지만, 부모님은 그런 말을 꺼내지도 못하게 했어요." 반면에 부모가 시키는 대로 따르거나 경기에서 우승했을 때만 사랑과 인정을 받았다. 그래서 완벽한 모습을 보이기 위해 최선을 다했지만, 늘 외롭고 고립된 기분을 느꼈다. 건강하게 약점을 드러내는 것보다 흠 없는 모습을 보여주는 게 늘 먼저였다면서 베스는 이렇게 말했다. "다른 사람에게 손을 내밀 수가 없었어요."

베스는 아동 심리학자가 되고 싶었지만, 부모님은 로스쿨에 가야 학비를 대주겠다며 로스쿨에 가기를 고집했다. "변호사로 사는 건 나다운 모습, 원했던 모습도 아니었어요." 베스는 로스쿨에 다니는 내내 공황 발작으로 고생했고 약물 치료를 받아야 했다. 졸업 후 로스앤젤레스에 있는 일류 법률 회사에 취업했고 주요 고객 대부분이 유명 연예인인 걸 알고 부모님이 무척 좋아했다고 한다. 하지만 정작 자신은 매일 건물 로비로 걸어 들어갈 때마다 '커다란 고릴라 탈을 뒤집어쓴 기분'이었다.

'조건적 존중conditional regard'은 부모의 애정이 아이의 학업, 운동, 특정 행동에 대한 기대치를 충족했는지에 따라 달라지는 것을 가리키는 심리학 용어다.[19] 연구자들은 조건적 존중을 두 가지로 구분한다. 먼저 조건적 긍정 존중은 아이가 기대치를 충족했을 때 부모가 평소보다 더 많은 애정과 관심을 주는 것을 말하며, 조건적 부정 존중은 아이가 기대치를 충족하지 못했을 때 부모가 애정을 주지 않는 것을 말한다. 심리학자들은 조건적 존중이 아이의 자존감을 떨어뜨린다고 말한다. 청소년기 아이가 자기의 진짜 모습을 아는 데 집중하지 않고, 다른 사람을 기쁘게 하는 데 집착하게 되기 때문이다.

조건적 존중과 무조건적 사랑은 동시에 나타날 수 있다. 조건적 존중은 부모의 행동과 그걸 받아들이는 아이의 해석으로 정해진다. 예를 들어, 아이가 시험을 망쳤거나 대학 선수 스카우트 담당자 앞에서 형편없는 경기를 치렀더라도 부모는 여전히 아이를 무조건적으로 사랑할 것이다. 그러면서도 조금 주춤하게 되는 건 어쩔 수 없는데, 실망해서 보이는 그런 표현이 조건적 존중의 신호가 될 수 있다. 그럴 때 아이는 덜 사랑받는다는 느낌을 받는다.

이런 양육 방식은 다음 세대로 전해지기도 한다. 3대에 걸쳐 양육 방식과 행복의 상관관계를 추적한 연구자들은 먼저 10대 후반에서 20대 초반의 딸을 둔 어머니 124명을 모집한 뒤, 학업 성적에 따라 조건적으로 존중하는 모습을 보였는지에 관해 작성하게 했다.[20] 그리고 어머니들이 스스로 느끼는 자존감의 정도, 스트레스에 대처하는 방법, 아이를 양육하는 태도에 관해서도 답하게 했다. 한편 딸들에게는 가령 '어렸을 때 나는 학교 성적에 따라 어머니가 나를 사랑하는 정도가 달라진다고 느낀 적이 많다' 같은 문장에 '그렇다', '아니다'를 표시하게 해 어머니가 조건적 존중을 보였는지 확인했다.

설문 조사 결과를 보면, 어렸을 적 부모에게서 조건적 존중을 경험한 어머니들이 자기 딸에게 똑같이 조건적 존중의 태도를 보였다. 어머니는 어린 시절 불안, 수치심, 원망을 느끼고 자존감과 대처 능력이 떨어지는 부정적 영향을 받았으면서도 이후 자신의 자녀에게 같은 전략을 사용했다. 마찬가지로 그 딸들도 조건적 존중을 경험했다고 보고해, 양육 방식이 '정서적 전통'이라도 되는 것처럼 집안 대대로 전해지는 모습을 보였다.

물론 무조건적으로 존중한다는 게 부모가 아이의 행동에 어떤 기대도 품어서는 안 된다는 뜻은 아니다. 다만 기대를 표현하는 방식에 주의를 기울여야 한다고 심리학자들은 말한다. 아이가 부모의 가치관 또는 바람에 어긋나게 행동했을 때, 실망스러운 마음을 표현하면서도 친밀감의 신호를 함께 보내야 한다는 것이다. 다시 말하면, 행위와 행위를 한 사람을 구분해야 한다. 너라는 사람을 여전히 사랑하지만, 네가 한 행동은 마음에 들지 않는다는 의미를 전달해야 한다. 그 두 가지를 분명히 분리할 수 있을 때 아이는 '좋은' 행동을 했든, '나쁜' 행동을 했든 그 일과 자신의 가치를 연관 짓지 않는다. 그래야 아이도 마음껏 실수하고, 실패할 걱정 없이 성장할 수 있는 여유를 갖는다.

베스는 어린 시절을 되돌아보면서 어머니와 아버지 두 분 모두 자존심을 딸의 성공과 연관 지었다는 사실을 깨달았다. 심리학자들은 이걸 '자녀 의존형 자존감'이라고 부른다. 부모와 자식의 관계는 매우 복잡해 서로에 끼치는 영향력이 일방적이지 않다. 부모는 아이의 자존감을 좌우하는 한편 자신의 자존감을 자녀의 성공 여부로 정하기도 한다. 그래서 심리학자들은 '내 아이가 뭔가를 잘하지 못하면 나 역시 부끄러운 감정을 느낀다' 같은 문항에 부모가 얼마나 동의하는지 수치화해 자녀에게 의존하는 정도를 평가하기도 한다.

자신의 자존감을 아이의 능력과 결부시키는 부모의 성향은 개인의 성격과 주변 환경에 영향을 받는다.[21] 설문지에 '공동체 내에서 아이를 '성공적'으로 키웠다는 건 무엇을 의미하는가?'라는 질문을 넣었더니, 그 질문에 대한 부모들의 대답에는 어느 정도 공통점이 있었다. '부모가 아이의 학교 성적과 운동 실력으로 능력을 평가받는다'는 식으로 대답했다. 또한 자신이 사는 동네에서 성공이란 '자녀가 모든 분야에서 최고가 되는 것'이라고 적은 사람도 있었다.

심지어 젊은 부모들도 '성공한 부모'로 보이는 데 매우 민감했다. 11개월 아기를 둔 한 부모는 아기가 성장 단계별로 완수해야 하는 일을 잘 해내는지가 부모의 양육 능력을 판단하는 기준처럼 되어 또래 엄마들 대부분이 무척 신경 쓴다고 했다. 아기가 발달상 거쳐야 할 과정을 통과하지 못하면 책임감을 느낀다고도 했다.

메인주 미드코스트 지역에 거주하며 두 아들을 키우는 빌은 매일 반복되는 양육에서 오는 스트레스가 자신의 자존감에 어떤 영향을 미치는지 인지하고 나니, 그동안의 자기 행동과 감정이 모두 이해되는 기분이었다고 했다. "몇 년 동안은 일요일마다 《뉴욕타임스》에서 부모들이 잘못하고 있다는 내용의 기사를 본 것 같아요. 그런 기사를 읽을 때마다 기분이 좋지 않았고, 기분이 좋지 않으니 아이들에게 안 좋은 모습을 더 많이 보이게 되더라고요." 그는 아이들에게 화를 자주 냈고, 필요 이상으로 아이들의 행동을 꾸짖었다. 대중매체가 전달하는 양육의 기준이 너무 높아 그걸 볼 때마다 자신의 약점이 부각되고, 어린 시절의 좋지 못한 기억도 자꾸만 되살아나는 듯했다.

빌은 어디선가 "양육은 부모에 관한 게 아니라 아이에 관한 것이다"라는 문장을 읽고,[22] 지금까지의 행동을 되돌아보게 되었다고 했다. 예를 들면, 자신도 깨닫지 못한 사이에 '내가 더 나은 부모였다면 아이들이 시험에서 더 좋은 성적을 받았을지도 몰라' 하고 생각했다. 잠재의식에 그런 생각이 깔려 있으니 때로는 아이의 행동에 지나치게 반응하기도 하고 아이에게 마음에도 없는 소리를 하게 되었다. "제 목소리에 실망이나 화가 실려 있으면 아이들은 그걸 '아빠가' 형편없는 사람이라서 그런 게 아니라 '자기들이' 형편없는 사람이라 그런 거라고 생각해요. 저는 그런 뜻이 아니었는데도 말이죠." 매일 되풀이되는 고된 양육에, 어깨를 누르는 짐까지 무거우면 자신을 제대로 보지 못할 수도 있다. 빌은 머릿속에서 자신을 비난하는 목소리를 인지해야 그걸 극복할 수 있고, 그렇게 하지 못하면 감정이 자신을 지배한다는 사실을 깨달았다. "제 심리와 정서 문제는 스스로 해결하려고 의식적으로 노력해요. 그래야 아이들이 저 대신 제 문제를 해결하느라 고생하지 않을 테니까요."

베스는 심리 상담으로 과거의 경험을 냉철히 들여다본 후에야 무거운 고릴라 탈을 서서히 내려놓을 수 있었다. 그리고 최근에는 줄곧 자신의 꿈이었던 심리학자가 되고자 다시 대학에 들어가 공부하고 있다. "제 딸들에게 좋은 부모가 되기 위해서는 먼저 제 과거를 되돌아보고 스스로를 보살펴야 한다는 걸 깨달았어요."

베스는 집에서 의도적으로 노력하는 것이 있다. 자기 모습이 아무리 엉망이라고 느껴진대도 현관문에 들어설 때는 다른 사람 앞에서 썼던 가면을 벗어버리고, 있는 그대로의 자신이 되려고 한다. 덕분에 아이들은 자신이 어떤 조건도 없이 집에 소속되어 있다는 것, 그리고 어떤 감정, 바람, 꿈을 가지든 상관없이 자기 모습 그대로 엄마에게 중요한 사람이라는 것을 알게 되었다고 한다. 저녁 식사를 하며 가족들은 그날의 가장 좋았던 일과 가장 힘들었던 일을 자주 이야기하는데, 베스는 일부러 약한 모습, 바보 같았던 행동을 먼저 털어놓으며 시범을 보인다. 나와 얘기가 끝날 즈음 베스는 빨리 아이들에게 오늘 일을 얘기하고 싶다고 했다.

베스는 과거를 받아들이고 자신의 자존감을 회복하는 일이 곧 가족 전체의 자존감을 북돋는 일이라면서 이렇게 말했다. "딸들이 자기가 진짜 누구인지 아는, 자존감 강한 사람으로 자라길 바란다면 엄마가 먼저 모범을 보여야 해요."

좋은 온기, 나쁜 온기

아이들은 애정 어린 온기 속에서 잘 자란다. 하지만 러바인은 '좋은 온기_good warmth_'와 아이를 통제하기 위한 '나쁜 온기_bad warmth_'는 다르다고 말한다.[23] 러바인이 쓴 《물질적 풍요로부터 내 아이를 지키는 법》에는 이런 내용이 나온다. 부모가 성장하며 계속 달라지는 아이를 사랑하고 수용하고 적극적으로 시간을 투자해 아이와 친밀해지면 부모와 자녀 사이에 좋은 온기가 형성된다. 하지만 아이가 혼자할 수 있는 일을 부모가 대신하면서 아이의 삶에 지나치게 개입하면 나쁜 온기가 생긴다. 아이에게 나쁜 온기는 조건을 내건다. 예를 들어, 부모가 중요하다고 생각하는 일에 아이를 집중시키려고 시험에서 좋은 성적을 받았거나 뭔가를 잘했을 때 야단스러울 만큼 칭찬을 퍼붓는 경우다. 피곤한 부모들은 간편하고 효과가 빠른 이런 단기 전략을 택하기도 한다.

이런 생각이 들 수도 있다. '좋아요. 하지만 아이가 잠재 능력을 다 발휘하지 못해서 누군가 다그칠 필요가 있을 때는 어떡하죠?' 러바인은 학교생활을 잘하기 싫어하는 아이는 없으니, 아이에게 화를 낼게 아니라 수면 아래에서 일어나는 일에 관심을 가지라고 조언한다. 형편없는 성적에 속상해하기보다는 문제의 근원을 찾는 데 에너지를 쓰는 게 낫다는 것이다. 아이의 말에 귀를 기울이고, 자유로운 분위기에서 세심하게 질문하고, 시간을 들여 아이가 기량을 제대로 발휘하지 못한 '이유'를 찾아내야 한다. 러바인은 아이가 어쩔 수 없이 실망스러운 모습을 보였을 때, 감정을 잘 조절하는 것도 부모가 해야 할 큰 과제라며 다음과 같이 말했다. "실망스럽고 화가 났을 때 아이를 혼내고 싶은 마음이 들겠지만, 평소처럼 따뜻하게 대해주고 부모와의 친밀감과 느끼게 하는 게 문제를 해결하는 가장 좋은 방법이다. 비난과 거절은 전혀 도움이 되지 않는다."[24]

다시 말해, 우리가 걱정과 기대를 표현하는 방식에 따라 부모와 아이 관계는 달라질 수 있다. 뉴욕에 거주하며 열다섯 살 된 아들 제이크를 키우는 어머니 리는 아들에게 좋은 온기를 느끼게 하려고 노력했던 경험을 들려주었다. 리와 남편은 몇 달 동안 제이크의 성적이 너무 오르락내리락하는 바람에 아들과 자주 말다툼을 벌였다고 했다. 제이크가 마음을 다잡고 열심히 공부했을 때는 시험에서 A를 받았지만, 게임만 하면서 빈둥거릴 때는 C를 받기도 했다. 고등학교에 들어가 처음 본 시험에서 제이크는 전 과목에서 B를 맞았다. "B도 그렇게 나쁜 성적은 아니죠. 그렇지만 제이크는 꿈도 크고 그 꿈을 충분히 이룰 아이라고 생각했거든요. 그런데 그 성적으로는 원하는 대학에 입학할 수 없었어요." 그런 불안 때문에 집에서는 밤마다 전쟁이 벌어졌다.

가족과 마찰이 생기자 제이크는 더 의욕을 잃었고, 골이 나 있거나 말도 하지 않는 지경에 이르렀다. 제이크의 상태가 더 심해지자 리는 조언을 듣기 위해 심리 상담소를 찾아갔다. 상담 전문가는 그동안 아들과 소통했던 방식을 되짚어 보라고 조언했다. "생각해 보니, 바위를 산 위로 밀어 올리는 것처럼 제이크가 하기 싫어하는 일을 해야 한다고 설득하는 대화가 대부분이었더라고요." 전문가는 부모와 자식이 나누는 대화치고 너무 많은 부분이 의도와 목적으로 이뤄진다고 시석했다. 성공을 중요시하는 공동체 속에 사는 아이들은 종일 뭔가 해야 한다는 압박을 받는데, 집에서라도 스트레스를 풀도록 도와줘야 한다고 충고했다.

그래도 기준을 정하는 건 여전히 부모의 역할이다. 매터링은 아이를 완전히 자유롭게 내버려둔다는 의미는 아니다. 현실적인 기준을 아이에게 정해주고 '너는 엄마, 아빠에게 정말 중요한 사람'이라는 느낌을 받도록 시간과 에너지를 쏟아야 한다. 상담 전문가는 리에게 아들의 점수에 집착하는 대신, 아들이 공부를 언제 어떻게 끝내는지에 초점을 맞춰보라고 제안했다. 그래서 리는 제이크가 학교를 마치고 돌아와 잠시 휴식을 취한 뒤, 휴대폰을 보지 않고 곧장 책상 앞으로 가 과제를 하면 더 이상 잔소리하지 않겠다고 약속했다. 두 사람은 이렇게 몇 주 해보고 결과에 따라 또 다른 방법을 찾아보기로 했다. 동시에 리는 아들과 더 긍정적으로 소통하려고 했다. 가령 산책하기, 같이 요리하기, 마주치면 사랑스럽게 머리 쓰다듬어주기 같은 일을 매일 몇 가지라도 하려고 노력했다. 좀 더 신중한 태도로 아들을 대하니, 평소 하는 말이나 행동도 긍정적인 쪽으로 바꿀 수 있었다. "다 완벽할 수는 없어서 가끔은 긍정보다 부정에 가까운 말을 많이 하는 날도 있어요. 하지만 긍정적인 말의 비율을 유지하기 위해 머릿속으로 정말 많이 노력하고 있어요." 리는 아무 목적 없이 재밌는 뭔가를 함께 했을 때, 또는 부정과 긍정의 비율이 적당하다고 생각되는 날에는 "집안 분위기가 훨씬 좋아진 느낌"이라고 말했다.

또한 리는 아이와 충돌이 생겼을 때 관계의 좋은 온기를 활용하는 방법을 배우는 중이라고 했다. 학교 가기 전날 갈등이 생기면 무슨 일이든 상관없이 자기 전 반드시 아들 방에 들러 포옹하며 '무슨 일이 있어도 나는 똑같이 널 사랑한다'는 걸 상기시킨다고 했다. 이처럼 긍정적인 관계가 만들어질 때 아이도 부모를 언제든 믿고 의지할 수 있는 사람이라 여기며, 이는 아이의 정신 건강에 안전망 구실을 한다. 부모 자식 간에 탄탄한 관계가 만들어져야 아이는 자기 가치를 온전히 느끼고, 자신이 혼자가 아니며 안전하다는 걸 정신적으로, 생물학적으로 확신한다. 힘이 되는 가까운 관계는 아이에게 거친 바다의 '구명보트' 같은 존재일 뿐 아니라 아이가 더 높이 뻗어나갈 수 있는, 가장 효과적인 힘과 회복 탄력성의 근원이 된다.

리가 아이를 제어하려 하지 않고 좋은 온기를 유지하는 데 집중했더니 신기한 일이 벌어졌다. 제이크가 더 주도적으로 학교생활을 하게 되었고, 결과적으로 성적도 좋아졌다. 혼내고 꾸짖는 식으로 사랑을 표현했던 부모 밑에서 자란 리는 그 일로 아이를 양육하는 다른 방법을 배우게 되었다. 이런 변화에 대해 제이크가 어떻게 반응하냐고 물었더니, 리는 이렇게 대답했다. "엄마를 되찾은 기분이 들어 기쁘다고 했어요."

아이를 사회가 강요하는 '비범'한 사람의 틀에 넣으려 하지 않고, '평범'하지만 놀라운, 지금의 진짜 모습을 보아주고 사랑할 때, 우리 아이들은 안심하고 참 자기를 드러낸다. 우리 역할은 아이가 완벽해지도록 밀어붙이거나 잡아끄는 게 아니다. 사회는 뭔가를 잘하고 성공할 때만 중요한 사람이 될 수 있다는 그릇된 신념을 자꾸만 심어주지만, 우리는 그걸 바로잡아야 한다. 아이들에게 지금 이 순간 그 모습 그대로도 충분하다는 걸 알려주는 게 바로 우리가 해야 할 역할이다.

자녀를 온전히 이해하는 방법

연구자들은 아이를 꾸짖거나 아무 말도 하지 않는 태도도 문제지만, 칭찬 또한 나쁜 온기로 작용할 수 있다고 설명한다. 칭찬도 비난처럼 아이를 판단하고 평가하는 것이어서 아이가 기대에 미치지 못했을 때 부끄러움을 느끼게 한다. 설문 조사에 참여했던 한 학생은 이렇게 말했다. "제가 뭔가에 특별한 재능이 있다는 말을 들으면 실력을 계속 유지하도록 더 열심히 해야 할 것 같은 생각이 들어요. 그리고 지금의 수준을 넘어서지 못하면… 제 가치도 떨어질 것 같고요."

우리는 아이를 위해 기준을 높이 세우고 싶지만, 비난과 칭찬 두 가지 모두 아이에게 해롭다고 하니, 부모 입장에서는 도대체 어떡하라는 거냐는 푸념이 절로 나올 수 있다. 그런데 다행히도 무조건적 사랑과 긍정적 관심을 보여줄 수 있는 경우가 생각보다 훨씬 많다. "부모가 칭찬은 적게 하고, 있는 그대로의 모습을 더 많이 봐줄 때 아이의 자아는 더 단단하고 성숙해진다"라고 지적한 웨이스보드의 말처럼, 부모가 자신을 깊이 있고 특별한 존재로 이해해 줄 때 아이들은 자신이 중요한 존재라고 느낀다.[25]

웨이스보드의 충고는 오랫동안 내 머리에 남았다. 그렇지만 때로는 좋은 의도와 애정을 지닌 부모라도 자기 아이의 성향을 아는 데 어려움을 겪는다. 자녀가 자신의 재능을 이어가기를 바라는 부모도 많은데, 예를 들어 스포츠를 좋아하는 아버지는 자기 아들이 스포츠를 좋아하지 않는다는 사실을 알고 낙담할 수도 있고, 무대에서 공연하는 어머니는 자기 딸이 수줍음이 너무 많아 사람들 앞에 서기를 싫어한다는 걸 알고 실망할 수도 있다. 간혹 이런 실망감에 판단력이 흐려져 내 아이만의 특별한 모습을 보지 못하기도 한다.

보통 부모들은 양육할 때 아이의 성향을 파악하고 약점을 바로잡아 주는 데 많은 에너지를 쓴다. 하지만 메인주에서 만난 한 어머니는 다른 전략을 쓰고 있었다. 그녀는 아이가 제일 잘하는 것을 눈여겨보며 아이의 '강점을 찾는 일'에 주력했더니, 아이의 참모습을 알게 되었다고 말했다.[26] 부족한 부분을 보는 대신 아이가 잘할 수 있는 것에서 강점으로 키울 방법을 찾는 것이다.

흥미롭게도 일반인의 3분의 2 정도는 자신의 강점이 무엇인지 잘 모른 채 산다고 한다.[27] 다른 사람을 위해 쓸 수 있는 훌륭한 재능을 가지고도 정작 그런 게 있는 줄도 모르는 사람이 많다. 메인주의 이 어머니는 아이에게 '기질상 강점', 즉 가장 두드러지는 긍정적인 성격 특성을 찾아주는 온라인 검사를 시켰다. '밸류스 인 액션Values in Action'의 약자를 써서 VIA 테스트라고 부르는데,[28] 유명 심리학자 마틴 셀리그먼^{Martin Seligman}과 크리스토퍼 피터슨^{Christopher Peterson}이 55명의 과학자와 함께 3년간 연구해 개발한 심리 검사다. 웹사이트(https://viacharacter.org)에서 무료로 할 수 있고, 검사지에 답하는 데는 10분 정도가 걸린다. 아이 또는 자신의 타고난 강점이 궁금한 부모라면 한번 참고해 볼 만하다.

우리는 아이를 무척 사랑하면서도 때때로 아이의 강점을 못 보곤 한다. 부정 편향 때문이기도 하고, 강점이 성격과 너무 붙어 있어 오히려 눈에 띄지 않을 수도 있다. 그래서 다른 사람이 내 자녀에 대해 언급했던 부분을 기록해 놓으면 꽤 도움이 된다. 가령 나는 아이가 성적표를 받아 오면, 선생님이 쓴 평가 내용에 주석을 달거나 중요한 부분에 밑줄을 긋는다. 아이의 강점에는 강조 표시를 한 다음 그 옆에 "이 부분은 나도 알아봤음!"이나 "완전 동감!"이라고 적기도 한다. 그러고는 아이마다 준비해 둔 커다란 기념품 보관 상자에 성적표를 넣어놓고, 2년에 한 번씩 꺼내 본다. 유치원에 다니던 시기까지 거슬러 올라가면서 선생님들이 아이의 강점으로 꼽았던 부분을 읽다 보면 재미가 꽤 쏠쏠하다.

예일 대학교 3학년에 재학 중인 에이미는 열 살 생일 때부터 매년 부모님이 '강점 편지'를 써줘 자신의 좋은 특성을 알도록 도와주었다고 했다. 대학 기숙사에 들어간 첫날, 타지에서 처음 여름 방학을 보내던 때, 갭 이어(대학 진학에 앞서 1년 정도 여행, 인턴십, 봉사 활동 등을 하며 진로를 탐색하는 시기)를 시작할 때처럼 인생의 중요한 시기에도 편지를 받았다고 했다. 이제는 서랍을 열려고 하면 편지가 너무 많이 쌓여 서랍이 잘 열리지 않을 정도라고 했다. 최근 에이미는 "인생의 여러 단계에서 저는 어떤 사람이었는지, 그때는 어떤 열정과 습관, 별난 성격을 지녔었는지 떠올리기 위해" 편지들을 다시 읽기 시작했다. 특히 편지에는 성취한 결과물에 대한 언급은 거의 없고, 호기심, 근성, 동정심을 보였던 일이 주로 적혀 있다고 했다. "메달을 받지 못해도, 열심히 공부하지 않아 A를 받지 못해도 부모님은 저라는 사람에게 주목해 주셨어요. 그 편지를 보면 제 부모님이 저를, 온전한 저를 보고 계셨다는 걸 느낄 수 있어요. 그런 게 바로 부모님이 저를 사랑한다는 증거라고 생각해요."

강아지 법칙

우리가 아이를 얼마나 소중히 여기는지 보여주려면 아이와 소통할 때 미묘한 감정적·신체적 차이를 세심하게 신경 쓰며 표현해야 한다. 아이가 방에 들어올 때 얼굴을 환하게 빛내면서 아이를 맞는가? 아니면 걱정을 덜기 위해 "오늘 시험은 어땠니?"라며 질문 공세를 퍼붓는가? 고든 플렛은 이런 '사소한 행동의 실천'으로 매터링 감각을 전달할 수 있다고 말한다. 어머니이자 심리학자인 수전 바우어펠드도 주인을 향해 기쁨을 한껏 표현하는 반려견처럼 적어도 하루에 한 번 아이를 반갑게 맞이하는 것으로 매터링을 표현할 수 있다고 말한다. 여기에는 애정 어린 스킨십과 함께 몸으로 놀아주는 것까지 포함된다.

- 따뜻하고 세심하게 반응한다.
- '너는 우리에게 정말 중요한 사람'이라고 분명하게 말한다.
- 아이가 뭔가에 실패했을 때도 무조건 수용하는 모습을 보인다.
- 애정 어린 태도로 따뜻함을 느끼게 한다.
- 함께 할 수 있는 활동을 한다.

아이의 매터링 감각을 해치는 행동

- 지나칠 정도로 아이에게 주의를 기울이는 일
- 자녀 중 특정 아이만 더 중요하게 다루거나 덜 중요하게 다루는 일
- 기대를 충족했을 때 칭찬과 애정 어린 표현으로 아이에게 보상하는 일
- 거칠게 꾸짖고 비난하는 일
- 아이를 다른 사람과 비교하는 일
- 감정을 부정하는 일

아이가 우리에게 얼마나 소중한 존재인지를 신체 접촉과 애정 표현으로 보여주는 것은 매우 중요하다. 뉴욕 대학교 교수 스콧 갤러웨이Scott Galloway는 어머니의 사랑에 관해 이런 감동적인 글을 썼다. "어머니의 사랑이 없었다면 나는 내가 멋지고 가치 있는 사람인 것

을 누군가 알아주길 바라며 애썼을 테지만, 어머니의 사랑 덕분에 그럴 필요가 없다는 걸 알았다."[30] 어린 시절 부모가 주는 따뜻한 애정을 경험한 사람이 어른이 되어 정신적·신체적으로 더 건강하다는 것은 이미 여러 연구에서 밝혀졌다. 노터데임 대학교에서 실시한 연구에서는 스킨십으로 애정 표현을 잘하는 가정에서 자란 아이는 우울, 불안감은 낮고, 동정심은 많은 어른으로 자란다고 보고했다.[31]

부모라면 무언가를 하기 싫어하는 아이를 타이르고 혼내서 억지로라도 시켜야 할 때가 많다. 물론 그런 과정도 필요하지만, 그저 아이의 사랑스러운 모습을 보고 기뻐하며 가족이 함께 즐기는 시간을 충분히 가져야 얻을 수 있는 것도 있다. 내가 가족 놀이 시간을 그토록 중요하게 생각하는 건 이 때문이다. 시간을 쪼개서라도 아이와 함께하지 않으면 우리는 아이와 소통할 기회를 놓친다. 놀이에는 어떤 목적도 없기 때문에 아이는 그냥 놀고 배우면서 자기 자신을 꾸미지 않아도 되고, 판단과 평가를 받을 걱정 없이 편안한 상태가 된다. 물론 그 시간을 지키는 게 어려울 수 있다. 우리 가족은 일주일에 한 번 무조건 가족 활동을 하는 날, 일명 '무조건 가족의 날'을 정해 모두가 함께하는 시간을 만들었다. 이런 규칙은 아이에게 '우리 집에서는 가족이 함께 모여 노는 시간을 제일 중요하게 여긴다'는 신호를 보낸다. 물론, 우리도 열심히 일하고 공부하는 것을 중요하게 생각한다. 하지만 함께 즐겁게 노는 것 역시 중요하다. 우리 아이들은 스스로를 채우고 관계를 부드럽게 유지하기 위해 휴식 시간을 활용하는 법을 배워야 한다. 그래서 지난 '무조건 가족의 날'에 우리는 밤늦게까지 게임을 하고, 해변에서 피크닉을 하고, 자전거를 타고, 퍼즐 조각을 맞추며 함께 시간을 보냈다.

또한 '무조건 가족의 날'뿐 아니라 '선택적 가족의 날'도 만들어 아이들에게 일부 역할을 맡겼다. 이런 식으로 이름을 붙이니 아이들이 훨씬 잘 받아들였고, 스스로 놀이를 선택할 수 있는 점도 마음에 들어했다. 가끔 아이가 비디오 게임을 고를 때도 우리는 무조건 그 게임을 했다. 그런 게임은 해본 적이 없다며 난감한 표정부터 짓지 말고, 최근 한 연구에서 가족끼리 비디오 게임을 자주 했더니 구성원 간의 유대감과 만족감이 매우 높아졌다는 결과를 얻었다는 사실을 기억하면 좋겠다.[32] 어떤 활동을 하느냐가 중요한 게 아니라 가족이 함께했을 때 얼마나 더 가까워지느냐가 더 중요하다.

이렇게 친밀감을 유지하려 노력하다 보면, 훌쩍 자란 아이로부터 어쩔 수 없이 거부당한다는 느낌을 받을 때가 있다. 10대 아이들은 성격이 예민하고 기분 변화도 심해 어른이 옆에 있는 걸 싫어하거나, 썩 바람직하다고 할 수 없는 모습을 보일 때도 종종 있다. 물론 아이가 부모에게서 멀어져 자신의 정체성을 만들어가는 과정이지만, 그 말이 부모 역시 아이에게서 멀어져야 한다는 뜻은 아니다. 결정적인 이 시기에 부모는 10대 자녀를 도와주는 가장 중요한 존재로 옆에 남아야 한다. 그러려면 가끔은 아이의 닫힌 방문을 두드리면서 오늘은 '무조건 가족의 날'이라고 말할 때도 있어야 한다. 이렇게 관계를 단단하게 잘 유지하면 지금 당장 아이에게 큰 힘이 되기도 하지만, 나중에 아이가 다른 사람과 관계를 맺을 때 좋은 본보기로 삼을 수도 있다.[33]

분명하게 표현하기

부모라면 누구나 자녀가 최상의 모습으로 성장하길 바란다. 하지만 아이가 타고난 자신의 가치, 매터링을 의심하지 않게 하려면 아이와 소통하는 방법에 주의를 기울여야 한다. 플렛은 '부모가 자기를 중요하게 생각하는 걸 아이도 당연히 알겠지' 하고 생각하면 안 된다고 말했다. 부모가 자녀를 무척 소중히 여긴다는 사실을 분명하게 알려주는 것, 즉 '아이가 중요하다는 사실에 대한 선제적 홍보 활동'이 반드시 이뤄져야 한다고 말했다.

한 어머니와 인터뷰하다가 알게 된 '매터링 감각을 심어주는 좋은 방법'을 소개하려고 한다. 그 어머니는 평소 열심히 공부하던 10대 아들이 시험을 앞두고 지나치게 걱정하는 것을 보고, 지갑에서 20달러짜리 지폐 한 장을 꺼내 마구 구겼다가 바닥에 놓고 발로 밟았다가 마지막엔 물컵에 담그기까지 했다. 그러고는 때 묻고 물에 젖은 지폐를 집어 들고 아들에게 말했다. "이것 봐. 네가 시험을 망치고, 대표 팀에서 잘리고, 되는 일 하나 없이 엉망이 돼서 더러워지고 멍들고 푹 젖어도 이 20달러 지폐처럼 네 가치도 변하지 않는단다."

이걸 알고 나서 나도 아이와 대화를 나눌 때, 성취한 결과물에 대해 말하는 방식을 바꾸었다. 또한 사회가 보내는 해로운 메시지에 아이가 무너지지 않도록 부모가 반드시 무조건적인 매터링 감각을 꾸준히 키워줘야 한다는 것도 깨달았다. 어느 날 밤, 잠자러 가기 전 딸 캐럴라인이 곧 나올 성적이 걱정된다고 말한 적이 있다. 그 말을 듣고, 나는 잠시 아이 옆에 앉아 그 애의 장점이 무엇인지 말해주었다. 네가 매일 학교생활을 잘하려고 얼마나 애썼는지, 계획적으로 준비하고 적극적으로 노력했다는 것도 다 안다고 말해주었다. 실제로 아이가 최선을 다했다는 걸 알기에 성적이 어떻게 나올지는 크게 걱정되지 않았다. 노력했는데도 그만큼 성적이 나오지 않았다면, 그렇게 된 이유를 찾고 해결 방법을 함께 알아보면 되는 거였다. 내 말을 들은 캐럴라인도 한결 긴장이 풀린 듯 보였다. 나는 책상 서랍에서 포스트잇을 꺼내 이렇게 적었다.

너의 가치 ≠ 성적

그 쪽지를 딸에게 내밀며, 그동안 으레 알 거라고 생각해 잘 하지 않았던 말을 분명히 전했다. "너에 대한 엄마의 사랑은 절대 변하지 않아. 그건 너의 행동이나 겉모습, 성적에 따라 달라지는 게 아니야."

'결코 충분하지 않다'고 말하는 사회가 보내는 메시지를 물리치려면 우리는 아이가 존재만으로 의미 있다는 사실을 지속적이고 일관되게 상기시켜야 한다. 그건 하룻밤 대화나 포스트잇 한 장, 아니, 수백 장의 메모로도 모자라다. 그럼에도 시간이 흐르면서 어느 순간 아이에게 그 메시지가 조금은 스며들기를 바라며, 그렇게 시작하는 거라고 혼자 생각했다. 몇 달 전 내가 캐럴라인에게 적어준 그 쪽지는 지금 아이의 노트북 안쪽에 붙어 있다. 아이가 그걸 볼 때마다 엄마가 한 상냥한 말을 꾸준히 떠올렸으면 하는 게 내 바람이다.

CHAPTER 4

Mattering Matters

자신의 가치를
아는 아이는 무엇이 다른가

가치는 증명하는 게 아니라
존중받는 것이다

엔지니어가 꿈인 앤드루는 11학년 가을 학기를 앞두고 수업 시간표를 짜고 있었다. 16년 동안 시애틀 근교의 부유한 동네에서 자란 앤드루는 축구 선발팀에서 뛰고 있었고, 동네 아이들을 대상으로 멘토링 봉사를 했다. 11학년 가을 학기는 대학 입시에 매우 중요한 시기였기에 앤드루는 수강할 수 있는 과목, 특히 수학과 과학을 신중하게 살펴봤다. 지금 짜놓은 스케줄에서 AP 과학을 하나 더 추가하면 손꼽히는 공대에 입학할 가능성이 더 커질 것 같았다.

앤드루는 학교에서 친구들을 만나면 어떤 과목을 수강할지 서로 물어보고, 다음 학기에는 또 얼마나 더 바쁘게 공부해야 할지 얘기를 나눴다. "AP 수업을 몇 개나 듣냐고 물으면 들을 수 있는 만큼 다 듣겠다는 애들이 가끔 있거든요. 그러면 괜히 저도 해야 할 것 같아서 수업을 더 신청하는 거죠." 고등학교에 다닐 때 친구들 사이에는 기회만 있다면 일단 다 하고 보자는 분위기가 있었다고 말했다.

앤드루가 자란 머서아일랜드는 시애틀에서 차로 10분 거리에 있는 작은 섬이다. 그림처럼 아름다운 공원과 길게 뻗은 하이킹 코스 때문에 마이크로소프트, 스타벅스, 아마존, 보잉 같은 대기업 임원들이 선호하는 거주지로 유명하다. 또한《머니》선정 '워싱턴주에서 가장 살기 좋은 동네'이기도 했다.[1] 내가 만난 주민들 대부분은 자녀들이 최고 수준의 공교육을 받게 하려고 장시간 일하고 있었다.

앤드루도 의욕적인 다른 동급생들처럼 다음 학기 수업 시간표를 최대한 꽉 채워 듣고 싶었다. 하지만 마지막으로 부모님의 동의가 필요했다. 앤드루의 부모인 제인과 마이크는 한번 생각해 보자고 말했지만, 축구 선발팀 훈련에 자원봉사 활동에 우등반 수업과 AP 수업까지 듣는 건 '말도 안 되는 일'이라고 생각했다. 평소에도 바빴는데 AP 수업까지 더하면 아이가 쉴 시간이 전혀 없는 건 물론이고 밤에 제대로 자기도 힘들 것 같았다.

며칠을 고민한 끝에 제인은 AP 과학 수업을 늘리는 건 허락할 수 없다고 말했다. "앤드루가 화를 무척 많이 냈어요." 제인이 말했다. 앤드루는 명문 대학에 원서를 쓰려면 그 과목들을 전부 수강해야 한다고 했다. 다 잘해낼 자신이 있고, 친한 친구도 과목 수를 늘렸다고도 했다. "그동안 과학은 늘 성적이 좋은 편이었거든요." 앤드루는 그때의 일을 떠올리며 내게 말했다. "그때는 그게 최선이라고 생각했어요. 그래서 부모님이 제 앞길을 막고 있다고 여겼죠."

앤드루가 아무리 주장해도 제인과 마이크는 생각을 굽히지 않았다. "부모의 역할은 주전자의 물이 팔팔 끓지 않게 하는 거라고 저희는 늘 생각해 왔어요. 애들은 학교에서도, 친구들과 있을 때도, 스스로에게서도 이미 너무 많은 압박을 받고 있잖아요." 제인이 말했다. 의욕적인 태도를 높게 평가하는 사회 분위기 속에서 제인의 생각에 동조하는 건 어쩌면 쉽지 않은 일이다. 당시 교장이 고등학교 1, 2학년생은 과학 과목을 하나 이상 수강할 수 없도록 하려다가 아이들이 명문대에 진학하는 데 방해된다고 항의하는 일부 학부모들 때문에 결국 무산되는 일이 벌어지기도 했다.

시류를 거스르는 것은 모험이지만 제인은 아이들의 정신 건강을 지키는 일만큼은 절대 양보할 수 없다고 생각했다. 아이들이 학교생활, 운동, 방과 후 활동을 적정히 하도록 돕는 게 부모의 의무라고 여겼다. 아이가 스케줄에 압도당해 허우적대는 것처럼 보이면 단호하게 물 밖으로 나오라고 말하거나, 필요하다면 자신이 직접 끄집어내겠다는 마음으로 아이들을 지켜봤다.

힘든 환경에 둘러싸인 아이들

사회학자들은 지난 몇십 년 동안 미국이라는 나라가 사회계층에 따라 어떻게 분열되는지 자세히 기록해 왔다.[2] 사회경제적 스펙트럼에서 제일 끝부분을 차지한 사람들은 소위 '슈퍼 집super zips'이라는 동네를 형성했는데, 슈퍼 집은 고등교육을 받고 소득 수준이 높은 가정이 집중적으로 모여 사는 머서아일랜드 같은 동네를 가리킨다. 2013년《워싱턴 포스트》가 성인의 3분의 2가 대학 학위를 지녔고 평균 가계 소득이 12만 달러인 부유층이 주로 거주하는 미국 내 동네 650곳을 소개하면서 이 단어를 처음으로 사용했다.[3]

경제적으로 대단히 성공한 사람들이 모인 동네에 살다 보면 아무래도 성취에 대한 기대감이 생기고, 자녀에게도 그런 생각을 주입하고 압박할 가능성이 높다. 아이들은 가족의 지위를 유지하고, 자신이 부모가 되었을 때도 많은 비용을 들여 자녀를 교육하는 과정을 반복해야 한다는 의무감을 느끼며 어른들의 기대를 내면화한다. 설문 조사에 참여한 학생들에게 그들의 동네에서 성공이란 어떤 것인지 물었더니, 어쩜 그렇게 다들 '좋은 집'과 '높은 연봉의 직업'이라고 답하는지 깜짝 놀랄 정도였다. 팰로앨토에 사는 한 어머니는 이런 말을 하기도 했다. "부모들은 아이가 그저 행복하면 좋겠다고 말하지만, 사실 그 말은 아이가 자기들처럼 모두가 선호하는 직업을 갖고 큰 집에 살면서 행복하길 바란다는 뜻인 거죠. 그걸 아이들도 알고 있고요."

자기 부모처럼 살려면 돈이 얼마나 드는지 알아내는 데는 특별한 노력이 필요하지 않다. 간단히 인터넷만 뒤져봐도 주택 추정 가격, 세금 내역, 런던에서 묵었던 고급 호텔의 숙박비, 새로 구매한 자동차의 정가, 다양한 직업의 연봉 등을 클릭 몇 번만으로 쉽게 알아낼 수 있다. "어린 시절 자신이 자란 환경보다 못한 곳에서 살고 싶은 사람은 아무도 없을걸요." 아동 심리학자 리사 다무르Lisa Damour 는 자신을 찾아오는 고객 중 부유한 환경에서 자라나 이런 압박감 때문에 괴로워하는 사람을 꽤 많이 봤다며, 그 사람들은 자신이 유지해야 하는 생활 방식, 선택해야 하는 직업(주로 금융 또는 기술 분야), 살아야 한다고 믿는 지역의 폭이 너무 좁아 문제라고 말했다.

한번은 저녁 식사 모임에 갔다가 두 딸을 둔 한 남성 옆에 앉게 되었다. 우리는 옛날 드라마를 좋아한다는 공통점을 발견하고 드라마를 주제로 이야기꽃을 피우다가, 둘 다 아이들에게 소박한 삶의 모습을 보여주고 싶어서 드라마 몇 편을 일부러 함께 본 적이 있다는 걸 알게 됐다. 디저트를 먹으며 그가 내게 물었다. "뉴욕 같은 도시에서 아이들을 키우면서 아이를 망치고 있다는 생각이 들진 않으세요? 아직 어린아이들을 너무 많은 것에 둘러싸여 살게 하고 있잖아요. 돈과 개인의 성공을 너무 중요하게 생각하는 환경이라 우리 애들이 그릇된 가치관을 받아들이진 않는지 걱정돼요."

나는 단지 뉴욕만 그런 건 아니라고 대답했다. 부가 집중된 동네들이 미국 곳곳에 퍼져 있다.[4] 평소 주위 환경에 쉽게 휩쓸리지 않는 사람이라 해도 사는 동네 분위기가 내 가치관과 다르다면 자기 생각을 그대로 유지하기가 쉽지 않다.

나는 그 아버지에게 최근 내가 가봤던 캘리포니아의 한 공립 학교 취업 박람회 행사에 대해 말해주었다. 행사에는 아카데미상을 수상한 영화감독, 기업체 고위 간부, 기술업계 거물, 실력 좋기로 유명한 외과 의사와 변호사 등 대단한 사람들이 참석해 한 공간에서 학생들에게 자기 직업에 대해 조언해 주고 있었다. 그 사람들이 하는 얘기를 들으며 요즘은 '이 정도' 되어야 성공했다고 하는 거구나 생각했다. 그 학교 12학년생 한 명이 내게 이런 말을 했다. "어른들은 우리 세대를 보며 불안이나 우울증으로 힘들어하는 아이들이 왜 이렇게 많냐고 의아해하지만, 저희가 이렇게 미친 듯이 경쟁할 수밖에 없는 환경을 만든 건 다 그 어른들이거든요. 진짜 아이러니하죠."

나는 심리학자와 사회학 연구원에게 요즘 젊은이들이 과거 세대보다 정신적으로 더 쉽게 상처받는 이유가 뭐냐고 물었다. 그랬더니 모두가 한 가지를 지적했다. 바로 '성공'의 정의가 너무 좁아졌기 때문이라고 했다. 문제는 성공하기를 바라는 마음이 아니라 사회적으로 성공을 정의하는 방식과 그걸 이루기 위해 통과해야 하는 엄격한 통로였다. "잘사는 사람들끼리는 무엇이 '최선'인가에 관한 일종의 체크리스트 같은 게 있어서 말 그대로 그걸 하나씩 통과해요. 남들보다 뒤처지지 않으려다 보니, 엄청난 압박을 받으며 경쟁하는 거고요." 뉴욕시 인근의 명문 학교와 부모들을 대상으로 양육 코칭과 상담을 하는 레이철 헤네스Rachel Henes는 이렇게 말했다. "어린이집에 다니는 자녀를 둔 부모들과 상담하기도 하는데, 자기 아이가 이 길을 잘 통과할지를 그때부터 걱정해요."

이 말은 아이가 주위 환경이 정해놓은 대학, 직업, 집 등의 기준에 따라 자신의 가치도 정해진다고 믿을 수 있다는 걸 의미한다. 더 깊이 들어가면 이 문제로 아이는 자신이 가치 없으며 쓰고 버리는 존재라고 여길 수도 있다. 사람들은 아이의 건강, 흥미, 욕구같이 정작 중요한 것에는 주의를 기울이지 않는다. 대신 '열심히 일하고 열심히 노는 것'을 이상적인 생활 방식이라 여기고 성공하기 위해 당연히 치러야 하는 대가라고 생각한다.

그러면서 자녀에게 어떤 대가든 기꺼이 치를 수 있다고 생각하게 만든다. "열네 살의 저에게 '너, 스탠퍼드에 가는 대신 다리를 잘라야 한다면 어떡할래?'라고 묻는다면, 저는 한 치의 망설임도 없이 그렇게 하겠다고 했을 거예요." 최근에 시애틀 인근의 고등학교를 졸업한 학생이 지역 라디오 방송에 출연해 한 말이다. 그 아이가 "최고가 되는 일에 목을 매고 스탠퍼드 같은 명문대에 들어가겠다고 마음먹은 건 열두 살 때부터였다"라고 했다. 부모님, 학교, 또래 친구는 물론 영화나 책, 잡지까지 아이를 압박했다. 그게 쌓여서 10학년이 되었을 때는 정신 건강에 문제가 생겼다. 살이 빠지고 피를 토하자, 걱정된 부모는 아이를 1년 가까이 병원에 입원시켰다. "그때 병원 침대에 누워 많이 울었어요.[5] '나 이제 죽는 건가?'라는 생각 때문이 아니라 성적이 떨어질까 봐 걱정하다 보니 절로 눈물이 나더라고요. 스탠퍼드 대학교에 갈 수 있는 희망이 자꾸 사라져서요."

보호받을 가치가 있는 아이

부모로서 우리의 역할은 아이들이 꿈을 펼칠 수 있게 응원하는 거라고 생각하기 쉽다. 하지만 지나치게 경쟁하는 문화 속에 살다 보니, 우리 아이들에게는 정반대의 도움이 필요할 때가 많다. 성공에 목을 매다 몸과 마음을 해치지 않도록 막아주고, 현실에서 도피하기 위해 약물에 기대지 않게 가르치고, 자신을 너무 혹사하지 않도록 저지하는 어른이 아이들에게는 필요하다.

이때 아이에게 매터링은 '몸과 마음의 한계도 존중받을 가치가 있다'는 것을 스스로 느끼게 하는 것을 의미한다. 전문가들은 우리 아이들에게 정말 필요한 사람은 현명하게 균형을 잡아줄 어른, 즉 아이의 시간, 에너지, 건강, 본래 모습을 적극적으로 보호해 주는 부모라고 여러 번 강조한다. 다시 말해, 아이가 노력할 때마다 우리는 응원만 할 게 아니라 적절하게 제동을 걸어주어야 한다. 우리는 아이에게 너는 기계 톱니바퀴가 아니라 충분히 쉬고 보호받아야 하는 사람이라고 말하며 가드레일을 만들어주어야 하고, 더 노력하고 더 많이 얻으라고 종용하는 환경 속에서 아이가 자기 꿈에 대해 다시 생각할 수 있게 도와주어야 한다. 우리가 아이에게 '너는 보호받을 가치가 있다'는 메시지를 뚜렷하게 보낼 때 아이도 자신이 정말 중요한 존재라는 사실을 받아들인다.

우리는 아이들에게 신체적·심리적인 면에서 건강하게 실력을 갖추는 게 진정한 성공이라는 사실을 분명하게 가르쳐야 한다. "요즘 아이들에게 공부는 좀 적게 하고 전략적으로 살 필요가 있다고 가르치고 있어요. 저도 학생 시절 성실하게만 살아왔기 때문에 그런 말을 하기까지 오래 걸리긴 했지만요." 다무르는 말했다. 그녀는 11학년 학생들과 상담하다가 학생들이 매우 비효율적인 방식으로 공부하며 몸과 마음이 다치는 것을 보고 분명 더 나은 방법이 있을 거라는 확신을 갖게 되었다. 학년이 올라갈수록 학습량은 늘어나는데, 모든 분야에서 100퍼센트의 노력을 기울이는 것만이 전략이라면 학생들은 얼마 못 가 지쳐 나가떨어질 게 뻔했다. 다무르는 우리는 아이들에게 좋은 학생이란 어떤 사람인지 재고해 보고, 건전하지 않은 노동관은 놓아버려야 한다고 말했다. "아이들이 조금은 뒤로 물러설 수 있게 도와줘야 해요."

다무르는 큰딸 엘런이 학교 시험에서 올 A를 받아 왔을 때, 무조건 열심히만 하지 말고 힘을 조금 아껴 친구와 시간을 보내거나 원하는 과목을 더 공부하는 데 써보면 어떻겠냐고 조언했다. "뭔가를 꼭 해야 할 때 어떻게 하면 잘하는지는 이미 알았잖니?" 그러니 이제는 에너지를 효율적으로 쓰는 법을 배우길 바란다고 말했다. 그녀는 사람을 자동차에 비유하면서 한 주가 시작되고 매번 가속 페달을 밟아대면 목요일쯤에는 연료가 얼마 남지 않게 될 거라며 에너지를 적절히 배분하는 게 중요하다고 설명했다.

다무르는 딸에게 '좋은 학생'은 언제 어떤 과목에 능력을 다 쏟을지 아니면 힘을 빼거나 조금 설렁설렁 공부할지 알아야 한다고 조언했다. 부모는 자녀에게 뭐든 너무 열심히 할 필요는 없다는 확신을 줄 수 있어야 한다. "제가 엘런에게 그랬어요. 넌 공부하는 방법도 알고 이해력도 있으니, 공부할 시간에 다른 일도 하면 좋겠다고요. 네 능력을 증명하려고 100퍼센트 노력할 필요 없다고요." 이런 전략적인 접근법은 아이들의 스트레스와 불안감 해소에 매우 큰 도움이 된다고 다무르는 말했다.

　제인과 마이크가 앤드루에게 바랐던 것도 그런 균형감이다. 몇 주
간 서로 실랑이를 벌인 끝에 앤드루는 AP 과학 수업을 수강하는 대
신, 여름 방학 동안 틈틈이 시간을 내 해당 과목을 혼자 공부하기로
결론 내렸다. 제인은 앤드루가 앞으로 인생을 더 건강하게 살아가려
면 그런 기술을 익히는 게 우선이라고 생각했다. 일과 재미, 성공에
대한 욕심과 친구와 가족 관계 사이의 균형을 찾는 게 중요했다. 여
름 방학에는 아무래도 여유가 있으니, 앤드루가 좀 더 유연하게 스
케줄을 조절하며 자기 주도 학습을 할 수 있으리라고 기대했다. "애
들이 우리 곁에서 지낼 날이 얼마나 남았겠어요? 그러니 함께 있는
동안은 정말 잘 지내보고 싶어요."

　　　　　　　　　　◆　◆　◆

　차를 타고 머서아일랜드 거리를 지나다 보면 매력적인 식당과 작은
가게를 여럿 볼 수 있는데, 그중 한 곳이 중고품 가게다. 1975년에 문
을 연 이 가게는 깨끗하게 사용한 최고급 가구와 옷 등을 기증받아
판매하는 곳으로 수익은 주민들을 위한 자선기금으로 사용했다. 한
부모는 여기서 너무 아이러니한 상황이 벌어지고 있다며 이렇게 말
했다. "여기 엄마들이 기증한 값비싼 빈티지 티파니 촛대 같은 걸 팔
아서 모은 돈으로 뭘 하는지 아세요? 이 동네에 사느라 부담감을 잔
뜩 짊어지고 힘들어하는 아이들을 치료하는 프로그램 기금으로 쓰

고 있다니까요."

내가 만난 머서아일랜드 부모들은 정 많고 생각도 깊은 사람들이었다. 그리고 아이늘을 힘들게 하는 원인과 해결책을 찾기 위해 자료를 수집하는 데도 적극적이어서 매년 지역 학생들의 정신 건강을 진단하기 위한 설문 조사도 실시하고 있었다.[6]

심리학자 수니야 루타는 지역 기관의 초청으로 이 동네를 두 번이나 찾아왔는데, 2009년에 처음 방문한 이후 더 깊이 있는 연구를 위해 10년 뒤 이곳을 다시 찾았다. 팬데믹 사태가 벌어지기 직전인 2019년, 이곳 학생들이 가장 걱정하는 게 무엇인지 설문했더니 1위로 '학교에서 좋은 성적을 내는 일'이라는 결과가 나왔다. 다른 지역의 명문 학교처럼 이곳 학생들의 불안과 우울감 정도도 '위험' 수준으로 나타났고, 약물 의존도도 매우 높은 것으로 드러났다. 루타는 머서아일랜드를 비롯한 다른 부유한 동네에 존재하는 '할 수 있으니 해야 한다'는 문화가 청소년들을 위험에 빠트리는 결정적 요인으로 작용한다고 설명했다.[7]

"뭐든 할 수 있다"라는 말을 들으며 자란 아이들은 자기 운명이 온전히 자기 손에 달린 것이라 믿게 된다고 했다. 부유한 동네에 사는 학생 대부분이 그렇듯 자신이 원하는 걸 선택할 수 있는 환경은 인생을 자신이 통제할 수 있다는 그릇된 관념을 심어준다.[8] 예를 들면, 개인 교습을 받는 아이들은 자기 운명을 스스로 개척할 능력이 있다고 착각한다. 그리고 이런 믿음은 심적 부담으로 이어진다. 머서아일랜드 고등학교 12학년인 에마는 지금도 심한 불안증으로 고생하는데, 그 증상은 중학교 때부터 시작되었다고 했다. 그때 에마는 평균 4.0으로 최고 성적을 줄곧 유지하고 있었다. "무조건 최고여야 한다는 압박감을 정말 많이 느꼈어요." 성적이 그렇게 좋았던 건 불안감 때문이었다면서 지난 10년 동안 걱정이 없던 순간은 딱 한 번뿐이었다고 말했다. "엄마랑 차를 타고 동네를 지나가는데, 아주 잠깐 걱정스러운 마음이 사라지더라고요. 모든 걸 잊고 아무 생각도 안 났어요." 신기한 기분에 "엄마, 다른 사람들은 평소에 이런 기분으로 살아요?"라고 물었다고 했다.

인터뷰를 하며 나는 에마처럼 말하는 아이들을 정말 많이 만났다. 아이들은 늘 실력을 쌓고, 더 많은 걸 하고, 더 높이 도달해야 한다는 강박을 느끼고 있었다. 텍사스주의 한 어머니는 딸이 7학년 때 만난 선생님에 관해 들려주었다. 딸이 과제를 해가면 '잘했지만 아직 조금 아쉬움'이라는 의견과 함께 과제를 돌려주는 선생님이 있었는데, 아마도 '성장 마인드셋'을 염두에 두고 그랬던 것 같다고 했다. 성장 마인드셋이란 사람의 재능과 능력은 노력으로 얼마든지 길러낼 수 있다는 심리학 개념이다.[9] 캐럴 드웩Carol Dweck이 처음 주창했으며 요즘처럼 자신을 개발해야 한다고 여기는 문화에서 특히 인기를 끌었다. 선생님은 좋은 의도로 그렇게 했을 터였다. 하지만 그 어머니는 이미 완벽주의 성향이 강한 아이는 이런 일을 겪으며 완벽하지 않은 건 받아들여지지 않는다는 생각을 품게 되었다고 말했다. 전문가들역시 아이를 계속 밀어붙이는 사회에서 성장 마인드셋을 잘못 적용하면 오히려 독이 될 수 있다고 입을 모았다.

영국 심리학 연구원인 앤드루 힐은 일부 어른처럼 성장 마인드셋을 지나치게 단순화해서 생각하면, 아이들도 자기가 충분히 열심히 하지 않아서 성공하지 못했다는 그릇된 생각을 할 수 있다고 설명했다. "학생들은 정말, 아주 열심히 노력할 능력을 충분히 갖추고 있어요. 부족한 건 언제 포기해야 하는지, 스스로 물러날 때를 아는 자기 절제 능력이에요." 수니야 루타와 니나 쿠마Nina Kumar도 2018년 논문에서 유사한 주장을 펼쳤다. 두 사람은 "동기나 인내심 부족이 문제가 아니라 그만두어야 할 때 그만두지 못하는 게 진짜 문제"라고 말했다.[10] 성장 마인드셋은 서로 경쟁하는 환경에서 제 실력을 발휘하지 못하는 학생에게는 분명 도움이 되지만, 성취욕과 완벽주의적인 성향이 강한 학생에게는 위험할 수 있다고 설명했다. 시험에서 A를 받기 위해 자신을 몰아붙이고 뭔가를 희생하고, 활동 하나를 추가하기 위해 시간을 쪼개는 일 모두 자기 능력으로 할 수 있고, 그렇게 하면 원하는 대학에 가게 되리라고 믿기 때문이다.

이런 심리는 강박적이고 과도하게 준비하는 성향으로 아이들을 몰고 갈 수 있다.[11] 연구에 따르면 학교에 다니면서 '공부 중독'이었던 사람은 이후 일중독에 빠질 가능성이 매우 높다.[12] 공부에 지나치게 많은 시간을 들이고 노력을 기울이는 학생은 다른 사람과의 관계와 자신의 건강을 해칠 수 있고, 강박을 다스리려다가 술이나 약물 같은 것에 중독될 수도 있으며, 그렇게 노력해 얻은 결과 또한 좋지 않을 수 있다. 폴란드 대학생들을 대상으로 한 연구에서 공부 중독에 빠진 학생은 매우 심한 스트레스를 받았으며 성적도 오히려 점점 나빠지는 모습을 보였다.[13] 이는 일중독에 빠진 성인과 매우 유사했다. 이 학생들에게는 자기 시간과 에너지를 제어하는 내부 '차단기'가 없다. '그래, 오늘은 이만하면 됐어'라고 스스로에게 언제 말해야 할지 모르기 때문에 결국 자신을 망가뜨리는 것이다.

탈출구

그날은 매기의 여름 방학 마지막 날이었다. 미국 동부 해안 지역에 있는 기숙 학교 10학년생인 매기는 지난 8주간 자연보호 구역 캠핑장에서 캠프 지도자로 봉사 활동을 했다. 엄마 앤의 말에 의하면 이 캠핑장은 매기가 '정말 좋아하는 곳'이다. 메인주 브런즈윅에 거주하며 두 아이를 키우는 앤은 딸 매기를 학교에 데려다주려고 짐 가방을 트렁크에 싣고 있었다. 그러다 자갈길에 서서 벌벌 떠는 아이를 보았는데, 그 모습이 마치 "자동차 헤드라이트를 보고 겁에 질린 사슴" 같았다. 매기는 학교 공부와 학교 안에서 느끼는 생활 수준의 격차로 심한 압박감을 느껴 학교로 돌아가고 싶지 않다고 말했다.

앤은 매기의 상태를 바로 알아차리고, 딸에게 독이 되는 환경에서 벗어날 '탈출구'를 찾아주기로 마음먹었다. 며칠 안으로 메인주 자연보호 구역에서 한 학기를 보낼 수 있는 학교를 찾아낸 앤은 그처럼 빨리 다른 선택을 할 수 있는 것도 특권이라고 생각했다. 매기의 숙소는 장작 난로로 불을 피우는 오두막집이어서 아이들은 밤에도 불을 피워놓고 지냈다. 같은 오두막을 쓰는 여자아이 여섯 명은 매일 저녁 잠옷으로 갈아입고 한 침대에 모여 앉아 팝콘을 먹으며 이야기를 나누곤 했다. 오두막 문간에는 농장 일로 더러워진 진흙투성이 장화들이 한 줄로 늘어서 있었다.

끊임없이 '가장 좋은 것'을 좇으며 살다 보면 우리는 알지 못하는 사이 물질주의로 규정된 삶을 살게 된다. 물질주의는 단순히 특정 브랜드를 좋아하거나 질 좋은 물건을 사는 것만을 의미하지 않는다. 우리가 어떤 목표를 정하고 주의와 시간을 어떻게 쓸지 정의하는 가치 체계다. 그런 삶은 우리를 지치게 할 뿐 아니라 불안정한 상태로 만든다. 높은 지위와 고액 연봉처럼 물질주의적 목표를 추구하면 우리의 시간과 에너지도 자연스레 그쪽으로 따라가게 된다. 사회적 관계에 쏟던 시간은 사라지고 어느새 홀로 고립되었다고 느낀다. 역설적이게도 외롭다고 느낄수록 물질주의적 목표를 추구할 가능성은 더 커지는데, 내가 물질을 소유하면 사람들을 내 주위로 끌어올 수 있다고 믿기 때문이다. 우리는 지위를 획득하면 사람들이 관계 맺고 싶어 하는, 가치 있는 사람이 된다고 생각한다. 그렇게 악순환이 일어난다. 어떤 사람은 돈을 좋아해서가 아니라 사회적 관계를 제대로 형성하지 못해서 물질에 더 집착하는지도 모른다. 그런 사람은 공허함을 채우고 결핍된 정서적 안정감을 찾기 위해 사람 대신 물질과 지위에 애착을 느낀다.[14] 하지만 이런 접근법은 역효과를 낳고 우리가 만들고자 하는 관계를 해친다. 사실 물질주의적 목표를 최우선으로 하는 사람은 '네가 나한테 이걸 해주면 나도 너에게 같은 걸 해줄

게'라는 식으로 거래 관계를 맺는 경향이 있다.[15]

일리노이주 녹스 칼리지 심리학 명예교수이자《물질주의의 큰 대가The High Price of Materialism》의 저자 팀 캐서Tim Kasser는 지난 30년 동안 직업적 성공, 부, 사회적 이미지 같은 목표를 추구하는 삶과 행복 사이에 어떤 상관관계가 있는지 집중적으로 연구했다. 한 연구에서 캐서와 동료들은 18세 청소년 그룹에 '직업, 돈, 사회적 지위, 자기 수용, 공동체의 목표, 소속감' 등 다양한 목표를 제시하고 중요도 순위를 매기게 했다.[16] 또한 정신 건강 상태도 함께 조사했다. 그리고 12년 뒤 이 청소년들이 서른 살이 되었을 때, 이들을 다시 만나 설문 조사를 했다. 먼저 캐서는 두 번의 조사에서 물질주의적 성향이 강한 참가자들이 정신 장애를 겪을 확률이 높게 나타난다는 사실을 발견했다. 그리고 시간이 지나면서 물질주의적 성향이 줄어든 사람은 행복지수도 증가했다는 사실 역시 발견했다.

캐서는 물질주의와 행복의 관계를 다음과 같이 결론지었다. 사람은 물질주의적 목표를 좇으면서 대개는 자율성, 유능감, 타인과의 유대감 같은 기본 욕구를 희생하게 되는데, 이런 상황에서 사람은 스트레스를 더 많이 받고 불행하다고 느낀다. 사회경제적 지위나 나이에 상관없이 사회적 지위를 추구하는 사람은 평균적으로 우울감과 불안감을 더 많이 느끼고 자존감이 낮으며 술을 마시거나 담배를 피울 가능성이 더 높았다.

기본적으로 사회에는 모두가 공유하는 핵심 가치가 존재하며, 그 핵심 가치는 외재적인 것과 내재적인 것으로 나뉜다. 외재적 가치는 경제적 성공, 이미지, 인기, 사회적 기준처럼 개인의 성취와 자부심을 높이는 데 중점을 두며 다른 사람의 평가, 외부의 관심, 인정, 보수에 초점이 맞춰져 있다. 한편 내재적 가치는 개인의 성장과 공동체 및 타인과의 관계를 증진하는 데 중점을 둔다. 따라서 우리가 행동하는 동기를 살펴보면 그게 외재적 가치인지, 내재적 가치인지 파악할 수 있다. 가령 어떤 사람이 의료계에서 일하고 싶다고 할 때, 사회적 지위와 높은 연봉 때문이라고 하면 그 사람은 외재적 가치에 따라 직업을 선택한 것이지만, 다른 사람을 돕고 싶어서라면 내재적 가치를 좇는 것이다. 캐서는 이런 가치가 마치 시소처럼 작동하는 게 무척 흥미롭다고 말했다. 부와 사회적 지위 같은 외재적 가치에 더 집중할수록 공동체적 목표 같은 내재적 가치에는 소홀해질 수밖에 없다는 것이다.

캐서는 이를 파이에 비유하며 '한 조각은 물적 재화, 한 조각은 가족, 다른 한 조각은 직업적 목표, 또 다른 조각은 공동체' 같은 식으로 가치에 따라 파이가 여러 조각으로 나뉜다고 설명했다. 물질 조각이 커지면 당연히 다른 조각의 크기는 줄어들 수밖에 없다. 즉 가치 간의 관계는 제로섬 게임이라 한 가지의 중요도가 커지면 다른 것의 중요도는 반드시 떨어진다. 그러므로 개인의 성공과 성취에 대한 욕망이 커지면 아무 대가 없이 다른 사람을 돕고자 하는 바람은 설 자리가 없어진다. 사람이 쓸 수 있는 시간, 에너지, 주의력에는 한계가 있기 때문이다.

친구와 이웃과의 관계, 봉사 활동처럼 내재적 가치를 좇는 일은 행복과 안녕을 어느 정도 지속시키지만, 높은 수입 또는 회사에서의 승진 같은 외재적 목표를 추구하면 그렇지 않다. 내재적 가치를 추구하면 사회적 지지와 소속감 같은 것이 보상으로 돌아온다. 반면 외재적 가치는 정크 푸드와 비슷해서 먹는 순간은 기분이 좋지만, 그 기분이 오래가지 않고, 너무 많이 먹으면 몸을 상하게 할 수도 있다. 물론 대부분의 사람이 그런 사실을 모르지 않고, 좋은 가치를 인정하지 않는 것도 아니다. 문제는 외재적 가치를 활성화하는 메시지의 공세를 받아 우리가 내재적 가치로부터 지속적으로 멀어진다는 사실이다. 또한 물적 재화는 지위 보호 본능을 충족해 기분을 좋게 하는 신경 물질을 내보내는데, 그걸 거부하기란 쉽지 않다. 인스타그램에서 근사한 휴가를 즐기는 친구의 사진을 볼 때, 또는 낮아지는 대학 합격률처럼 뭔가가 계속 희소해질 때 외재적 가치에 대한 관심이 급격히 활성화될 수 있다. 한 어머니는 내게 이런 말을 했다. 친구 집에 가면 인테리어나 물건 같은 것에 감탄하면서 부러운 마음을 품게 되고, 우리 집에 딱히 바꿀 게 없는데도 뭔가를 바꾸고 싶다는 생각이 자주 든다고 말이다.

부모들이 좋은 물건을 소유하고, 많은 돈을 벌고, 유명한 학교에 들어가는 게 중요하다는 기준을 세울수록 아이들은 부모와 똑같은 가치를 받아들인다. 만약 아이가 내재적 가치에 더 집중하는 사람으로 자라길 바란다면 제일 먼저 할 일은 정기적으로 아이를 자신의 가치를 경험할 수 있는 곳으로 데려가는 것이다. 발전과 물질을 중시하는 세계에서 잠깐이라도 벗어나는 시간을 자주 마련해 주어야 한다. 전자 기기를 끄고 마음을 리셋할 수 있도록 가족 간의 저녁 식사 자리나 친구의 생일 파티에서 사람들과 교류하게 해주고, 자연으로 떠나 인간이 작은 존재라는 걸 깨닫게 해줄 수도 있다.

앤이 딸 매기에게 찾아준 것도 바로 이런 기회였다. 매기는 숲에서 한 학기를 지내는 동안 지난 2년간 기숙 학교에 다니며 힘들었던 마음을 추스를 수 있었다. 사회적 지위를 과시하는 문화에서 벗어나 같은 가치를 공유하는 사람과 자연에 둘러싸여 시간을 보낸 덕분이었다. 마음이 단단해졌다고 느낀 매기는 엄마에게 원래 다니던 학교로 돌아갈 준비가 되었다고 말했다. 그리고 이번에 돌아가면 친구를 사귈 때 비슷한 가치관을 지닌 사람인지를 먼저 고려해 보겠다고 했다. 매기는 한층 성장해 있었다.

"무엇 때문에 매기가 제자리로 돌아갈 수 있었을까요?" 앤과 숲길을 함께 걸으며 물으니, 그녀는 이렇게 대답했다. "숲에 있을 때는 누구도 판단이나 평가를 하지 않아요. 나무가 '네 머리 색깔 이상해, 너 너무 살쪘어, 넌 너무 느려'라는 말을 하진 않잖아요. 숲은 그저 우리를 '환영'해 주죠." 자연 생태학자 로빈 월 키머러 Robin Wall Kimmerer 의 유명한 말을 인용하며 앤은 이렇게 말했다. "사람들은 환경 운동가에 관해서는 열심히 떠들어대지만, 정작 나무가 우리에게 어떤 사랑을 주는지는 생각을 못해요. 어쩌면 자연이 제 딸을 살렸다고 해도 과장은 아닐 거예요."

전제를 거부할 것

열심히 노력하고 공부하는 문화의 밑바닥에 깔린 생각은 '좋은 대학에 들어가야 잘 산다'는 그릇된 믿음이다. 그래서인지 고등학생들을 인터뷰해 보면 굉장히 많은 아이들이 '고등학교는 목적을 이루는 수단'이라고 믿는다. 아이들은 명문대에 들어가는 게 경제적 성공, 사회적 지위와 행복을 얻는 비결이라는 생각을 주입받으며 자랐다. 물론 대부분의 어른은 그게 사실이 아니라는 것을 알고 있다. 우리 주변에는 일류 대학에 갔지만 바라던 대로 살지 못하는 사람이 많고, 커트라인이 비교적 낮은 대학에 들어갔지만 생각보다 훨씬 잘사는 사람도 많기 때문이다.

이런 생각에는 선택받은 몇몇 대학은 '좋은' 대학이고, 나머지는 그렇지 않다는 전제가 깔려 있다. 이런 분위기에 힘입어 미국 시사지 《유에스 뉴스 앤드 월드 리포트》는 1983년부터 매년 미국 내 1500개 대학의 순위를 매겨 발표하고 있다. 경제 주간지와 입시 교육 전문 회사들은 소규모 인문 대학부터 연구 기관을 둔 대규모 종합 대학까지 모두 점수화해 순위를 매기는 건 대학 각각이 지닌 특수성을 무시하는 일이라며 비판했다. 예를 들어 2022년《유에스 뉴스 앤드 월드 리포트》순위에서 스탠퍼드 대학교는 100점 만점에 96점, 미시간 대학교는 80점, 펜실베이니아 주립 대학교는 64점을 얻었다. 이 점수에 따르면 스탠퍼드 대학교는 펜실베이니아 주립대보다 '훨씬 좋은' 학교임이 분명하다. 그러면 우수한 성적을 내는 학생들이 순위 높은 대학에 지원하는 건 불 보듯 뻔하다. 폴 터프Paul Tough는 자신의 저서 《불평등한 장치: 대학은 어떻게 사람을 가르는가The Inequality Machine; How College Divides Us》에서 다음과 같은 일화를 소개했다.[17] 한 아버지는 이 대학 순위를 프린트해서 상위 30개 대학을 표시한 다음, 딸에게 그 대학들에만 원서를 내라고 말했다.

하지만 전문가들은 이 대학 순위에는 오해의 소지가 다분하다고 말한다. 챌린지 석세스의 공동 창립자이자 스탠퍼드 교육대학원 부교수인 데니즈 포프Denise Pope는 2018년 정부 백서에 다음과 같이 기술했다.[18] "복잡한 방식으로 분명한 결과를 제시하기 때문에 이 순위가 마치 대학의 질을 객관적으로 평가한 것처럼 보일지도 모른다. 하지만 측정하는 항목 가운데 가중치를 두는 것이 임의로 정해져 있기에 이를 대학의 질을 나타내는 정확한 지표로 볼 수 없으며 학생에게 긍정적인 영향을 준다고도 할 수 없다."

《유에스 뉴스 앤드 월드 리포트》가 순위를 정하기 위해 사용한 기준이 무엇인지 알면 다른 부모와 학생들도 분명 나처럼 깜짝 놀랄 것이다. 가령 2022년 평가 점수의 20퍼센트는 자매결연을 맺은 기관의 평판을 기초로 하고 있었다. 생각해 보라. 대학 이사회 임원들이 자매결연을 맺은 수많은 기관의 내부 결정에 얼마나 큰 영향력을 행사할까? 게다가 이런 모든 기관의 평가가 매년 어떻게 변하는지 알아내는 게 가능하기나 할까? 그럴 수 없는 게 현실이다. 그나마 얻어낼 수 있는 정보는 대학의 명성 정도로, 이 리스트는 일종의 자기 충족적 예언self-fulfilling prophecy이 되었을 가능성이 크다.

포프는 대학 졸업률과 재등록 비율이 평가 점수의 22퍼센트를 차지한다는 점 또한 지적했다. 순위가 높은 한 사립 대학의 경우 졸업률이 보통 95퍼센트 정도인 반면, 주요 공립 대학은 학교에 따라 65~85퍼센트 정도다. 졸업률에는 교육의 질 자체보다는 해당 학교 재학생의 배경(부유한 가장 환경 출신 학생이 얼마나 많은지)이 더 큰 영향을 미치는 것으로 알려져 있다. 작가 말콤 글래드웰Malcolm Gladwell도 잡지《뉴요커》의 한 기사에서 재학생 다수가 속한 계층에 따라 대학 졸업률이 결정된다고 설명한 적이 있다.[19] 만약 미국 내에서 가장 세련된 이력을 지닌 학생만 입학시켰다면 그 학교의 졸업률은 매우 높을 것이고, 대학의 목표가 되도록 많은 학생을 졸업시키는 것이라면 그 학교의 졸업률은 틀림없이 낮게 나타날 것이다.

일부 대학은 학교의 평판을 높이기 위해 자료를 조작하기 때문에 이 순위는 더더욱 믿기 힘들다. 컬럼비아 대학교의 한 수학과 교수는 학교가 "부정확하고 모호하며 매우 혼동을 주는" 통계 자료를《유에스 뉴스 앤드 월드 리포트》에 제출했다고 내부 고발했고, 이 시사지는 그에 대한 보복으로 컬럼비아 대학교의 순위를 2위에서 18위로 떨어뜨리기도 했다. 한 신문 기사는 그 수학과 교수가 했던 말을 다음과 같이 인용했다. "여기서 우리가 정말로 염두에 두어야 할 사실은 순위 시스템이 매우 조잡한 방식으로 운용되고 있다는 점이다.[20] 그렇기 때문에 컬럼비아 대학교의 순위가 2위든 18위든 그 숫자를 의미 있게 받아들이기 어렵다. 어떤 기관의 순위가 한 해 사이 2위에서 18위로 떨어질 수 있다는 건 순위를 정하는 방식 자체를 의심하게 할 뿐이다." 대학이 순위 때문에 스캔들에 휘말린 것이 이때가 처음도 아니고, 잘못되었거나 애매한 정보를 보낸 곳이 컬럼비아 대학교뿐인 것도 아니다.[21]

대학 순위라는 건 흥미로울 수밖에 없다. 불확실한 세상을 사는 우리는 비록 비용이 많이 들더라도 순위 높은 대학 학위를 얻으면 높은 연봉의 직업과 만족도 높은 삶을 보장받는다고 믿고 싶어 한다. 하지만 과연 학비가 비싼 대학에 다니면 직업상 결과도 더 나을 거라는 보장이 있을까? 퓨 리서치는 바로 이 주제에 대한 연구를 진행했다.[22] 규모가 큰 공립 대학을 나온 졸업생과 비싼 사립 대학을 나온 졸업생의 삶의 질을 비교했더니, 놀랍게도 통계상으로는 전혀 차이가 없었다. 각 그룹에 속한 다수의 사람은 가정생활, 경제 수준, 직업에 대한 만족도 면에서 거의 비슷한 대답을 내놓았다.

포프는 엄격히 선별된 대학을 졸업한 사람과 그렇지 않은 사람의 삶에 대한 만족도를 종합적으로 연구하고 그 핵심 내용을 정부 백서에 실으면서, 선별된 대학에 다녔다는 사실이 성공과 연결된다는 어떤 근거도 발견하지 못했다고 결론 내렸다. 단, 한 가지 중요한 예외를 지적했는데, 이민 1세대로 사회에서 소외되었지만 일류 대학을 졸업한 사람들은 좋은 대학을 나오지 못한 또래보다 더 높은 소득을 올릴 가능성이 크다는 것이다. 이런 차이가 나타나는 정확한 이유에 대해서는 연구자들 사이에 이견이 있다. 학교에서 쌓은 인적 관계망 덕분이라는 의견도 있고, 순위가 높은 대부분의 학교에서 저소득층 학생들에게 장학금을 주어 하자금 대출 없이 졸업할 수 있었기 때문이라는 의견도 있다.

　대학 순위에 허점이 많고, 명문대 졸업장이 인생에서 경제적으로 유리하게 쓰인다는 근거가 없다고 얘기하면 일부 부모와 학생은 그래도 일류 대학을 졸업하면 더 큰 만족과 행복감을 느낄 수 있지 않냐고 물을지도 모르겠다. 이와 관련해 2014년 여론조사 기업 갤럽과 퍼듀 대학교가 미국 역사상 가장 큰 규모의 연구를 진행했다. 그들은 대졸 학력 성인 3만 명 이상을 설문 조사해 행복과 관련된 다음 다섯 가지 핵심 특성의 정도를 측정했다. 목적의식(목표를 이루기 위해 얼마나 의욕적으로 노력하나?), 사회관계(서로 의지할 수 있는 단단한 인간관계를 맺고 있나?), 건강 상태(얼마나 건강한가?), 경제 상황(재산을 효율적으로 관리하고 있나?), 공동체 관계(소속감을 느끼는가?)가 바로 그것이다. 또한 현재의 직업이 소질과 적성에 얼마나 맞는지, 일하는 게 즐거운지, 직장 동료 중 나의 발전에 신경 써주는 사람이 있는지 등을 함께 조사했다. 그랬더니 참여자들이 졸업한 대학의 명성은 '현재의 행복과 직업 만족도에 거의 영향을 미치지 않는다'는 사실을 발견했다.

　그럼에도 학교에 다니는 동안 교내에서 이뤄진 인간관계와 학교생활 참여도는 이후 인생의 성공에 영향을 준 것으로 드러났다. 행복 지수와 직업 만족도가 높게 나타난 참여자는 대체로 대학에 다닐 때 매우 적극적으로 학교생활에 참여했다. 연구자들은 성공한 삶에 특히 긍정적인 영향을 준 여섯 가지 주요한 학교생활을 다음과 같이 정리했다.

1. 재미있게 공부하는 분위기를 만들어준 교수의 수업을 들은 적이 있다.

2. 개인적으로 내게 관심을 보여준 교수를 만난 적이 있다.

3. 목표를 설정하고 이루도록 조언해 준 멘토가 있다.

4. 학기 중 의미 있는 프로젝트를 진행한 경험이 있다.

5. 인턴십 프로그램에 참여했다.

6. 동아리 활동에 적극적으로 참여했다.

대학 시절 자신에게 인간적인 관심을 보이고 격려해 주는 든든한 교수를 만났던 사람은 이후 전반적인 생활을 잘했을 가능성이 컸으며, 직업적으로도 만족스럽다고 답할 가능성이 두 배 이상 높게 나타났다. 마찬가지로 대학 재학 중 인턴십 프로그램에 참여하거나 전공에 맞는 일을 해본 사람, 여러 학기에 걸쳐 의미 있는 프로젝트에 참여해 본 사람, 동아리 활동을 적극적으로 해본 사람 역시 직업 만족감이 두 배 정도 높았다. '좋은' 대학이 아닌 어느 대학에 다닌대도 학생들은 여섯 가지 경험을 해볼 수 있다. 이 연구는 우리가 '어떤 대학을 나왔는가'보다 '그 대학이 나와 얼마나 잘 맞는가'가 더 중요하다는 사실을 보여준다.

'잘 맞는다'는 건 교내 공동체에서 자신이 의미 있고 중요한 사람이라는 느낌을 받는 것, '나'라는 사람에게 관심을 갖고 걱정해 주는 사람과 내가 의지할 사람이 있다는 것을 의미한다. 다른 식으로 말하면 미래의 성공과 행복은 자신이 '학교 내에서 중요한 사람이라고 느끼는 정도'와 상관관계가 있다. 내가 가치 있다고 느끼게 하는 교수가 있는가? 한 학기 동안 진행되는 프로젝트 또는 인턴십 프로그램에 참여해 내가 하는 전공 공부가 가치 있다고 느낄 기회가 있는가?

물론 우리 아이들이 성인이 되어 행복하고 만족스러운 삶을 살도록 보장해 주는 비결 같은 건 세상에 없다. 하지만 다무르는 부모가 성공을 단순히 성취가 아닌 매터링과 행복의 관점에서 정의해야만 아이들을 더 잘 이끌어줄 수 있다고 말한다. 행복이 다른 무엇보다 문화적 적합성에 크게 영향을 받는다는 사실을 알면, 우리는 학교 이름보다 개인의 성장에 더 집중할 수 있다. 다시 말해, 우리가 대학에 관해 이야기할 때 중점을 두어야 하는 것은 대학 순위가 아니라 학생의 가치여야 한다.

"부모가 제일 먼저 할 일은 일류 대학에 입학하는 게 행복으로 가는 지름길이라는 전제를 거부하는 거예요. 알다시피 그건 사실이 아니니까요. 그런 다음 아이들과 대화를 시작해야 해요." 다무르는 말했다. 어른들은 명문대 입학이 성공으로 가는 열쇠라는 그릇된 신화를 걷어내고, 아이들이 대학 입시라는 스트레스 가득한 과정을 균형 잡힌 시각으로 바라보게 도와주어야 한다. 어른들은 수십 년간의 경험을 바탕으로 무엇이 '좋은 삶'을 이끄는지 일부러라도 아이에게 자주 말해주어야 한다. 덧붙여 다무르는 이렇게 말했다. "순위 높은 대학에 들어갔는지 순위 낮은 대학에 들어갔는지가 중년의 행복을 결정짓진 않아요. 그럼 무엇이 행복을 결정할까요? 사람들과 좋은 관계, 일에 대한 자부심, 자기가 선택한 분야에서 인정받는다는 느낌이 있어야죠. 부모들이 먼저 이걸 알아야 하고, 우리 아이들도 알아야 해요." 앞의 연구는 확실하지 않은 대학 순위에 목매지 말고, 부모의 에너지를 더 나은 곳에 쓰라고 알려준다. 그러니까 우리는 아이가 '어느' 대학에 갈 것인가를 걱정하게 할 게 아니라 거기에 가서 '무엇'을 할 것인가에 중점을 두고 고민하게 해야 한다.

물질주의와 정신 건강

나는 물질적 풍요와 성과 중심의 문화가 아이들을 어떻게 만드는지, 그리고 정신 건강에는 어떤 영향을 미치는지 늘 궁금했다. 그래서 심리학 교수인 캐서를 만났을 때 '슈퍼 집' 동네를 떠나지 않고도 부모가 아이에게 해롭지 않을 좋은 가치에 확실하게 집중하려면 어떻게 해야 하냐고 물었다.

내 질문에 캐서 교수는 오히려 이렇게 되물었다. "글쎄요, 전 일단 질문의 전제부터 마음에 들지 않네요. 왜 떠나면 안 되는 거죠?"

나는 할 말을 잃었다. 캐서 교수는 계속 이어갔다. "예를 들어 아이가 다니는 학교 수돗물에서 납이 검출되었고, 그게 아이 건강에 아주 치명적이라는 걸 알게 됐어요. 그럴 때 부모는 가능하면 그 지역을 떠나 다른 학교로 아이를 전학시키려 하지 않을까요?" 좋은 성과를 내는 데만 집중하는 학교는 아이의 가치관 형성과 정서에도 좋지 않고, 궁극적으로 행동 방식에도 좋지 않은 영향을 미친다는 게 밝혀졌다. 부모 역시 그 결과에 동의하고 그곳을 떠날 기회가 있는데도 왜 떠나지 **않는** 거냐고, 캐서 교수는 묻고 있었다.

나도 모르게 어깨에 힘이 들어갔다. 우리가 사는 동네가 아이에게 독이 될 수도 있는 환경이란 걸 알았는데, 그런 곳에서 어떻게 아이를 키워야 하지? 이곳을 떠난다는 건 어떤 의미지? 간다면 어디로 가야 하지? 대답할 말을 찾다 보니, 이런저런 생각이 밀려와 덜컥 두려운 마음부터 들었다.

다행스럽게도 캐서 교수가 꼬리에 꼬리를 물고 이어지는 머릿속 질문들을 끊어주었다. "만약 살던 곳을 떠나지 않기로 결심했다면 신중하고 충분히 고민해야 할 거예요." 캐서 교수는 집에 있는 동안은 내재적 가치가 항상 우선이 되도록 하는 게 가장 중요하다고 조언했다. 집에서 내재적 가치를 형성하고 지지할수록 물질주의적 가치는 작아질 수밖에 없다. 하지만 단순히 물질이 주는 위로보다 가족과 친구 관계가 더 중요하다고 믿는 것만으로는 충분치 않다고 말했다. 믿음을 행동으로 보여줘야 하고, 그러려면 솔직한 자기반성이 이뤄져야 한다. 가족 스케줄, 휴가 계획, 취미 활동, 쇼핑하는 **물건**처럼 부모가 무엇을 중요하게 생각하는지 은연중에 보여주는 가족의 생활 모습은 아이에게 어떻게 비치는가? 입으로는 가족이 중요하다고 말하면서 아이를 먼 곳에서 열리는 축구 경기에 참가시키느라 연말 가족 모임에 빠지지는 않는가? 봉사 활동을 하고 다른 사람을 돕는 게 중요하다고 말하면서 아이가 그런 일을 할 시간을 전혀 주지 않는 건 아닌가? 이런 것들을 스스로 물어야 한다.

부모가 먼저 자신의 내재적 가치를 분명히 해야만 아이가 균형감을 유지하도록 도와줄 수 있다. 캐서 교수는 다음과 같은 질문을 스스로 해보라고 조언했다. 내가 가장 중요하다고 생각하는 것이 잘 반영되도록 생활을 꾸려나가는가? 예를 들어, 나에게 가족이 가장 소중하다면 평소 스케줄에 그 생각을 잘 반영하는가? 내가 중요하다고 생각하는 생활 방식대로 아이가 지내도록 하고 있는가? 아이가 잠시 앉아서 쉴 틈도 없을 만큼 지나치게 많은 활동을 시키지는 않는가? 아이를 진정 남을 배려할 줄 아는 사람으로 키우고 싶다면 아이에게 어떤 기회를 마련해 주어야 할까?

캐서 교수는 부모는 아이에게 가치에 관해서 터놓고 말할 수 있어야 한다고 조언했다. 한 번의 토론으로 끝낼 게 아니라 일상에서 이와 관련된 대화가 계속 이뤄지도록 노력해야 한다. 쇼핑몰에 갔을 때 아이가 새로 나온 운동화를 사달라고 한다면 "새 운동화가 정말로 더 필요하니? 그걸 산다면 네가 원하는 게 충족될까?" 같은 질문을 아이에게 해보라고 제안했다. 그 말을 들으니, 나는 성공에 관해서도 아이와 이야기를 나눌 수 있겠다는 생각이 들었다. 가령 "SAT에서 더 높은 성적을 얻는다는 게 정말 어떤 의미일까? 이름이 알려진 대학에 들어가면 넌 정말 만족스러운 삶을 살 거라고 생각하니?"라고 묻고 아이에게 생각할 기회를 주는 것도 좋을 듯했다.

이후 나는 아이들과 틈만 나면 가치에 대해 직접적으로 이야기를 나눠보려고 했다. 그리고 이야기를 나누면서 내게 성공이란 어떤 의미인지 다시 한번 생각하기도 했다. 첫째 아들 윌리엄이 중학교에

막 들어갔을 때 일이다. 학습량과 준비할 것이 많아지니, 아들은 두 장짜리 과제조차 몇 시간씩 붙잡고 끙끙대기 일쑤였다. 한참을 컴퓨터 앞에 앉아 글자를 썼다 지웠다가 했다. 내 딴에는 아이를 응원해 준다고 "그냥 네가 할 수 있는 최선을 다하면 되는 거야"라고 몇 번 말해주었다. 그러던 어느 날 윌리엄은 볼멘 목소리로 이렇게 대답했다. "엄마, 저 이제 열한 살이거든요? 제가 할 수 있는 최선이 뭔지 아직 잘 모른다고요."

나는 내 청소년 시절로 돌아가 그때 내게 최선을 다한다는 게 어떤 의미였는지 떠올려보았다. 분명 내게도 그건 부담스러운 말이었다. 어느 정도가 충분한지를 아이에게 어떻게 알려줘야 할까?

이 질문에 대한 답을 나는 몇 년 전 《워싱턴 포스트》 기사를 쓰다가 우연히 찾게 되었다. 그건 내가 한 일에 스스로 자부심을 가지는지 생각해 보는 것이었다. 우리가 느끼는 자부심은 두 종류로 나눌 수 있다. 내재적으로 내가 나를 진심으로 자랑스럽게 여길 때 느끼는 자부심이 있고, 외재적으로 다른 사람이 자랑스럽겠다며 추켜세울 때 느끼는 자부심, 즉 심리학자들이 오만한 자부심이라고 부르는 것이 있다. 건강한 자부심은 스스로가 좋은 부모·배우자가 되었을 때, 또는 공동체에 도움이 되었을 때 느끼는 자존감, 성취감과 연결되어 있다. 심리학자 제시카 트레이시Jessica Tracy는 자신의 저서 《프라이드》에서 진정한 자부심은 자신에 대해 좋은 감정을 갖게 하며, 우리가 어떤 사람이 되고 싶은지, 그 사람이 되기 위해 뭘 해야 하는지를 스스로 알아내게 한다고 말했다. 반면 오만한 자부심은 다른 사람의 평가로 내 감정이 결정될 때 생기며, 주변 사람의 찬사를 듣기 위해 돈이나 명예처럼 공허한 목표를 좇는 동기가 되기도 한다고 말했다.

나는 아이들이 겉만 번지르르한 결과에 지나치게 현혹되지 말고 진정한 자부심에 집중했으면 싶었다. 그래서 그때부터는 아이가 너무 많은 시간을 과제에 쏟고 있는 모습을 봤을 때 이전과는 다른 방식으로 말하게 되었다. 나는 아이에게 성공 여부를 판단할 때 중요한 건 자신이 최선을 다했는지가 아니라고 말해주었다. 성공을 측정하는 기준을 달리해 "네가 한 게 스스로 만족스러워?"라고 이전과는 다르게 묻게 되었다.

이렇게 생각을 전환한 후로 나는 우리 가족에게 '최선을 다한다'는 것의 진짜 의미는 스스로 만족스러울 만큼 노력하는 것이라고 새롭게 정의 내렸다. 또한 아이의 본래 모습에 더 초점을 맞춰 상황을 판단하는 여유도 갖게 되었다. 윌리엄은 단지 좋은 성적을 받으려고 애썼던 게 아니라 열심히 과제를 해서 스스로 뿌듯함을 느끼고 싶어 노력했다는 걸 이제는 이해할 수 있다. 비록 과제에서 최고점을 받지 못한대도 윌리엄이 느꼈을 뿌듯한 감정은 사라지지 않을 터였다. 이렇게 생각을 전환하면서 나도 바뀌었다. 내겐 특별히 기억에 남는 순간이 있다. 한번은 《월스트리트 저널》에 '그리움의 심리적 힘'을 주제로 쓴 글을 기고한 적이 있다. 옛 시절에 대한 그리움이 전환기에 적응하는 전략이 될 거라는 취지의 기사였다. 그동안 내가 쓴 글 중 제일 잘 썼다는 생각이 들었고, 기사에 대한 독자들의 반응이 궁금해 견딜 수가 없었다. 그런데 다음 날 신문사 사이트에 접속해 보니, 댓글 게시판에는 내 글에 대한 의견이나 공유 기록이 전혀 없었다. 딱 한 사람이 평을 남겼는데, 웃기게도 댓글 게시판에 관한 내용이었다. "이처럼 좋은 기사에 아무런 반응이 없어서 놀랐습니다."

그날 저녁을 먹으며 나는 가족들에게 이런 일 때문에 실망스럽고 혼란스럽다고 솔직히 이야기했다. 기사를 쓰면서 새로운 관점이 생겼지만 독자들에게는 별다른 인상을 주지 못한 것 같고, 이런 반응에 의욕이 꺾인다고 말했다. 그때 얘기를 가만히 듣던 윌리엄이 이렇게 말하는 게 아닌가. "하지만 엄마는 그 기사를 쓰고 스스로 만족스럽지 않았어요?"

계획된 휴식

쉴 새 없이 많은 성과를 내려는 사람에게 시간은 무척 소중하다. "제 친구들은 모두 하나같이 엄청 부지런해요. 그래서 저도 그렇게 하지 않으면 뭔가 잘못하는 듯한 기분이 들 때가 많아요." 머서아일랜드 고등학교 12학년인 레이철은 말했다. "저를 압박하는 과제들을 처리하려면 열심히 하는 수밖에는 없는 것 같아요. 다른 방법이 있는 것 같지 않아요." 레이철은 최근 알게 된 한 남학생 이야기를 했다. 그 남학생은 어떻게든 쉬는 시간을 만들려고 시간표 중간에 두 시간은 무조건 비워놓고 '나를 위한 시간'이라고 표시해 둔다고 했다. "걔 말을 듣고 얼마나 놀랐는지 몰라요. 속도를 늦춘다는 게 엄청난 사치처럼 느껴졌거든요."

기계가 아닌 인간은 누구에게든 한계가 있다. 부모가 그 한계를 잘 살펴주면 아이는 '너는 잘 쉬고 보호받을 가치가 있는 사람이야'라는 신호를 강하게 받아들인다. 아이가 균형을 유지할 수 있게 돕고 싶다면 이 부분을 강하게 밀고 나가야 한다. 몇몇 부모들은 대화 도중 말콤 글래드웰의 저서 《아웃라이어》에 소개된 1만 시간의 법칙에 관해 이야기를 꺼냈다. 말콤 글래드웰은 엘리트 음악가를 자세히 소개하면서 어떤 영역에서 두각을 드러내려면 1만 시간 동안 의도적이고 집중적인 연습을 해야 한다고 말했다. 부모들은 거기에 주목했다. 반면 연구에서 발견한 다른 사실은 대부분이 간과했는데, 최고의 실력을 보인 음악가들은 또한 다른 동료들보다 훨씬 많이 잘 쉬었다는 것이다.[23] 음악가들은 한 번에 80분간 연습한 뒤 30분 동안 휴식을 취했다. 밤에는 8시간 30분 동안 충분히 자고, 낮잠을 잘 뿐 아니라 하루 3시간 30분씩 누리는 여가를 매우 철저히 활용했다. "의도적인 연습은 무척 많은 노력이 필요하기 때문에 매일 일정하게 시간을 제한하지 않으면 유지하기 어렵다"라고 연구자들은 말했다. 그러므로 일류 음악가가 되기 위해 학생들은 "하루 또는 일주일 기준으로 완전히 회복할 수 있는 양만큼만 연습해야 한다"라고 주장했다. 다시 말해 의도적인 연습만큼 의도적인 휴식도 매우 중요하다는 의미다.

세계 최고 수준의 음악가들이 그랬던 것처럼 아이들도 하루 8~10

시간 정도는 잠을 자야 하지만, 청소년을 대상으로 한 연구 자료를 살펴보면 평균 여덟 시간 정도의 수면을 유지하는 10대는 25퍼센트가 채 되지 않는다.[24] 더불어 평균 여덟 시간 이상 잠을 자는 청소년은 감정 기복이 없고 자존감이 높으며 불안과 우울감은 낮은 것으로 나타나 정신적으로 매우 건강하다는 사실 역시 알 수 있었다.[25] 밤에는 책을 덮고 충분히 자게 하고, 낮잠을 자게 하는 등 아이의 휴식을 고집하는 게 열정을 높이 평가하는 시대에 역행하는 것 같다고 느낄지도 모르겠다. 하지만 아이들이 긴장을 푸는 방법을 잘 모른 채로 심한 스트레스와 불안을 느끼면 그걸 해소하기 위해 마약이나 알코올처럼 건강하지 않은 방법에 눈을 돌릴 가능성이 무척 크다. 쉬는 시간을 인정해 주는 일은 아이에게 '너는 보호받을 가치가 있는 사람'이라는 사실과 아이의 존재, 육체적·정신적 건강이 매우 중요하다는 사실을 알려준다.

리사 다무르는 내게 이렇게 말했다. "잠이란 건 인간 존재가 흐트러지지 않고 하나로 잘 붙어 있게 하는 접착제 같아서 부모라면 아이의 수면 시간을 목숨 걸고 지켜야 한다고 생각해요." 휴식은 단지 최고의 성과를 내기 위한 게 아니다. 우리 아이들은 자신이 기계가 아닌 소중한 존재이기 때문에 쉴 가치가 있다는 것을 배워야 한다.

건강처럼 우리가 가치 있다고 생각하는 주제에 관해 아이와 대화를 나누는 일이 아이의 노력과 성취 욕구를 막는 것은 아니다. 오히려 균형감 있는 원만한 인격을 갖춘 사람으로 키우기 위한 뼈대를 만들어주는 일에 더 가깝다. 우리는 말과 행동으로 성과는 '성공한'

삶을 이루는 일부에 불과하다는 사실을 보여주어야 한다. 10년 전쯤 뉴저지주에 사는 친구 엘리자베스와 그녀의 남편 스콧은 평소 각자가 지닌 가치관을 시험해 볼 일이 생겼다. 엘리자베스는 홍보 관련 직종에서, 스콧은 재무 관련 회사에서 일하는데 몇 달 사이에 부부가 모두 각자 회사로부터 파격적인 승진을 제안받은 것이다. 승진을 하면 더 많은 명예와 연봉을 얻지만, 그만큼 일하는 시간이 늘고 일상의 스트레스도 많아질 터였다.

그 주 몇몇 친구들과 저녁을 먹으며 엘리자베스의 승진을 축하하기로 했다. 그런데 정작 자리에 나온 엘리자베스는 전혀 기쁜 표정이 아니었다. 당시 여섯 살, 네 살이던 아이들에게 안정된 가정생활을 누리게 해주고 싶은데, 지난 20년 동안 직장에서 열심히 일해 얻은 기회 역시 놓치고 싶지 않다는 거였다. "어떤 결정을 내려야 할지 고민하느라 밤에 잠도 못 자고 있어."

생각을 분명히 정리하기 위해 엘리자베스는 처음으로 심리 상담소를 찾아갔다. 부모나 동료, 이웃이 아닌 자신이 생각하는 성공이 무엇인지 속마음을 들여다보고 싶었기 때문이다. 심리 상담사는 그녀에게 인생에서 가장 중요하게 여기는 것 다섯 가지를 생각해 보라고 했고, 엘리자베스는 가족, 친구 관계, 봉사 활동, 운동, 일을 차례로 떠올렸다. 상담사는 그녀가 다섯 개 중 두 가지 정도는 잘해낼 수 있지만, 아직 아이가 어린 상황에서 다섯 가지를 모두 잘할 수는 없다고 말해주었고, 엘리자베스도 이에 동의했다. 엘리자베스는 자신에게 성공이란 균형을 이룬 삶이라는 걸 깨달았다. 그렇기에 한두

가지 영역만 빼어나게 잘하는 게 아니라 다섯 가지를 고루 잘하고 싶었다. 그렇게 몇 주간 자기 생각을 들여다본 끝에 그녀는 승진을 거절했다. 몇 주 뒤 스콧 역시 비슷한 결론을 내리고 회사에 진급하지 않겠다고 얘기했다.

엘리자베스에게 결정을 내리는 게 힘들진 않았는지 물으니, 당연히 힘들었다는 대답이 돌아왔다. 하지만 그 일을 계기로 가족의 목표를 분명히 할 수 있었기에 나름 큰 도움이 되었다고 했다. 엘리자베스와 스콧은 '두 아들에게 어떤 가치관을 심어주고 싶은가? 평소 하는 일이 그 가치관을 잘 반영하고 있나?' 같은 고민을 했다. 그리고 두 사람이 아이들에게 제일 바라는 점은 타인을 배려할 줄 아는, 친절한 사람이 되는 것이었다.

이후 시간이 흐르고 아이들이 자라 크고 작은 결정을 내려야 할 때마다 친구 부부는 그때를 떠올렸다. 엘리자베스는 지금도 주변 부모들이 입시에 대해 하는 이야기를 들으면 마음이 흔들린다고 한다. 그때마다 아이들이 공부든 운동이든 잘하길 바라지만 진짜 중요한 가치가 우선되어야 한다는 걸 스스로 계속 상기한다. 그리고 가끔은 비슷한 생각을 하는 친구에게 전화를 걸어 이번 해에 아이들을 축구 선발팀에 넣지 않기로 한 이유를 두고 의견을 나눌 때도 있다고 했다.

최근 나는 엘리자베스와 여름 방학 계획에 관해 이야기할 기회가 있었다. 그녀는 이제 고등학생이 된 아이들을 학습 프로그램에 등록시키는 대신 동네 식료품점에서 아르바이트를 하고 인근 동물 보호소에서 자원봉사를 하게 했다고 말했다. "애가 1년 내내 시험이랑 성적에만 너무 몰두해 있었으니 자기가 도움을 줄 수 있는 다른 사람에게로 주의를 돌렸으면 좋겠다고 생각했어. 그렇다고 우리가 아무런 욕심도 없다는 뜻은 아니야. 우리도 이루고 싶은 게 엄청 많아. 하지만 그걸 이루기 위해 무엇을 희생할 것인가에 대해선 분명히 정해놔야지." 부부는 아이들에게 바라는 것 때문에 중요한 관계를 희생시키고, 마음을 해치게 해서는 안 된다고 설명했다. "나는 우리 애들이 어느 정도가 적당한지 알았으면 좋겠어."

뭐든 적당히

한번은 운 좋게도 머서아일랜드에서 일주일간 지내게 되었다. 그곳 사람들을 인터뷰하고 고등학교를 방문하고 호수가 내려다보이는 공원을 산책하면서 시간을 보냈다. 마지막 날, 나는 동네 카페에서 앤드루의 어머니 제인을 만났다. 온라인 사무용품 문구 사이트를 운영하는 제인과 기술 관련 회사를 경영하는 남편은 이 동네 분위기가 마음에 들었고, 가족이 살기 좋은 곳이다 싶어 이곳으로 이사 왔다. 부부는 아이들이 어린이집에 다닐 때 만난 부모 중 생각이 비슷한 사람들과 지금까지도 가까이 지내며, 가치관을 계속 지키며 사는 데 그 친구들의 도움이 매우 크다고 했다. "좋은 게 있다면 당연히 하겠지만, 남에게 뒤지지 않으려고 애쓰느라 뭘 한 적은 없는 것 같아요. 지금 타는 미니밴도 13년이나 몰았더니 이젠 거의 폐차해야 할 수준이 됐죠." 제인 부부는 아이들에게도 또래 친구들이 하는 활동의 반 정도만 허락한다고 했다. "애 아빠가 항상 하는 말이 '뭐든 적당히 해야 한다'였어요." 그리고 이 철학은 평소 가족들의 모토가 되었다고 했다.

제인은 아이들이 고등학교에 가서 최고 우등생은 못 되어도 비교적 좋은 성적을 유지하며 생활할 수 있었던 것은 집에서 부모가 균형을 잡아주고 한계를 정해준 덕분이라고 믿고 있다. 앤드루는 AP 과학 수업을 듣지 않았는데도 원하는 공대에 입학해 공부하고 있다. 직관에 어긋난 듯 보이지만, 사실은 균형 잡힌 접근법이 아이가 성과를 내도록 한다는 걸 제인의 사례나 다른 연구 결과로 알 수 있다.

최근 연구자들은 수백 명의 중학생을 대상으로 자기 부모가 제일 중요하게 생각하는 가치가 무엇인지 순위를 매겨보라는 설문 조사를 진행했다. 설문지에 제시된 가치 중 절반은 좋은 대학에 들어가는 것, 학교에서 우수한 성적을 내는 것, 성공한 직업을 갖는 일처럼 성과와 관련되어 있었다. 나머지 반은 예의 바르게 행동하는 것, 남을 돕는 것, 다른 사람에게 친절하게 대하는 것처럼 성격 특성에 초점을 맞추고 있었다.[26] 설문 조사 결과, 부모가 성적과 인품 둘 다 중요하게 여기거나 인품을 더 중요시한다고 응답한 청소년은 부모가 성적이나 결과를 더 중요시한다고 대답한 또래보다 정신이 더 건강한 것으로 드러났다. 또한 성적이 오히려 좋았으며 규칙을 어기는 행동도 덜 하는 것으로 나타났다. 제인의 자녀들 또한 학교 공부만큼 자신과 타인을 돌보는 일을 중요하게 생각하는 부모의 덕을 보았다고 할 수 있다.

대화를 끝내고 제인과 함께 차를 주차한 곳까지 걸어가면서 이번에는 내 이야기를 꺼냈다. 이곳과 비슷하게 경쟁이 심한 동네에서 10대 아이를 키우다 보니 나 역시 걱정이 많다고 제인에게 털어놓았다. 제인은 웃으며 이렇게 말했다. "우리도 분명 완벽한 부모는 아니었어요." 가끔 실수했지만, 아이들은 아주 유연해서 금세 제자리로 돌아왔고 어느새 몸과 마음이 건강한 20대 성인이 되었다. "아이들이 확실히 건강한 삶을 살고 있다는 생각이 들어 정말 흐뭇해요."

아이들을 그렇게 키울 수 있었던 비결을 묻지 않을 수 없었다. "글쎄요. 가족이 중요하게 생각하는 것을 분명히 알려주고, 그걸 잘 지켜나갔던 것 같아요. 물론 지키기 힘들 때도 있었고, 남들이 우리가 틀렸다고 말할 때도 있었지만, 우리 생각을 굽히지 않았어요. 그랬더니, 보세요. 아이들이 이렇게 다 커서 잘 살고 있잖아요?" 제인은 차문을 열며 말했다. "가족이 함께 지내는 시간을 최대한 즐겼던 것 같아요. 그리고 앤드루도 내내 고등학교 생활을 즐겼고요."

CHAPTER 5

Mattering Matters

지나친 경쟁이
아이를 망친다

시기심에서
벗어나려면

로스앤젤레스 브렌트우드에 있는 사립 아처여자중고등
학교에 들어가려면 먼저 철문이 달린 출입문을 지나야 했다. 영화의
한 장면처럼 철문이 열리자, U 자 모양의 도로가 보이고 잘 정리된
잔디밭과 1931년 스페인 식민지 부흥 건축 양식으로 지은 역사 깊
은 본관 건물이 눈에 들어왔다.

거기서 만난 본 아노아이는 6학년 때 이 학교로 전학을 왔는데,
선생님의 질문에 차분하고 조리 있게 대답하는 친구들을 보면서 이
런 아이들과 경쟁해야 한다는 생각에 긴장부터 되었다. 뭔가를 빨리
하지 못할 때마다 자신이 뒤처지는 것 같아 조급한 마음이 들기도
했다. 가까운 친구 사이에도 암묵적인 경쟁이 어쩔 수 없이 일어났
고, 때때로 그런 현실에 부닥칠 때마다 '외딴섬에 혼자 뚝 떨어진' 것

같은 기분을 느꼈다고 했다.

전국을 돌며 학생들을 인터뷰할 때마다 나왔던 얘기가 바로 친구들 사이의 경쟁이었다. 좋은 실력을 갖춘 학생들이 모인 학교에서 늘 겪는 어려움 중 하나였다. 부모들이 굳이 좋은 학교가 있는 동네로 이사 와 비싼 수업료를 지불하는 것은 자녀에게 최고 수준의 교육과 성공한 성인으로 자랄 기회를 주고 싶기 때문이다. 하지만 이런 경쟁적인 환경은 의도치 않은 부작용을 낳기도 한다.

서부 해안 지역의 명문 공립 고등학교 12학년인 네이트는 인터뷰를 시작하고 얼마 되지 않아 마음의 짐을 빨리 털어버리고 싶다는 듯 성적에 관한 얘기부터 꺼냈다. 고등학교에 다니는 동안 A가 아닌 점수를 세 번 받는데, 그 일이 머릿속에서 떠나지 않는다고 했다. 4년 동안 고작 세 번뿐인 걸 왜 그토록 신경 쓰는지 묻자 이렇게 대답했다. "저는 그냥 바닐라 맛처럼 완전히 평범한 사람이거든요. 반에는 저 같은 애들이 스물다섯 명 있어요. 운동을 하고, 성적도 좋은 애들이요. 그 애들 사이에서 어떻게든 두드러지려면 저는 완벽해져야 하는 거죠." 그러더니 혼잣말하듯 이렇게 덧붙였다. "만약 제가 경쟁이 치열하지 않은 다른 학교에 다녔다면 저 자신에 대해 다르게 생각했을지 종종 궁금해요."

경쟁 상대를 평가하는 일은 어쩔 수 없는 인간의 본성이다. 여기에는 주변 환경이 중요하게 작용한다.[1] 3월의 뉴욕에서 섭씨 16도는 따뜻한 날씨지만, 플로리다에서는 상당히 추운 날씨다. 네이트는 우등반 수업에서 머릿속으로 똑같은 계산을 하고 있었다. 모두가 A를 받을 때 B+를 받으면 아무리 정신력이 강한 학생도 '남보다 부족하다'는 느낌을 받을 수밖에 없다.

교육학에서 심리학자들은 이런 종류의 사회적 비교를 '작은 연못 속 큰 물고기 효과big-fish-little-pond effect'라고 부른다. '큰 물고기(실력이 뛰어난 학생)' 같은 학생이 '작은 연못(경쟁이 심하지 않은 학교)'에 있으면 자기 능력에 큰 자신감을 갖게 된다. 평균적인 학생들보다 더 똑똑하기 때문에 자신이 매우 똑똑하다고 느낀다. 반면에 '경쟁이 매우 치열한 환경(큰 연못)'에 '재능 있는 학생(작은 물고기)'이 너무 많으면 그 학생들은 자신이 기대에 미치지 못한다는 느낌을 받는다.[2] 이런 일은 네이트처럼 상위 1~5퍼센트에 속하는 학생들 사이에서도 생긴다. 고급 수학반에 다니는 학생 중에도 평균 이하의 점수를 받는 학생은 생길 수밖에 없다. 그렇게 성취도 수준이 높은 곳에서는 경쟁과 비교가 훨씬 더 해롭게 작용한다. 이런 사실을 뒤늦게 깨달은 한 어머니는 자기 아이가 다녔던 워싱턴 DC의 한 사립 학교를 가리켜 이런 말을 한 적이 있다. "그 학교에 가면 똑똑한 아이도 바보가 된 것처럼 느끼게 돼요."

아이들은 자기가 사는 물속 세상의 성과 기준이 왜곡되었다는 사실을 느끼기 어렵다. 자기가 헤엄치는 물이 세상의 전부인 아이들은 그 환경을 다른 곳과 분별하지 못한다.[3] 그리고 이런 기류가 어린 학생들의 학교생활, 운동, 음악, 연극, 춤, 미술 같은 삶의 모든 부분으로 흘러 들어간다. 그러고는 극히 소수인 최우수 그룹에서 자신을 돋보이게 하려고 무리수를 두게 한다. 경쟁이 심한 물속을 헤쳐나갈 때 아이들이 자신의 성과를 뺀, 제대로 된 자기 가치를 인식하기란 거의 불가능하다. 《레이스 앳 더 톱*Race at the Top*》의 저자이자 사회학자 너태샤 와리쿠*Natasha Warikoo*는 어떻게 보면 이토록 자원이 풍부한 학교에 속해 있다는 것만으로 "이미 메달을 쥔 것이나 마찬가지"라고 말하면서, 진짜 불리한 사람은 이런 엘리트 공동체 밖에 사는 아이들이라고 지적하기도 했다.

"쟤가 잘되면 나는 기회를 잃는 셈"이라고 했던 어떤 학생의 말이 잘 드러내듯 좁은 곳에서 사회적 비교가 이뤄지면 반 아이들끼리 서로 경쟁하는 분위기가 생겨나게 마련이다. 잡지 《타운 앤드 컨트리》에 실린 〈올해의 대학 입시 호러 쇼〉라는 기사에는 다음과 같은 학부모 인터뷰가 소개되기도 했다.[4] "하버드 합격률이 3퍼센트밖에 되지 않으니, 당연히 계산할 수밖에요. 운동선수, 소수인종 우대 입학, 동문 특례 입학으로 들어가는 아이들을 빼고 나면 어떻게 되겠습니까? 3퍼센트 안에 몇 자리나 남겠냐고요? 이런 걸 보면 '우리 애가 과연 해낼 수 있을까? 어떻게 하면 존재감을 드러낼 수 있지?' 하는 생각이 듭니다."

과거에도 경쟁은 있었다. 하지만 심리학자들이 지적했듯 최근에는 명문대 입시에 대한 과열된 경쟁이 아주 어린 학생들에게까지 번져가고 있다. 1990년대 초에 고등학교를 다녔던 나 역시 좋은 대학에 가기 위해 시험공부를 했고 학급의 임원을 맡으려고 노력했다. 이 경험이 내 어린 시절의 전부는 아니었는데, 내가 인터뷰한 학생들 대부분은 경쟁이 생활의 전부라고 느끼는 듯했다. 네이트에게 몇 개 되지도 않는 B 학점을 왜 그렇게 걱정하느냐고 물으니, 이런 답이 돌아왔다. "제 미래를 스스로 망쳤다는 생각이 들어 너무 무서워요."

아처여자중고등학교의 본이 그랬던 것처럼 네이트도 공부를 할 때든 축구 연습을 할 때든 최선을 다해야 할 것 같다는 생각이 든다고 말했다. 그러다 보니 뭘 해도 재미 없고, 쉬고 싶다는 마음도 생기지 않았다. "조금이라도 쉬고 나면 어떤 생각이 드는지 아세요? 시험에서 최고점을 받지 못하거나 경기에서 잘하지 못해 실망스러울 때 '쉬지 말 걸 그랬다'는 후회가 밀려오면서 더 열심히 하지 않은 걸 자책하게 돼요. 그러고 나면 점점 더 마음 편히 쉬지 못하는 거죠."

네이트는 자기가 다니는 고등학교는 경쟁이 미친 듯이 심해서 친구도 쉽게 사귀지 못할 정도라고 했다. "다른 애가 상을 받으면 '좋겠다, 잘되었다'라는 마음이 드는 게 아니라 '더 열심히 노력해서 다음엔 꼭 내가 받아야'라는 생각이 들어요." 서부 해안 지역에서 학교를 다니는 또 다른 학생은 지나친 경쟁이 공동체 내에서 서로에 대한 믿음을 약하게 한다고 지적하기도 했다. "대학이 최종 목표가 되면 주변 사람이 죄다 나를 제치려는 경쟁자처럼 느껴지거든요."

인터뷰한 학생 중에는 수업 중에 필기한 노트를 아무리 가까운 친구라도 서로 보여주지 않는다는 아이도 있었고, 경기에 나갔을 때 팀보다 자신 개인의 기록을 우선시했다는 아이도 있었다. 뉴저지주의 한 명문 공립 고등학교에 다니는 존은 AP 수학을 수강하는 아이들 몇몇이 성적이 제일 좋은 학생 두 명을 일부러 음해한 적이 있다는 얘기도 했다. 교내에 부정행위를 한 학생이 있다는 소문이 퍼지자 학교에서는 특정 학생의 이름을 쓰지 말라는 공지와 함께 익명으로 설문 조사를 실시했는데, 다른 사람이 부정행위를 하는 것을 본 적이 있는지 묻는 문항에 자신과 '라이벌' 관계에 있는 아이의 이름을 적어 낸 학생이 있다는 것이었다. 그 아이가 부정행위를 했다는 증거가 전혀 없는데도 대학 원서를 쓸 때 교사 추천을 못 받게 하려고 그런 거였다.

본은 배구 선발팀 선수로 활동하는 지난 몇 년 동안 어른들이 나서서 아이들이 좋지 않은 행동을 하게끔 하는 걸 몇 번이나 목격했다고 이야기했다. 부모들이 포지션이 같은 아이끼리는 서로 경쟁하도록 분위기를 만들고, '경기할 때 서로 감정이 상할 수 있으니 포지션이 같은 아이와는 처음부터 친하게 지내지 마라'는 식의 암묵적인 규칙을 만들기도 했다고 했다.

이후 본은 신문 편집부에 들어가 교내 온라인 신문《디 오라클》을 만들게 되었다. 나름 전국 단위 상까지 받은 신문이라 여기에서 계속 활동하려면 제대로 된 실력을 보여줘야 한다고 생각하며 마음을 단단히 다잡았다. 그런데 편집부에 들어온 또 다른 학생, 클로이 피들러와 이야기를 나누다가 자신과 똑같이 잔뜩 긴장하고 있다는 사실을 알고 조금은 마음을 놓게 되었다. 클로이는 로스앤젤레스에 있는 학교들은 유독 경쟁이 치열하다고 말했다. 이곳은 물질적 가치를 중시하는 분위기가 강할 뿐 아니라 '주위에 부자도, 예쁜 사람도, 똑똑한 사람도 많아서 자신은 뭐 하나 괜찮은 게 없다고 생각하며 살기 쉽다'고 했다. 자신이 부족하다고 느끼면 자기 가치를 증명하기 위해 다른 사람을 이겨야 한다고 생각하게 된다.

냉혹한 현실은 인간관계를 무너뜨리고 사람들의 정신 건강을 위기에 빠뜨린다. 팬데믹 사태로 사람들이 고립되기 전에도 외로움을 느낀다고 응답한 10대의 비율은 2012년 18퍼센트에서 2018년 37퍼센트로 두 배 넘게 증가했다.[5] 비록 아이들이 집에서는 잘 보호받는다 하더라도 친구들과 치열히 경쟁하다 보면 자신의 가치를 입증해 줄 사람을 잃고 소속감도 느끼지 못할 가능성이 높다. 고도로 경쟁적인 환경 속에서 우정은 거래 관계로 변질되고, 그런 양상이 대학과 직장까지 계속 유지될지도 모른다. 《스탠퍼드 데일리》는 한 재학생의 말을 그대로 인용해 다음과 같이 보도한 적이 있다. "이곳의 문화는 가능한 한 빨리 원하는 곳에 도달하겠다는 마음을 기본으로 하고 있어요. 그 길에서 친구를 사귈 수 있다면 정말 멋지겠죠. 하지만 필요가 없을 때는 또 언제든 버릴 수도 있는 거죠."[6]

친구에게 중요한 사람

매터링은 가정에서 부모나 다른 가족이 나를 가치 있는 사람으로 대해주면 싹튼다. 하지만 가족이 아닌 사람에게도 의미 있는 사람으로 받아들여지려면 공동체 안에서의 역할 또한 매우 중요하다. 아이들에게 가족보다 큰 공동체는 기본적으로 학교다. 깨어 있는 시간의 대부분을 보내는 곳이며 정체성을 형성하는 데 큰 역할을 하는 곳이기도 하다. 미국 청소년 건강에 관한 종단 연구에서는 7학년에서 12학년까지 학생 3만 6000명 이상을 대상으로 청소년기 행복에 영향을 미치는 요인을 조사한 적이 있다. 심리학자들은 연구를 통해 청소년들이 스트레스, 식이 장애, 자살 충동을 덜 겪을 수 있었던 가장 큰 요인은 가족 간의 유대감이라는 사실을 발견했다. 또한 학교에서 느끼는 소속감 역시 약물 남용, 이른 성 경험, 음주 운전으로 인한 사고 위험에서 아이들을 보호해 주는 것으로 밝혀졌다.

부모와 마찬가지로 또래 친구도 청소년의 정신 건강과 행복을 보호해 주는 요인이다. 고든 플렛도 아이들이 성장할수록 "중요한 존재로 받아들여지고 싶은 욕구를 또래 친구가 채워주는 경우가 점점 더 많아진다"라고 언급한 바 있다.[7] 서로 매터링 감각을 채워주면서 친구 관계 역시 돈독해지는 것이다. 청소년기 아이가 '내게 중요한 사람에게 나 역시 중요하게 받아들여진다'는 걸 알면 마음이 안정되고 행복을 느끼는 반면, 외로운 환경에 놓이면 우울, 불안, 약물 남용처럼 심각한 문제에 빠질 위험성은 커진다.

정말 좋은 친구가 딱 한 명만 곁에 있어도 해로운 외로움에서 벗어나 적극적으로 학교생활을 해나가며 자존감도 높아진다. 초등학교에서 중학교로 올라가는 학생 365명을 대상으로 행복감과 학업수행 능력에 미치는 영향을 조사했더니, 두 가지 핵심 요인이 발견되었다.[8] 첫 번째는 또래 친구들의 인정이었고 두 번째는 적어도 한명 이상의 좋은 친구가 있는지였다. 이 조사 결과를 놓고 연구자들이 내린 결론은 다음과 같았다. 소속감을 느끼는 학생은 교실에서 위험 요소를 찾으며 불안해하지 않기 때문에 학교 공부에 집중할 수 있고, 이는 성적 향상으로 이어졌다.

또한 청소년기에 맺은 좋은 친구 관계는 우리 인생에 장기적인 영향을 미친다. 10대를 대상으로 한 연구에서 자신의 별난 성격을 비롯해 모든 것을 알고, 뭐든 함께하는 걸 좋아하는 사람과 친구로 지내면 무조건적으로 내 가치를 확인받고 싶은 욕망이 상당 부분 채워진다는 사실이 확인되었다. 이를 통해 자신이 친구에게 중요한 존재라고 느끼는 것과 행복은 직접적으로 연결된다는 사실도 드러났다.

버지니아 대학교가 실시한 한 종적 연구에서는 15세에 친한 친구가 있는 학생은 친한 친구가 없는 또래보다 10년 뒤 25세가 되었을 때 사회 불안 장애와 낮은 자존감, 우울 증상을 겪었다고 응답한 비율이 훨씬 적다는 사실을 확인했다. 연구자들은 이 결과에 대해 친한 친구가 있던 학생은 인생 전반에 걸쳐 서로 협력 관계를 잘 맺고 유지할 준비를 갖췄기 때문이라고 설명한다. 그에 반해 청소년기에 다양한 사회관계를 경험했지만 좋은 친구 관계를 맺지 못한 사람은 20대 중반이 되었을 때 불안을 느끼는 수준이 더 높았다.[9]

안전한 관계 맺기가 아이들의 매터링 감각을 높여준다는 사실을 알아도 부모가 아이의 인간관계를 직접 통제하기란 불가능하다. 아이가 언제 다른 사람의 경쟁 상대가 될지, 경쟁을 부추기는 당사자가 될지 알 수 없다. 아이가 어떤 수업에 참여하지 못했거나 공연의 최종 명단에 들지 못했거나 파자마 파티에 초대받지 못했을 때, 우리가 할 수 있거나 해야 하는 일은 아무것도 없다. 하지만 친구 관계가 무척 중요하다는 것과 다른 무엇보다 우선시할 가치가 있다는 것은 알려줄 수 있다. 경쟁과 단절을 조장하는 환경에서 우리는 유대의 가치를 가르쳐야 한다. 그리고 다른 사람에게 의지할 수 있고, 친구들끼리 서로 도와주는 관계가 얼마나 좋은지도 알려주어야 한다.

"도와달라고 말하느니 차라리 물에 빠져 죽는 게 낫겠다고 생각했어요." 본 아노아이는 처음 전학 왔을 때 그런 마음이었다고 했다. 경쟁이 치열한 공동체에 사는 부모들이 그런 것처럼 아이들도 자신의 사회적 지위를 보호하기 위해서는 남에게 나약한 모습을 보이거나 다른 사람의 성공을 축하해 줘서도 안 된다고 생각할지도 모른다. 부모 역시 양육의 궁극적인 목표는 아이가 누구에게도 의존하지 않는 독립적인 성인으로 자라게 하는 것이라고 들었기 때문에 아이에게 사회관계의 가치를 알려주는 대신 독립성에만 더 집중할 수도 있다.

나는 필라델피아 아동 병원 소아청소년과 전문의인 케네스 R. 긴즈버그Kenneth R. Ginsburg와 이야기를 나누다가 문득 깨달음을 얻었다. 누군가의 이득이 곧 나의 손실이라는 제로섬 개념에서 벗어나면 아이에게 도움을 줄 다른 길이 분명 존재한다는 생각이었다. 물론 아이의 독립심을 키워주는 것도 중요하다. 하지만 아이의 매터링 감각을 키워주고 싶다면 반드시 가르쳐주어야 할 더 큰 교훈이 있다. 그것은 '어떻게 독립적인 사람이 될 것인가, 그리고 어떻게 하면 건강한 방식으로 타인에게 의지하고 타인이 내게 의지하게 할 것인가'를 알려주는 것이라는 생각이 들었다. 미국 곳곳을 돌아다니며 인터뷰하면서 나는 경쟁하는 환경에서도 잘 성장하는 아이들의 주변에는 제로섬 사고방식을 적극적으로 밀어내는 어른이 있다는 사실을 알게 되었다. 그들이 부모든, 코치든, 선생님이든 아이가 반 친구들을 격려하고, 팀을 위해 자신을 희생할 줄 알고, 친구를 돕고, 반대로 도움이 필요할 때는 요청할 수 있게 옆에서 잘 거들어주었다. 그리고 또래 친구와 경쟁하면서 생기는 불편한 감정을 외면하지 않고 다스리도록 도와주기도 했다. 서바이벌 게임 같은 경쟁에 대비해 아이를 준비시키기보다는 독립적인 태도를 기르는 데 집중한 것이다.

생각을 눈에 보이게 하자

2021년 봄, 나는 본과 클로이를 직접 만나 친구 관계에 대한 이야기를 듣고 약간 놀랐다. 두 아이 모두 예전에 불안하고 외로운 감정을 느낀 적이 있다고 말했지만, 이제는 그런 모습이 전혀 눈에 띄지 않았다. 서로의 특이한 성격과 버릇을 잘 아는 듯, 두 아이는 상대가 한 말을 받아서 대신 끝맺기도 하고 자주 웃으며 인터뷰를 이어갔다. 수영 선수이자 함께 신문 편집부 활동을 하는 티아 르몬이라는 또 다른 친구도 인터뷰에 합류했다. "티아는 엄청 의욕적이에요", "클로이는 도움이 되는 말을 잘해줘요", "본은 의리가 끝내줘요". 이렇게 세 사람 모두 스스럼없이 서로의 장점을 인정하거나 칭찬했고, 자주 고맙다고 말했다. 세 사람은 서로를 편하고 가깝게 여겼다. 다들 배려심이 많아서 자기가 다른 친구보다 말을 더 많이 했다고 생각되면 얼른 바통을 친구에게 넘겼다. "클로이, 이 얘기는 네가 해.

사회적 비교는 네가 항상 관심 있어 하던 주제잖아."

도대체 아이들에게 무슨 일이 있었던 걸까? 신문 편집부에 남아 있으려면 능력을 증명해야 한다고 생각하며 경쟁심 가득한 마음으로 편집부실에 들어섰던 아이들이 어떻게 이렇게 달라질 수 있지? 세 명 모두 집안 분위기와 환경은 아주 원만해 보였다. 부모님이 무조건적으로 자신을 사랑해 주고, 체육관까지 차로 태워주고, 걱정거리가 있으면 시간을 내 잘 들어준다고 했다. 별것 아닌 말에도 잘 웃고, 자기 내면에 대해서도 충분히 고민하는 모습을 보니, 원래 성격이 좋고 다정다감한 아이들이라는 생각도 들었다. 그리고 세 명 모두 학교가 강조하는 '협동 문화'에도 꽤 익숙한 듯 보였다. 그런데 뜻밖에도 세 아이들이 모두 신문 편집부 활동을 하고부터 마음가짐을 바꾸게 되었다고 말했다. 아이들의 관계가 이처럼 달라진 건 무엇 때문이었을까?

본은 테일러 선생님이 만들어준 신문 편집부 분위기 덕분에 친구들과 잘 지내는 것 같다고 먼저 입을 열었다. 25년간 교사로 근무한 크리스틴 테일러 선생은 학생이 더 나은 성과를 내도록 격려와 응원을 적절히 해주면서 10년 가까이 신문 편집부 활동을 지도하고 있었다. 처음 이곳을 맡을 때만 해도 《디 오라클》 편집부는 일주일에 한 번 회의를 하고, 일 년에 한두 번 종이 신문을 발간하는 활동만 했다. 하지만 그때도 테일러 선생은 학교 신문이 학생들에게 팀 활동과 협동심, 지역 사회와 시민 정신을 가르치는 좋은 도구라고 생각했다. 테일러 선생의 지도로 온라인 신문은 전국 단위의 권위 있는 상을 여러 차례 받을 정도로 성장했다.

아이들이 경쟁하면서 친구 사이가 멀어지는 모습을 자주 보았던 테일러 선생은 편집부 내부에서 생길 수 있는 신경전을 잘 관리하기 위해 의도적으로 노력했다. 가까운 사이더라도 서로 경쟁해야 하는 환경에 놓이면 다들 긴장할 수밖에 없다. 특히 똑같은 목표를 놓고 다툴 때 모두가 이 문제를 터놓고 말할 수 없는 상황이 되면 스트레스는 더 심해질 수밖에 없다고 생각했다. 그래서 테일러 선생은 어떤 학생의 글에 고칠 부분이 있으면 솔직하게 얘기해 주는 것은 물론, 편집부 내부의 역학 관계에 관해서도 망설이지 않고 대화한다고 했다. 또한 아이들이 느끼긴 해도 정확히 설명하기 힘든 감정의 실체에 대해서도 자주 이야기하려고 했다. 예를 들면 자신이 쓴 초고가 어설프다고 생각해서 느끼는 부끄러움이나 서로 편집장이 되고 싶어 다투는 아이들 간에 생기는 긴장감 같은 것을 일부러 화제로 삼았다. 선생은 아이들이 남보다 잘하기 위해 애쓰는 모습에 '시기'의 감정이 깔려 있다는 것도 잘 알고 있었다.

사회적 비교는 인간의 자연스러운 모습이지만, 제대로 살피지 않으면 사람을 무척 외롭게 만들기도 한다. 남을 시기하는 마음은 매터링 감각을 갉아먹는다. 시기, 질투가 그토록 치명적인 것은 다른 사람의 뭔가를 부러워한다는 건 내게 그 부분이 결핍됐음을 드러내는 것이기 때문이다. 사람들이 다른 어떤 감정보다 시기하는 감정을 느끼고 싶어 하지 않는다는 건 여러 실험으로 드러난 바 있다. 부끄럽다는 마음이 들면 다른 사람에게서 도움을 받기가 더 어려워지고,

힘든 일이 있을 때 위로해 줄 관계를 스스로 망칠 수도 있다. 그래서 테일러 선생님은 학기 초 제일 먼저 학생들에게 신문 편집부가 존재하는 이유부터 분명히 설명하고 그 부분을 이해하도록 강조한다. 아처여자중고등학교는 민주주의 국가의 축소판이며, 신문 편집부 활동으로 언론의 역할에 대해 함께 배우고 실습하는 게 공동 목표라고 설명한다. 신문 편집부는 개인이 글짓기상을 받기 위한 곳이 아니라 서로를 도와 최고의 신문을 만들기 위한 단체라는 것이었다. 또한 좋은 신문을 만들기 위해서는 기사 작성, 편집, 사진 선별, 교정 등이 모든 과정에서 각자가 맡은 역할을 잘해야 한다는 것을 알려준다.

아처여자중고등학교에 관해 조금만 살펴봐도 이 학교가 학생 간의 끈끈한 유대감과 서로를 돕는 문화를 강조한다는 걸 금세 알 수 있었다. 실력 있는 학생들이 모인 학교에서 경쟁은 피할 수 없는데, 이 학교의 교직원은 이 부분에 정면으로 대응하고 있었다. 학생들에게 야망을 품고, 동시에 배움을 즐길 줄 아는 사람이 되라고 장려한다. 야망이란 본래 사람을 긴장시키고 즐거움을 희생해 얻는 것이기에 처음에는 나도 이 말이 매우 역설적이라고 느꼈다. 하지만 '목적의식이 있고 균형 잡힌 야망은 좋은 것'이라는 게 이 학교에서 강조하는 부분이라는 걸 이해하게 되었다. 학교의 교장 선생과 교감 선생은 다른 교직원들과 마찬가지로 사무실에 반려견을 데리고 왔는데, 학교를 좀 더 즐거운 곳으로 만들기 위해서라고 했다. 교사들은 학생들의 이름을 부르며 한 사람 한 사람을 따뜻하게 맞아주었다. 복도에서는 웃음소리가 끊이지 않았고 교실에서는 무척 계획적이고 의도적인 활동이 이뤄지고 있었다.

교사들도 서로 협력하는 모습을 보이고, 새로운 아이디어와 영감을 얻을 수 있도록 공개 수업을 자주 한다고 했다. 교장 선생은 이를 '수업 회진'이라고 불렀는데, 병원에서 신참 의사와 경험 많은 전문의가 함께 회진을 도는 모습과 비슷하기 때문이다. 또 다른 교육 철학은 '생각을 눈에 보이게 만들자'로, 바로 테일러 선생이 편집부 내부에서 실천했던 것이다. 교사와 코치는 아이들의 매터링 감각을 키워주는 데 매우 중요한 역할을 한다는 사실을 여기서 또 한 번 느낄 수 있었다.[10]

테일러 선생이 이끄는 편집부는 아처여자중고등학교가 지향하는 문화를 가장 잘 보여주는 사례다. 본은 학생들 간에 연결 고리를 만들고, 혼자 모든 걸 처리할 수 있다는 착각을 없애려는 선생님의 끈질긴 노력에 무척 놀랐다고 말했다. 매주 한 번 편집부 회의를 할 때 테일러 선생은 학생들이 서로가 보여준 긍정적 영향을 칭찬하도록 했다. 소위 '사랑 나누기' 연습이었다. 기사를 쓴 사람은 자기 글을 손봐줘서 고맙다며 편집자를 호명하고, 편집자는 그 주에 취재 팀이 좋은 기삿거리를 조사해 왔다며 칭찬하는 식이었다. "그러고 나면 곧바로 분위기가 아주 밝아져요. 기분도 정말 좋아지고, 모두가 더 행복해지죠." 본이 말했다. 다시 말해, 테일러 선생은 학생에게 소속감을 불어넣어 주는 유익한 수단으로 매터링을 활용하고 있었다.

테일러 선생은 학생들이 친구들한테서 칭찬 쪽지를 받아 등에 붙이도록 할 때도 있었다. "그냥 가만히 앉아서 칭찬을 들었을 때 느낀 좋은 감정을 마음껏 누리라고 해요. 그리고 쪽지를 노트에 붙여놨다가 힘들고 우울한 날, 친구들이 해준 좋은 말들을 다시 한번 들여다보라고요." 테일러 선생이 말했다.

편집부에서의 생활은 본의 마음을 바꾸었다. 본은 편집부 회의실이 어느 곳보다 안전한 장소라고 느꼈다. 그곳을 '유토피아'라고 불렀고, 거기서는 자신의 완벽주의 성향도 많이 누그러진다고 생각했다. "예전의 저는 남들에게 칭찬받을 만한 사람이 되기 위해 완벽해져야 하고, 중요한 역할을 해야 한다고 생각했어요. 하지만 편집부에 들어온 뒤로는 작은 일에도 칭찬받을 수 있다는 걸 알게 됐죠. 기사 편집을 도와준다거나 친구를 응원해 주는 행동이요." 또한 본은 제대로 된 협동을 경험한 후로 자신의 취약점을 드러내도 괜찮다는 걸 배웠다. "사람들에게 완벽하게 보이려면 감정을 드러내선 안 된다고 생각했어요. 하지만 여기서는 도움이나 응원이 필요할 때 손을 뻗는 법을 배웠어요." 배구 선발팀에 있을 때와 달리 편집부에서는 다른 아이들 모두와 경주하는 것 같지 않다고 했다. 대신 테일러 선생님은 학생 각자가 지금보다 나은 사람이 되도록 자극을 준다고 말했다.

클로이, 본, 티아는 팀워크가 동기부여로 작동할 수 있다는 것과 시기심이 선한 힘으로 바뀔 수 있다는 것을 깨달았다. "장기 프로젝트가 있거나 써야 하는 에세이가 있을 때 티아가 '나 도입부랑 첫 단락은 벌써 썼어'라고 말하면 나도 얼른 시작해야겠다는 생각이 들거든요. 저희는 서로에게 자극이 되는 것 같아요." 본이 말했다. 까다로운 기사를 써야 하거나 뉴스 속보를 내보내야 할 때처럼 뜻하지 않은 일이 생길 때, 티아와 클로이는 본이 많이 불안해할 것을 안다고 했다. "얘들이 저를 너무 잘 아니까, 제가 힘들어할 때 저를 도와주러 와요." 이 아이들의 관계는 신문 편집부 안에만 머물지 않았다. 세 사람은 매일 밤 서로에게 수없이 전화를 걸거나 문자를 주고받는다고 했다.

그런데 11학년 봄 학기가 되었을 때, 아이들은 좀 곤란한 상황을 마주하게 되었다. 다음 학기 학생 대표를 뽑을 시기가 되자, 신문 편집부에서도 새 편집장을 뽑아야 했던 것이다. 편집장으로 뽑히려면 몇 가지 힘든 과정을 거쳐야 했다. 먼저 여러 가지 도덕적 딜레마에 빠졌을 때를 가정해 어떤 결정을 내릴지 논술해야 했고, 문법 테스트와 편집 기술도 검증받아야 했다. 안 그래도 바쁜 시기에 후보자로서 준비해야 할 게 꽤 많았기에 그 자리를 정말 원하지 않으면 할 수 없는 일이었다. 세 사람은 모두 편집장이 되고 싶어 했다. 본은 당시를 떠올리며 이렇게 말했다. "결국에는 우리 중 한 명만 편집장이 될 거라는 걸 알고 있었어요."

도움받는 것은 지극히 정상적인 일

학기 초 테일러 선생은 편집부 활동을 시작할 때 매번 학생들을 모아놓고 토론하는 자리를 만드는데, 글에 대한 피드백을 받는 게 감정적으로 얼마나 힘든지에 대해 이야기를 나눈다고 했다. 이때 고학년 학생들을 불러 "처음 쓴 기사에 코멘트를 받았을 때 기분이 어땠지?", "취재하고 기사를 쓰는 방법을 어떻게 배웠고, 피드백은 어떤 면에서 도움이 되었나?"라는 질문에 각자의 경험을 이야기해 달라고 부탁한다. 한 선배는 이런 얘기를 했다. "세상에, 난 처음 피드백을 받았을 때 바보가 된 것 같아서 기분이 정말 안 좋았어. 그러다 어느 순간 편집자가 나를 도와주려 한다는 걸 깨달았지." 이런 이야기를 하고 나면 아이들이 눈에 띄게 안심한다고 테일러 선생은 말했다. "조언해 달라고 부탁하는 것도, 그걸 받아들이는 것도 얼마나 큰 용기가 필요한 일인지 아이들에게 얘기해요. 이렇게 선배의 경험담을 듣고 나면 아이들이 편집부 생활에 좀 더 쉽게 적응하는 것 같아요."

이처럼 도와달라고 말하고, 다른 사람의 조언에 의지하고, 자신이 도움받을 가치가 있는 사람이라고 느끼는 것은 우리의 가치를 다른 사람의 가치와 결합하는 가장 실질적인 방법이다. 하지만 경쟁이 치열한 환경에서 도움이 필요하다고 인정하는 것을 스스로가 무능하다는 뜻으로 받아들이는 아이들도 꽤 많다. 그토록 많은 청소년이 속이 다 망가질 때까지 혼자 힘들어하는지 우리가 미처 알아차리지 못하는 것도 이 때문이다.

처음부터 뭐든 잘하던 아이는 도와달라고 말하는 일을 특히 더 어렵다고 느낀다. "우리 가족은 늘 응원을 아끼지 않아요. 그리고 필요한 게 있으면 언제든 말하라고 해요. 하지만 저는 원래부터 굉장히 독립적인 사람이거든요. 그리고 제가 똑똑하고 능력이 있다는 걸 저 자신과 주위 사람들에게 증명하고 싶은 마음도 늘 있고요." 티아가 말했다. 재능 있는 친구들이 곁에 너무 많으면 약한 모습을 보이는 게 어려운 정도가 아니라 사실상 불가능하다고 느낄 수도 있다. 아무도 그러는 사람이 없는데, 어떻게 나만 도와달라는 말을 할 수 있겠는가? "그러다 보니 도와달라고 부탁하는 일이 부끄럽다는 생각을 갖게 됐어요."

클로이도 마찬가지였다. 신문 편집부에 들어와 처음 글을 썼을 때, 클로이는 교정된 원고를 받아 들고 무척 당황했다. "평소 저는 제가 글을 잘 쓴다고 생각했거든요. 글 쓰는 걸 좋아하기도 했고, 제가 잘하는 일이라고 믿었어요. 그리고 아처 같은 학교에 들어왔으니, 이런 재능이 있다고 자신감을 갖는 게 특히 중요했거든요." 그런데 처음으로 돌려받은 원고에는 편집자의 코멘트가 빽빽이 적혀 있었다. "아, 정말 싫었어요." 그러나 클로이는 테일러 선생의 지도로 다른 사람의 조언을 받아들이는 연습을 했고, 그렇게 자기 글이 변할 수 있다는 걸 깨달았다. "자신을 적극적으로 드러내는 게 사실은 저를 더 나아지게 하는 일이라는 걸 알게 됐어요. 그러면서 생각도 많이 바뀌었고요."

클로이는 피드백을 받아들이면서 다른 사람과의 관계도 더 좋아졌다고 했다. "편집부 친구들과 나누는 말과 태도가 제 삶의 다른 부분까지 물들여 놓은 것 같아요. 그래서 이제는 다른 친구들과도 '너라면 내게 괜찮은 조언을 해줄 거라고 믿어', '난 아직 이 상황이 불편하지만, 넌 이번 일로 많은 걸 배울 수 있을 거야' 같은 말을 할 수 있게 됐어요." 클로이는 매주 다른 사람의 의견을 청하고 자신의 의견을 내놓는 경험을 했더니 스스로가 나약하다는 느낌이 오히려 덜

들어 신기하다며 이렇게 말했다. "가까운 사람들에게서 좋은 얘기를 많이 들으니까 자신감이 더 생기는 것 같아요. 이제는 언제든 조언해 달라고 부탁하고 그것을 받아들일 수 있을 것 같아요."

본은 원래 언론 분야에 관심이 많았지만, 글쓰기 때문에 신문 편집부 일을 계속하는 건 아니고 했다. 편집부의 다른 친구들을 좋아하는 걸 넘어 존경하게 되었고, 함께 있는 것만으로도 행복하다고 했다. 그러니까 단순히 대학 입시에 유리하도록 이력을 만들려고 편집부 활동을 하는 게 아니라는 뜻이었다. 세 아이들은 함께 일하고 싶어 했다. 그게 재밌기 때문에, 그리고 좋은 친구 관계를 만들 수 있기 때문이었다. 스스로를 완벽주의자라고 했던 본이 이런 말을 했다. "저는 저 자신에게 진짜 냉정해요. 하지만 저를 도와주는 친구들 덕분에 매일 느끼던 불안감이 많이 사라졌어요."

경쟁이 심한 문화는 아이가 마치 혼자 모든 걸 다 처리할 수 있는 척, 자립심 강한 모습만을 보이도록 강요하는 경향이 있다. 그렇기에 아이가 자기 삶에 다른 사람이 들어오게 하는 방법을 가르쳐주는 건 아이에게 매우 좋은 일이다. 가정에서 부모가 먼저 약한 모습을 스스럼없이 드러내고 본보기를 보일 때, 그리고 집에서만큼은 어떤 감정도 부끄러워하지 않아도 된다고 인식시켜 줄 때 아이들은 안심한다. 테일러 선생이 그랬던 것처럼 가정에서도 도움을 청하는 일에는 많은 용기가 필요하다는 사실을 아이들에게 알려줘야 한다. 그리고 용기를 냈지만 생각처럼 되지 않을 때는 언제든 가족이 아이를 지켜줄 거라는 확신을 주어야 한다. '친구가 어려움에 처했을 때 도와주는 게 우리의 의무인 것처럼 힘들 때 도움을 요청하는 것도 우리의 의무'라는 사실을 알려주면서 타인을 배려하는 마음이 하나의 사이클처럼 어떻게 돌고 도는지 가르칠 수 있다.

이런 분위기를 일찍, 그리고 자주 만들어주는 건 어른들의 몫이다. 나 역시 우리 아이들에게 내가 작가로 일하면서 도움이 필요할 때가 얼마나 많은지, 그리고 내가 이룬 성과지만 거기에 다른 사람이 주는 도움이 얼마나 큰지 자주 강조하곤 한다. 한번은 캐럴라인이 글쓰기 과제를 하며 한참 애쓰고 있기에 얼마나 힘들지 안다며 위로한 적이 있었다. 그러자 딸아이는 "글 쓰는 일이 직업인 엄마가 어떻게 제 기분을 알겠어요?"라며 퉁명스러운 반응을 보였다. 그래서 나는 아이를 내 책상으로 불러 컴퓨터에 저장된 파일 하나를 열어 보여줬다. 초창기에 《워싱턴 포스트》의 과학 면에 신기 위해 쓴 기사의 첫 교정본 파일이었는데, 온통 다 빨간 글씨로 표시되어 있었다. 그걸 보더니 캐럴라인의 눈이 휘둥그레졌다. "세상에, 그동안 엄마한테 계속 기사를 쓰게 맡긴 것도 신기할 정도예요."

"엄마는 정반대 뜻으로 받아들였어. 경험 많고 노련한 이 편집자가 내 글에 이렇게까지 힘들게 표시해 준 건, 나한테 그럴 만한 잠재력이 있기 때문이라고. 나한테 자신의 시간을 투자한 거라고 생각했어." 나는 대답했다. 부모가 보인 약점의 본질이 무엇인지 아이가 알고 있는가? 부모가 좌절하고 실패한 모습을 아이가 본 적이 있는가? 부모가 도움을 받아들이는 모습을 아이가 보았는가? 우리는 이런 것들을 스스로 질문해 볼 필요가 있다.

속마음 드러내기

모든 아이가 본, 티아, 클로이처럼 생각이 깊은 친구들과 함께 생활할 수 있는 건 아니다. 하지만 경쟁으로 생겨난 불편한 감정을 아이가 겉으로 끄집어내 사람과의 관계에서 더 건강한 선택을 하도록 가정에서 부모가 도와줄 수는 있다. 나는 뉴욕에 사는 앨리슨이라는 어머니와 함께 딸 케이트에 관해 이야기를 나눴던 일을 기억한다. 케이트는 초등학교 내내 멀리사라는 아이와 친하게 지냈다고 한다. 두 아이는 방과 후 활동도 같이 하고, 저녁에는 영상 통화를 하면서 함께 숙제를 했고, 매주 금요일과 토요일 저녁은 늘 둘이 함께 시간을 보내곤 했다. 둘은 가족 문제, 학교에서 벌어진 일, 반 친구 사이에 생긴 사건처럼 모든 일을 털어놓고, 힘든 일이 있을 때는 서로에게 의지했다.

그렇게 주로 함께 놀며 시간을 보내던 아이들이 8학년이 되면서 갑자기 분위기가 이상해졌다. 케이트와 멀리사는 학교 연극의 주인공 역할을 놓고 오디션을 보았고, 같은 축구팀에 입단 심사를 봤고, AP 수학반에 지원해 테스트를 보았다. 멀리사의 부모는 멀리사에게 자신들처럼 아이비리그에 입학하려면 본격적으로 공부를 시작해야 한다고 말했다. 그래서 방과 후 활동도 다른 친구들이 하는 걸 따라 하지 말고 라크로스 클럽처럼 제대로 된 활동을 하라고 했다. 멀리사는 그냥 잘하는 정도가 아니라 반에서 제일 잘하는 학생이 되어야 했다. 선생이 과제를 돌려주면 멀리사는 곧바로 케이트를 보며 몇 점 맞았냐고 물었고, 둘 중 한 사람이 더 높은 점수를 받으면 남은 하루 동안은 두 사람의 관계가 영 서먹해지곤 했다. 케이트는 멀리사와 계속 친하게 지내고 싶은 마음과 갑자기 생긴, 친구를 이기고 싶은 마음 사이에서 갈피를 잡지 못했다. 두 아이는 자신들의 평판과 지위를 얻고자 상대를 헐뜯었고 다른 아이들한테까지 둘이 라이벌 관계인 게 소문이 나기 시작했다.

케이트는 집에 있을 때도 눈에 띄게 불안해 보였고, 앨리슨 역시 마음이 편치 않았다. 딸이 이기게 하려는 멀리사 부모의 행동들이 눈에 보이자, 앨리슨도 은근히 경쟁심이 생겼고, 케이트가 지지 않게 나름의 방법을 찾아보게 되었다. 8학년들이 참여하는 뮤지컬 오디션을 미리 준비하기 위해 발성 수업을 알아보고, 평소 케이트가 B+를 받던 수학 과목에 과외 교사를 붙여주기도 했다.

그러다 둘 사이가 제대로 갈라지는 사건이 벌어졌다. 어느 날 밤 케이트가 인스타그램에서 멀리사가 자신은 쏙 빼놓은 채 다른 친구들을 초대해 생일 파티를 하는 사진을 보게 된 거였다. 케이트는 충격을 받았다. 소셜 미디어가 없을 때는 파티에 초대받지 못했다는 사실을 나중에나 알 텐데, 요즘은 초대받지 못한 파티 장면을 실시간으로, 그것도 아주 생생히 볼 수 있다. 케이트는 친구에게 거부당했다는 사실이 너무 가슴 아팠다. 두 사람이 더 이상 친한 관계가 아니라는 게 공식적으로 드러난 순간이기도 했다. 케이트는 학교에서 수업을 들어도 내용이 귀에 들어오지 않았고, 집에서 식사도 자주 걸렀다. 앨리슨은 딸을 도우려면 케이트의 '인터넷 세상'을 좀 더 진지하게 다루어야 한다는 걸 그제야 깨달았다.

앨리슨은 딸의 방에 찾아가 이야기를 나눴다. 인스타그램에서 다른 친구들의 피드를 봤을 때 소외감이나 질투심을 느끼냐고 물었고, 케이트는 그렇다고 했다. 또한 당황스러운 감정과 배신감 같은 것도 든다고 했다. 케이트가 어떤 기분인지 충분히 이야기를 나눈 다음, 앨리슨은 최근 요가 수업에서 배운 자애 명상을 떠올렸다. 서로 감정이 좋지 않은 사람을 떠올리며 그 사람과 자기 자신을 위해 긍정적인 메시지를 보내는 명상법인데, 케이트도 한번 해보면 좋을 것 같았다. 두 사람은 벽에 등을 기댄 채 바닥에 앉아 큰 소리로 말했다. 자신과 멀리사 모두를 위해 "당신이 안전하길 빕니다. 당신이 건강하고 단단해지길 빕니다. 당신이 행복하길 빕니다. 당신의 마음이 편안하고 평화롭길 빕니다"라고 말하며 행운을 빌어주었다.

앨리슨은 축복의 말이 마법처럼 모든 걸 치유해 주지는 않았지만, 함께 앉아 긍정적인 말을 나눈 것만으로도 힘든 감정이 조금은 나아지는 듯했다고 말했다. 두 사람은 힘든 감정을 불러일으키는 상황에서 벗어나는 방법에 관해서도 이야기를 나눴다. 케이트는 인스타그램에서 친구들이 파티하는 모습을 봤던 것을 떠올리고는 휴대폰의 인스타그램 앱을 지웠다. 힘든 감정을 어떻게 하면 자연스럽게 표현할 수 있는지 알아보면서 케이트는 당시의 상황을 더 잘 감당하게 되었다. 일 년 뒤, 케이트와 멀리사는 다시 예전처럼 조금씩 관계를 회복해 갔다.

케이트의 일로 앨리슨 역시 멀리사의 엄마에게 느끼는 불편한 감정들을 되돌아보게 되었다. 앨리슨은 자신에게 왜 그토록 경쟁하는 마음이 생겼는지, 케이트에게 정말 바라는 게 무엇이었는지 생각해 보았다. 분명 케이트가 잘되길 바랐지만, 멀리사 엄마처럼 최고의 자리에 오르기 위해 친구 관계가 망가져도 상관없다는 식으로 아이를 몰아붙이고 싶지는 않았다. 앨리슨은 자신에게 좀 더 중요한 역할이 있다는 것을 깨달았다. 사람과의 관계를 망치지 않도록 불편한 감정을 잘 다스려야 한다는 삶의 교훈을 딸에게 가르쳐줘야겠다는 생각이 들었다. 앨리슨이 케이트에게 알려준 것처럼 우리는 생각보다 질투심을 더 잘 소화하고 표출할 힘을 지니고 있다. 정신과 의사 로버트 콜스 Robert Coles는 이렇게 말했다. "질투심으로 결핍을 깨닫고 마음이 괴로워졌다면, 그때가 바로 자신을 되돌아볼 때인지도 모른다. 시기의 감정은 살면서 가장 필요한, '나는 진정 어떤 사람인가, 내가 삶에서 정말로 원하는 것은 무엇인가'라는 질문을 스스로에게 던지는 것이다."[11]

고등학교 생활에 관해 부모가 알아줬으면 하는 부분

- "다른 아이들과 계속 비교당한다는 느낌을 받아요. 그러면 내가 아무리 열심히 해도 충분하지 않다는 생각이 들고, 학교 공부에 친구들보다 한참 뒤떨어져 영원히 따라잡지 못할 거라는 마음이 들어요."
- "상위 1퍼센트 안에 드는 애랑 친하게 지내고 있는데, 힘든 게 한둘이 아니었어요."
- "친구 문제로 힘들 때는 제가 어떻게 하면 좋을지 부모님이 조언해 주면 좋겠다는 생각을 자주 해요."

• "고등학교에 와서 심하게 우울했고, 마음이 편한 때도 거의 없었어요. 고등학생이 되니 학교 친구들 사이에서도 너무 성적과 입시에만 신경 써요. 경쟁하는 분위기 때문에 그렇게 되었다고 생각해요."

건강한 경쟁

11학년 봄, 본은 《디 오라클》 편집장이 되기 위해 지원서를 작성했다. 지원서에는 예상했던 대로 담당 기자가 계속 마감을 어긴 상황을 가정해서 그럴 때 어떻게 할 건지 묻는 질문이 제일 먼저 등장했다. 그런데 마지막 질문은 좀 뜻밖이었다. 지원서의 제일 끝에는 "편집장이 되지 못한다면 어떻게 할 것인가?"라는 민감한 질문이 적혀 있었다.

테일러 선생은 그런 질문을 한 이유를 내게 설명했다. "꽤 오랫동안 아이들을 가르치고 교사로 일하면서 깨달은 가장 중요한 교훈 하나가 뭔지 아세요? '뭔가 난처한 일이 있을 때 못 본 척 덮어놓지 말자'는 거였어요." 테일러 선생은 본, 클로이, 티아에게서 지원서를 받자마자 다음과 같은 내용의 이메일을 보냈다. "너희처럼 재능 있고 뛰어난 실력의 학생들이 편집장 자리에 지원해 줘서 정말 기쁘단다. 하지만 너희도 알다시피 편집장은 한 사람뿐이고, 선생님도 한 사람만 뽑아야 해. 그래서 그 얘기를 좀 하고 싶었어. 너희는 모두 이것에 대해 어떻게 생각하니? 그 부분에 대해 너희끼리 이야기는 해봤니?"

본은 티아와 그 부분에 대해 직접적으로 이야기를 나누지는 않았다("저희끼리는 말없이 그냥 통하는 부분이 많아서 굳이 말로 할 필요를 못 느꼈어요"라고 본은 말했다). 하지만 클로이는 본에게 먼저 그 이야기를 꺼내 한참 동안 이야기를 나눴다고 했다. "편집장이 되는 건 우리 둘 다 10학년이었을 때 스스로 세운 목표잖아. 나는 아직 부족한 게 많지만, 그래도 당당히 나를 사람들에게 내보이자고 계속 속으로 말하는 중이야. 편집장에 지원한 것만으로도 나는 많은 걸 해낸 거라고 생각해." 클로이는 말했다. 클로이는 자신이 할 수 있는 한 최선을 다해 자기 자신과 겨뤄보는 데 초점을 맞추고 있었다. 경쟁 상대는 친구가 아니라 과거의 자신이었다.

물론 클로이와 본, 둘 다 자신이 편집장이 되지 못한다면 실망할 테지만, 그렇다고 편집부 일을 그만둘 생각은 전혀 없었다. 자신도 신문의 한 파트를 맡아 열심히 활동하면서 편집장이 된 친구를 도와주겠다고 마음먹었다. 본은 클로이와 그런 상황에 관해 이야기를 나누는 게 무척 도움이 되었다고 말했다. 둘 사이에 흐르던 긴장감이 사라진 듯한 기분이었다고 했다.

책을 쓰기 위해 자료 조사를 하기 전까지 나는 경쟁이 아이들에게 나쁘다고만 생각했다. 몇 년 전 아들 제임스의 농구 코치로부터 이메일을 받은 적이 있었다. 신체적·정신적으로 한층 성장하고 싶은 아이들을 위해 농구 '심화반' 수업을 운영한다는 내용이었는데, 의외의 문구가 시선을 끌었다. "기꺼이 자신의 한계에 도전하고, 다른 친구를 뛰어넘고 싶다면 이 프로그램이 적격입니다." 나는 그 문구를 다시 읽었다. "다른 친구를 뛰어넘는다고?" 바로 불쾌한 감정이 들었다. 고등학교와 대학교에서 서로 경쟁하다가 친구 관계가 틀어지는 경우를 많이 봤기 때문이다.

인터뷰할 때도 경쟁에 관한 주제만 나오면 재빨리 선을 긋는 듯한 부모들이 꽤 있었다. 나와 비슷한 생각을 지닌 부모들은 자신도 계속되는 경쟁과 압박으로부터 아이를 보호하기 위해 애쓴다고 말했다. 물론 정반대로 생각하는 부모도 있었다. 그들은 사회 분위기가 너무 나약해졌다면서 요즘 아이들이 응석받이로 자라고 있고, 충분히 강하지 못하다고 말했다.

그런데 테일러 선생의 생각은 달랐다. 경쟁이 본질적으로 나쁜 건아니라면서 경쟁에 관해 생각하는 방식이 건강하지 못할 때가 많다고 했다. 사람은 남과 자신을 비교하다가 자신에게 부족한 점이 보이면 질투의 감정을 느낀다. 그러면 뇌는 자신과 경쟁자 사이의 차이를 좁혀서 불편한 감정을 없애려고 시도한다. 이렇게 차이를 좁히는 데는 두 가지 방법이 있다. 시기심을 동기로 활용해 자기 수준을 다른 사람의 수준까지 끌어올리려는 모습을 보이는데, 우리가 '유순한 시기심benign envy'이라고 부르는 것이다. 아니면 질투심 때문에 경쟁 상대를 깎아내리거나 쓰러뜨리려고 할 수도 있는데, '악의적 시기심malicious envy'이라고 알려진 태도다. 경쟁이 도움이 될지 해가 될지는 시기심을 어떻게 쓰느냐에 달려 있다. 테일러 선생처럼 우리도 아이들이 악의적 시기심을 누르고 유순한 시기심을 선택하는 연습을 하도록 도와줄 수 있다.

악의적 시기심이 경쟁 관계를 제로섬 게임으로 보는 반면 유순한 시기심은 상호에게 도움이 되는 관계로 본다. 유순한 시기심을 느끼는 사람은 우리 모두가 잠재력을 발휘하려면 나에게는 다른 사람이 필요하고, 다른 사람에게는 내가 필요하다는 사실을 인정한다. 유순한 시기심은 이렇게 우리의 매터링을 더 단단하게 강화한다. 또한 경쟁을 내가 무엇을 획득하고 성취하느냐의 문제가 아니라 내가 어떤 사람이 되느냐의 문제로 바꾸는 것은 관계의 힘을 보여주는 일이기도 하다.

이는 연구 자료에서도 잘 드러난다. 이탈리아의 한 기관에서 1000명 이상의 청소년을 대상으로 경쟁 동기를 조사했더니, '상대가 나와 경쟁하지 않을 때도 나는 그 사람을 이기려고 노력한다'는 식의 제로섬 관점을 지닌 학생은 인간관계에서 문제를 겪고 있을 확률이 더 높게 나타났다.[12] 태머라 험프리Tamara Humphrey와 트레이시 베일런코트Tracy Vaillancourt가 이끄는 연구 팀이 캐나다 청소년 615명을 대상으로 실시한 또 다른 연구에서는 고등학교 입학 초기에 지나친 경쟁심을 표출했던 학생들은 12학년이 되어서도 직간접적으로 계속 공격성을 보인다는 사실을 발견했다.[13] 그런 학생들은 시간이 지나면서 공격적인 성향이 더 강해져 주위 사람들과도 잘 어울리지 못하는 것으로 드러났다. 또한 지나치게 경쟁적인 사람들은 우울, 불안, 스트레스, 자해 충동을 겪을 가능성이 높다는 연구 결과도 있었다. 베일런코트는 항상 이겨야 한다고 생각하며 사는 게 너무 힘들다고 말했다.[14] 세상에 늘 이기기만 하는 사람은 없기 때문이다. 그에 반해 설문에 참가한 학생 가운데 동급생을 '승자를 가로막는 경쟁자'로 보지 않고, 경우에 따라 자신의 발전을 도와주는 '협력자'로 보는 아이는 다른 사람과 더 건강한 관계를 맺고 있는 것으로 확인되었다. 소위 '상황에 따라 경쟁을 조절할 줄 아는 태도'는 높은 자존감과도 관련이 있으며, 이런 마음가짐을 지닌 청소년은 다른 사람의 행복에도 더 관심을 많이 기울이는 것으로 드러났다.

그렇다면 우리는 어떻게 아이들이 경쟁을 파괴적인 게 아닌 건설적인 것으로 재구성하게 할 수 있을까? 어떻게 아이가 자신을 먹고 먹히는 세상에 홀로 고립된 존재가 아니라 더 큰 세상의 일부로 보게 할 수 있을까? "모두가 네게 도움이 되는 사람이야"라는 식의 판에 박힌 말은 해답이 아니다. 치열한 환경에서 그런 태평스러운 말은 어떤 도움도 되지 않을 것이다. 우리가 질투에 솔직해질 때, 경쟁을 대하는 아이의 마음가짐에도 변화가 생길 것이다. 평소 우리는 "네 친구는 어느 대학에 지원했니?", "그 친구는 오늘 경기 때 어땠니?"처럼 아이의 경쟁심을 부추기는 말을 너무 자주 한다. 우리는 다른 사람과의 관계를 응원하는 질문을 하고, 경쟁 상대에게서 배울 점이 무엇인지 아이가 찾아보도록 가르칠 수도 있을 것이다. 그 아이의 장점은 뭐라고 생각하니? 그 친구들은 뭘 잘하니? 상대편 친구에 대해 인정할 만한 점이 무엇이니? 그 아이들이 어떤 방식으로 너와 함께할 수 있을까?

우리가 각자 되고자 하는 모습이 되기 위해 나도 타인을 필요로

하고, 타인도 나를 필요로 한다는 걸 인정하면 경쟁은 서로 간에 이득이 된다. 작가 사이먼 시넥Simon Sinek이《인피니트 게임》에서 언급한 '선의의 라이벌worthy rival'이란, 특정 분야에서 나보다 더 나으며 동시에 내가 가치를 두는 일을 더 잘할 수 있게 자극을 주는 사람을 가리키는 말이다.[15] 유명한 고전《테니스 이너 게임》에서 W. 티모시 걸웨이W. Timothy Gallwey는 큰 파도를 기다리는 서퍼를 예로 들어 설명했다.[16] 어떤 서퍼든 목표는 파도를 타고 해변까지 가는 것이다. 그렇다면 그들이 큰 파도를 기다리는 이유는 뭘까? 작고 쉬운 파도를 타면 해변까지 닿지 못하는 걸까? 걸웨이는 서퍼가 큰 파도를 기다리는 이것은 큰 파도가 상징하는 도전에 가치를 두기 때문이라고 말했다. 서퍼는 반드시 자신을 증명하거나 자존감을 높이기 위해 바다로 나온 건 아니다. 그가 바다로 나온 건 진정 자신의 역량을 탐구해 보기 위해서다. 걸웨이는 그걸 이렇게 설명했다. "서퍼가 자신이 가진 힘, 용기, 집중력을 모두 기울여야 하는 순간은 오로지 큰 파도를 만났을 때뿐이다. 그때에만 그는 자기 능력의 진정한 한계를 깨달을 수 있다." 큰 파도처럼 특별히 뛰어난 실력을 갖춘 라이벌은 나의 적이 아니라고 말했다. 그 사람은 나의 동맹이자 조력자이며, 내가 최고의 능력을 발휘할 수 있게 장애물을 만들어준 사람이라고 했다.

선의의 라이벌 역시 우리가 새로운 아이디어, 재능, 성취의 결과물에서 이득을 얻는다. 그렇기에 '라이벌인 친구가 나에게 배우고 싶고 자극이 된다고 생각할 만한 장점은 뭐가 있을까?'를 아이 스스로 충분히 생각해 보도록 돕는 것도 무척 중요하다. 내 경쟁자에게도 내

장점이 필요하다는 생각은 특히 여학생들에게 심어주는 게 중요한데, 여자아이들은 남자아이들보다 경쟁하는 상황을 더 힘들어하는 경향이 있기 때문이다. 남자아이들은 친한 친구 사이에도 경쟁하는게 익숙한 반면, 여자아이들은 목표를 이루기 위해 함께 일하고 협력하도록 사회화되어서 자신은 경쟁과 맞지 않다고 느낄 수도 있다.[17]

한 명문 학교에 다니는 6학년에서 12학년까지 여학생 60명을 대상으로 설문 조사를 실시했더니, 아이들은 자신의 포부를 공개적으로 드러내선 안 된다는 압박을 느꼈고, 그게 심리적으로 스트레스가 되었다고 대답했다.[18]

테일러 선생은 아처여자중고등학교에 있는 동안 이런 현상을 수도 없이 목격했다. 어떤 해에는 분명 편집장이 될 만한 자격이 충분한 아이들인데도 편집부 내 다른 자리만 지원한 적이 있었다. 친구와 경쟁하기 싫다는 이유로 꿈을 포기하지 말라고 이야기했지만, 아이들이 끝내 속내를 밝히지 않아 안타까웠다고 했다.

남자아이들은 종종 경쟁으로 자기 수준을 한 단계 높이 끌어올릴 수 있다고 배우는 반면, 여자아이들 사이의 경쟁에 대해서는 마치 악의로 가득 찬 진흙탕 싸움처럼 보는 선입견이 존재한다. 작가 로잘린드 와이즈먼 Rosalind Wiseman이 《여왕벌인 소녀, 여왕벌이 되고 싶은 소녀》에서 생생하게 그린 것처럼 "여왕벌과 그 애를 따르는 무리" 같은 시선으로 볼 때도 많다. 이런 이유로 다무르는 특히 여자아이들에게는 경쟁과 우정이 상충하는 게 아니라 '공존할 수 있다'는 메시지를 내면화하도록 도와주어야 한다고 말했다.[19] 그러기 위해 집에서 부모가 먼저 건강한 경쟁이 어떤 것인지 행동으로 모범을 보이는 게 좋다. 예를 들어 아이들과 게임할 때, 일부러 져주는 대신 우리는 선의의 경쟁하라는 신호를 보내고 아이가 머리를 써가며 이기기 위해 노력했을 때 응원해 주면 된다.

다무르는 딸들과 함께 올림픽 경기를 볼 때, 여자 선수들이 경기 중에는 서로 경쟁하다가도 결승선을 통과하자마자 어떻게 서로를 독려하는지 보라고 말한다. 우리는 미국을 대표하는 육상 선수 댈릴라 무하마드와 시드니 매클로플린에 대해서도 이야기를 나눴다. 두 사람은 좋은 선수가 되기 위해 서로에게 의지하고 있다고 한 인터뷰에서 밝힌 적이 있는데, 실제로 주요 대회에서 네 번이나 만나 함께 경기를 치르면서 서로의 신기록을 경신해 나갔다. 매클로플린은 무하마드를 이기려면 평소 자기의 달리기 스타일을 바꿔야 한다고 생각했다고 설명했다. 허들 사이를 15보에 뛰던 것을 14보로 바꾸는 훈련을 했고, 그러면서 결정적으로 시간을 단축할 수 있었다. "철이 철을 날카롭게 한 거라고 말하고 싶어요. 두 사람이 서로를 밀어주었기에 각자 최선을 다할 수 있었던 거죠."[20] 매클로플린은 말했다.

다른 사람을 시기하는 건 부끄러운 일이 아니라는 것, 그리고 올바른 마음으로 하는 경쟁은 무척 건강한 일이라는 것을 가르치는 게 요즘 같은 시대에는 어울리지 않은 듯 보인다. "경쟁하는 건 잘못된 게 아니에요. 전 경쟁을 좋아해요." 본은 그렇게 말한 뒤, 미리 선을 그어 한계를 정하는 게 중요하다고 덧붙였다. "저는 어느 순간 모두가 다른 길을 가고 있다는 걸 깨달았어요. 그래서 제가 경쟁하고 싶은 유일한 사람은 바로 저 자신이에요. 어제의 나보다 멋진 내가 되기 위해 매일 조금씩이라도 발전하는지, 나아지는지 생각해요. 그걸 친구들도 도와주고 있고요. 다른 사람의 성공을 도와준다고 제가 성공하지 못하거나 방해받는 건 아니란 걸 알게 됐어요."

친구의 성공은 곧 나의 성공

일단 편집장 지원서를 접수하고 난 뒤, 괴로운 기다림의 시간이 찾아왔지만, 세 아이는 서로에게 의지하며 인내했다. 본과 클로이는 사실상 수업이 거의 똑같았기에 하루에도 대여섯 번씩 전화를 걸어 프로젝트 수업과 과제에 관해 이야기를 나누곤 했다. 발표를 기다리느라 초조해져 어쩔 수 없이 "언제쯤 발표가 날까? 봄방학 하고 나면 알려주려는 걸까? 수업 시간 중에 알려주시려나?" 같은 얘기들을 자주 하게 되었다. 본은 배구 팀에 있을 때와는 다르게 "그 이야기를 정말 많이 했다"라고 말했다. 배구 팀에서는 선수들끼리 누가 더 오래 경기에 나가는지를 두고 경쟁하다 보니 그런 얘기는 서로 일절 하지 않았는데, 편집부 친구들과 있을 때는 그러지 않았다.

그렇게 몇 주가 흐르고 어느 늦은 저녁, 본은 숙제를 마치고 침대로 기어들어 갔다. 잠깐 TV 보면서 쉬려는데, 휴대폰에 이메일이 도착했다는 알림 메시지가 떴다. 현 편집장에게서 온 이메일이었다.

본은 이메일을 열었다. 그토록 바라던 편집장 자리에 자신이 뽑혔다는 소식이었다. 신이 난 본은 당장 아래층으로 뛰어 내려가 부모에게 그 소식을 알렸다. 친구들에게도 연락하고 싶었지만, 각자 이 소식을 받아들일 시간이 필요할 것 같아 잠시 참기로 했다. 편집장으로 선발된 건 기쁘면서도 동시에 괴로웠다. 하지만 10분도 채 안 돼 티아와 클로이에게서 축하 메시지가 왔다. "좋은 소식을 들으니 나도 정말 기뻐", "넌 정말 대단한 친구야", "우리 내년에 정말 좋은 팀이 될 것 같아". 본에게 편집장이 될 자격이 충분하다며, 조금도 시기하는 기색 없이 응원의 기운만 듬뿍 담은 메시지가 계속 도착했다.

"뽑히지 못해서 물론 속상하긴 했죠." 클로이는 말했다. 이후 클로이는 신문 사설을, 티아는 특집 기사를 각각 담당하게 되었다. 테일러 선생의 의도가 담긴 지도와 학생 간의 협력을 중시하는 아처여자중고등학교의 문화가 합쳐져 세 아이는 각자가 큰 무리의 일부라는 것, 공동체의 합은 개인보다 더 중요하다는 사실을 잘 이해하고 있었다. 이를 내면화한 덕분에 실망스러운 일이 생겼을 때 감정을 좀 더 쉽게 다스리는 듯했다. 아이들은 본이 정말 괜찮은 편집장이 되리라는 것, 클로이와 티아가 각자 맡은 역할을 훌륭하게 해내리라는 것을 알고 있었다. 세 친구는 모두 각자가 지닌 장점을 통해 도움을 받고, 함께 《디 오라클》을 최고의 신문으로 만들 터였다.

"마음속으로 '도대체 왜 내가 안 된 거야?' 이런 생각은 한 번도 해보지 않았어요." 클로이는 어떤 가식도 없이 확신에 찬 말투로 이렇게 말했다. "친구의 성공은 곧 제 성공이기도 하니까요."

CHAPTER 6

Mattering Matters

영향력 있는 아이로
키우는 방법

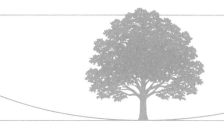

주도적인 성향은
누구든 지닐 수 있다

애덤은 손목시계를 확인했다. 오후 1시였다. 원래 영어 수업을 준비할 시간이었지만, 그는 워싱턴주에서도 웅장하기로 유명한 스노퀼미 폭포 위에 있었다. 애덤은 머리 위로 높이 솟은 침엽수들을 올려다본 뒤, 바위가 돌출된 곳으로 걸음을 옮겼다. 그리고 61미터가 넘는 발아래 낭떠러지를 내려다보았다. 짙은 안개가 시야를 가려 주위가 선명히 보이지 않았지만, 자신이 안전지대에서 완전히 벗어났다는 사실은 확실히 알 수 있었다.

폭포에서 요란하게 떨어지는 물소리를 들으면서도 열여섯 살 애덤은 자신이 마침내 첫 번째 임무에 참여하게 되었다는 사실이 잘 믿어지지 않았다. 그날 일찍 애덤은 수색 구조에 참여하기 위해 학교를 나왔다. 수업 도중 애덤이 휴대폰으로 걸려 온 전화를 받고 책상에 펼쳐뒀던 책들을 챙길 때, 선생님 표정이 그리 좋지는 않았다.

하지만 이번 같은 비상 상황에는 언제든 학교에서 조퇴할 수 있다고 지방자치법에도 명시되어 있었다. 애덤은 복도를 달려 곧장 주차장으로 갔다. 애덤이 타고 온 차 트렁크에는 언제든 이용할 수 있게 준비해 둔 비상 배낭이 잘 놓여 있었다. 배낭 안에는 임무에 필요한 응급 처치용품, 손전등, 물, 에너지 바, 방수포, 침낭, 우의, 등산화가 담겨 있었다.

애덤이 현장에 도착하자, 보안관이 애덤과 다른 여덟 명의 팀원을 모아놓고 사건에 관해 설명해 주었다. 한 소년이 실종되었는데, 방에서 유서가 발견되어 그의 어머니는 지금 거의 제정신이 아니라고 했다. 애덤은 실종된 소년이 자신과 같은 나이고, 지금 폭포 어딘가에 있다는 사실 말고 다른 정보는 알지 못했다.

킹 카운티에서는 수십 명의 자원봉사자가 보안관 산하에 조직된 지상 수색 구조대원으로 활동하고 있다. 애덤도 그 일원으로 참여하며 길을 잃거나 다친 등산객, 사냥꾼, 아이를 찾는 일을 돕고 있었다. 구조대로 접수되는 신고 건수는 2~3일에 한 건꼴로, 일 년에 대략 200건에 가까운 구조 요청이 들어왔다. 또한 자원봉사자들은 홍수, 폭풍, 지진 같은 자연재해가 일어났을 때는 물론, 항공기가 추락했을 때 추락 지점을 찾기 위해 출동한 적도 있었다. 애덤이 소속된 팀의 사람들은 마이크로소프트사 임원, 재택근무하는 부모, 학생 등 나이도 직업도 무척 다양했지만, 야생에서 길 찾기, 생존하기, 응급 처치하기 등의 기술에는 모두 전문가 수준의 실력을 갖추고 있었다. 그중 몇 년 동안 최연소 멤버였던 애덤은 약간 특이한 경우였다.

내가 인터뷰했던 학생들처럼 애덤도 경쟁이 치열한 공립 학교에 다니고 있었지만, 애덤의 학교생활은 다른 아이들과 확연히 달랐다. 초등학교에 다닐 때 애덤은 모든 과목에서 성적이 좋지 않았다. "공부를 그냥 좀 못하는 정도가 아니라 하위 그룹에서도 제일 밑바닥이었어요." 3학년 때 담임 선생은 애덤에게 학습 불능 진단 검사를 받아보라고 권했고, 결국 매우 심한 난독증 진단을 받았다. 이후 특수학교에 다니며 어느 정도 난독증을 치료한 애덤은 일 년 늦게 일반 고등학교에 진학하게 되었지만, 학교에는 아는 친구가 아무도 없었다. "친구를 사귀게 하려고 부모님이 저를 억지로 테니스 클럽에 가입시켰어요." 애덤이 말했다. 가끔 테니스 클럽 아이들이 함께 점심을 먹고 있는 걸 보면 그 아이들이 있는 테이블에 조용히 가 앉곤 했다. 하지만 그들을 방해하지 않으려고 눈도 마주치지 않고, 머리를 숙인 채 최대한 빨리 점심을 먹었다. 마치 그곳에 없는 사람처럼 말이다.

집에서 쉴 때는 주로 TV를 봤다. 애덤은 시간이 무척 많았는데, 고등학교에 입학하기 전 카운슬러와 상담을 했더니, 되도록 학업 부담을 주지 않는 게 좋다고 해서 우등반 수업과 AP 수업을 전혀 듣지 않았기 때문이다. 크게 노력하지 않아도 성적은 잘 나오는 편이었고, 의욕을 쏟을 대상이나 집중할 만한 거리가 전혀 없는 상태로 지냈다. 애덤의 표현대로 "외롭고 의욕도 없고 딱히 할 일도 없는 채" 그저 습관적으로 학교생활을 해나갔다. '학교에서 배우는 것들이 다 무슨 소용인가'라는 냉소적인 생각까지 하며 방황하는 시간이었다.

그러던 중 보이스카우트 캠프에서 어린 동생들을 지도하다가 수색 구조대에 관한 얘기를 듣게 되었다. 애덤은 위험한 곳에서 길을 잃은 등산객을 찾아내 가족 품으로 돌려보낸다는 게 무척 매력 있게 느껴져 한번 해보기로 했다. 수색 구조대로 활동하려면 훈련과 교육은 필수였고, 애덤은 6개월 정도 걸렸다. 먼저 이론 수업부터 시작했다. 실종자 위치를 파악하고 구조하는 법, 여러 종류의 지도를 읽는 법, GPS 없이 특정 장소의 좌표를 찾아내는 법 같은 기초 지식을 배웠다. 그다음에는 현장에서 실전 훈련을 받았다.

수색 구조대가 현장에 도착한 지 30분 만에 실종자를 찾아냈지만, 모두의 바람대로 일이 흘러가지는 않았다. 소년은 바위 위로 몸을 던져 숨진 채 발견되었다. 수색 작업이 시신을 회수하는 일로 바뀌었다. 이제 구조대 임무는 어머니가 아들에게 마지막 작별 인사를 할 수 있게 소년의 시신을 수습하는 것이었다. 61미터 절벽 아래에 있는 시신을 도르래에 고정해 조심스럽게 끌어 올리는 데 거의 세 시간이 소요되었다.

사람들은 시신을 들것 위로 옮긴 뒤, 어머니에게 아들이 맞는지 확인하게 했다. 어머니는 날카로운 비명을 지르며 주저앉아 울었다. 그러는 동안 애덤은 주차장에 서서 땅바닥만 바라보면서 한없이 무력해지는 기분을 느꼈다. 그때 기억이 어찌나 강렬한지, 애덤은 지금도 그 일을 떠올리기만 해도 몸이 벌벌 떨리며 괴롭다고 했다.

그날 밤 애덤은 온통 흙투성이가 된 신발을 신은 채 어머니의 미니밴을 몰고 집으로 돌아오면서 '앞으로 난 무얼 위해 살아야 하지?'

라는 것 말고는 어떤 생각도 할 수 없었다고 했다. 그때까지는 삶의 목적이 학교 공부 잘하고, 좋은 대학에 가고, 괜찮은 회사에 취직하는 일처럼 비교적 단순했다. 그런데 이제 '내가 사회에 어떤 기여를 할 수 있을까?'라는 데 생각이 미쳤다. 겨우 10대 청소년인 애덤은 자신이 다른 사람의 인생에 큰 영향을 미치기는커녕 아주 작은 흠집조차 낼 수 없을 거라 생각했다. 하지만 자기 또래 친구의 자살을 목격하고 나니 마음속에 어떤 변화가 생겼다. 그날 밤 애덤은 '청소년 자살 예방 상담 전화'에서 자원봉사를 하기로 마음먹고 당장 신청서를 작성했다. 스스로 자기 삶을 끝내려는 사람들이 아직도 많을 거라고 생각했다. 그들이 조금 전 그 아이와 같은 운명이 되지 않게 자기도 뭔가를 하고 싶었다.

줌아웃

부유한 동네에 사는 아이들은 좋은 환경이 오히려 자신에게 도움이 되지 않는다는 느낌을 종종 받는다. 집중 양육은 의도치 않게 아이들을 너무 자신에게만 초점을 맞춰 시야를 좁게 만들기 때문이다. 예를 들면 우리는 아이가 태어났을 때부터 특기를 키워주려고 중국어 같은 걸 따로 배우게 한다. 그러다 보면 예전에는 사회적으로 중요하게 생각했던, 공동체의 일원으로서 해야 하는 다른 활동은 자연스레 하지 못한다. 이렇게 극단적으로 자기에게만 집중한 결과 어떤 현상이 벌어지는지 여러 자료에서 드러났다.

미국 전역의 고등학생과 대학생 표본을 대상으로 설문 조사한 자료에 따르면, 요즘 젊은 사람들은 공동체를 돌보는 일처럼 사회적 가치를 중시하는 일보다는 돈, 명성, 이미지를 추구하는 일처럼 자기 가치를 높이는 데 가치관을 둔다.[1] 미시간 대학교 한 연구 팀이 대략 1만 4000명의 대학생을 대상으로 정서 및 행동 특성 검사를 한 뒤 내놓은 결과는 무척 놀라웠다.[2] 연구에 참여한 대학생들의 공감 능력이 지난 30년 사이 많이 감소한 것으로 나타났는데, 불과 몇십 년 전 대학생들보다 40퍼센트나 낮은 수치였다. 감소 폭이 어찌나 큰지 "나르시시즘이 전염된 게 아니냐"라는 말까지 나올 정도였다.[3]

이렇게 된 이유는 무엇일까? 연구자들은 지나치게 경쟁적이고 개인주의적인 사회에서 학생들이 살아남기 위해 오로지 자신의 목표에만 집중하기 때문이라고 추측한다. 당장 앞으로 먹고살 일이 걱정이라면 아무래도 다른 사람을 신경 쓸 여유가 없어진다. 건강하지 않은 성과 중심의 문화는 어른뿐 아니라 아이들까지도 극단적일 만큼 개인주의적이고 자립적인 사람이 되게 한다. 그리고 자기 자신을 제일 먼저 생각하는 게 마치 임무라도 되는 듯한 분위기를 조장하기도 한다.

어떤 부모는 그걸 당연하게 받아들인다. 내가 한 어머니에게 자녀가 봉사 활동을 하는지 물었더니, 그녀는 이렇게 말했다. "지금은 좀 이기적일 필요가 있어요." 그리고 일단 좋은 대학에 들어간 뒤에 봉사 활동을 시작해도 늦지 않다고, 아직은 적극적으로 참여할 필요가 없다고 했다. 그런 부모들은 아이들이 가야 할 길이 정해져 있어 모두가 그 방향으로만 가고, 아무도 길에서 벗어나지 못하게 울타리로 막혀 있다고 생각하는 듯했다.

철저히 자기 이익만 위하도록 정해놓은 삶은 10대 아이들을 냉소적으로 만든다. 나는 도움 되는 일을 하고도 그저 이력서에 한 줄 채워 넣으려 한 일이라고 대수롭지 않게 말하는 아이들을 종종 보았다. 내가 인터뷰한 한 남학생은 여름 방학을 이용해 남미에 가서 집을 지어주는 봉사 활동을 하고 온 경험을 들려주었다. 하지만 그는 현지 상황이 나아진 건 아무것도 없다면서 약간 부끄럽다는 듯 이렇게 말했다. "망치로 못 박는 것도 할 줄 모르는 부잣집 백인 애들이 뭘 얼마나 했겠어요?" 또 어떤 학생은 내가 한 번도 들어본 적 없는 슬랙티비즘_{slacktivism}이란 단어를 가르쳐주기도 했다. 슬랙티비즘이란 자신이 타인을 배려하고 공감하는 사람이라는 걸 보여주려고 대의를 내세워 소셜 미디어에 그럴듯한 글이나 영상을 올리지만, 실질적인 노력은 거의 하지 않는 것을 가리키는 말이다. "그런 주장을 하는 거야 어렵지 않죠. 하지만 운동이나 공부를 포기하고 그 시간에 진짜 제대로 된 봉사 활동을 하려는 아이가 과연 몇 명이나 될까요?"

애덤을 처음 만났을 때, 나는 그가 자기 삶을 얼마나 명료하게 바라보는지, 얼마나 쾌활하게 사람을 대하는지 보고 확실히 특별한 면이 있다고 생각했다. 애덤이 포부와 세계관을 말하는 모습에서도 기쁨 같은 게 느껴졌다. 번아웃 상태로 무슨 일에도 무기력했던 다른 아이들과는 확실히 달랐다. 나는 그동안 만났던, 애덤과는 정반대 모습을 한 아이들을 떠올렸다. 눈을 감은 채 달리기 트랙을 도는 몰리,

명문대에 들어가기 위해서는 "거짓으로라도 열정이 많은 척"해야 한다던 브루클린의 한 고등학생, 성적표에 찍힌 B 몇 개 때문에 내내 '마음이 괴롭다'던 네이트도 생각났다.

그런 방법으로는 아이들이 성공한 삶을 살게 도울 수 없다. 많은 아이들이 어른이 하라는 대로 하면서 살고 있다. 몇 시간씩 숙제를 하고, 첼로 수업을 받고, 학교에 가기 전 아침 일찍 일어나 수영을 하고, 봉사 활동을 신청한다. 지나칠 만큼 계획된 길을 무작정 따라가기만 해서는 아이들이 진정 추구해야 할 의미를 스스로 찾기는 어렵다. 아이의 '성장', '성취', '행복'에 극단적으로 초점을 맞춘 것이 역설적이게도 아이들의 발달을 방해하고 있다.

전문가들은 아이들을 너무 자신에게만 열중하도록 내버려두고, 다른 사람에게 감사하고 공감하는 법을 알려주지 않고, 공동체를 위해 할 수 있는 일을 가르쳐주거나 책임감을 강조하지 않는 것은 사실상 아이를 망치는 것이나 다름없다고 말한다. 아이를 성장시키려고 애쓴 일이 오히려 성장을 망치는 길이 되는 셈이다. 스탠퍼드 대학교 교수이자 인간 발달 분야의 전문가 윌리엄 데이먼William Damon은 오늘날 심리적으로 압박을 느끼고 불안해하는 이유는 꼭 일이나 공부를 너무 많이 해서라기보다는 자신들이 무엇을 위해 그토록 애쓰는지 모르기 때문이라고 말했다. 로드맵에 따라 각종 장애물과 시험을 통과해 나가고 있지만, 정작 그걸 왜 해야 하는지는 생각하지 않는다고 설명했다.

지금 아이들에게는 뒤로 물러나 더 넓은 세상과 그 안에서 자신의 역할이 무엇인지 볼 수 있게 도와주는 어른이 필요하다. 그 말은 아이들이 이력에 한 줄 더 넣을 수 있게 학교 동아리에서 회장직 따위를 맡게 독려하라는 뜻이 아니다. 반 친구들과 지역 공동체를 위해 더 의미 있게 기여할 방법은 무엇일까? 내가 나서서 주도적으로 더 많은 역할을 할 수 있는 곳은 어떤 분야일까? 이런 것들을 고민하면서 더 넓은 관계 속에서 자신의 위치를 볼 수 있게 누군가가 옆에서 도와주어야 한다는 뜻이다.

우리는 모두 아이들이 건강한 방식으로 성장해 능력 있는 행복한 어른이 되길 바란다. 하지만 이러한 어른이 된다는 것이 반드시 명문대에 들어갈 만큼 완벽한 실력을 갖추고, 높은 성적을 받고, 남들과 차별화된 자기만의 특기를 갖추는 걸 의미하지는 않는다. 우리는 아이들이 집과 교실 바깥의 더 넓은 세상을 볼 수 있게 관심의 영역을 확장시켜, 애덤이 그랬던 것처럼 자신이 더 크고 넓은 공동체의 일부라는 걸 깨닫게 도와주어야 한다. 다시 말해 아이들도 분명 중요한 역할을 할 수 있다는 것, 그리고 타인에 대한 책임이 있다는 것을 알게 해야 한다.

우리가 아이의 자기 성취와 계발에만 너무 많은 에너지를 쏟다 보면, 아이가 단순히 명문 대학에 입학하는 것 이상의 목표를 세우는 데는 실패할 수도 있다. 데이먼은 이렇게 말했다. "오늘날 우리가 마주한 진짜 큰 문제는 사실 스트레스가 아니라 무슨 일을 하든 거기에 의미를 부여하지 못한다는 사실이다."[4]

다른 사람에게 도움이 되었다는 자부심

이 책 앞부분에 등장한 스무 살 에이미는 활짝 웃는 얼굴에 예의 바른 태도로 누구에게나 호감을 주는 학생이었다. 내가 에이미를 만났을 당시 그녀는 예일 대학교 3학년에 재학 중이었다. 나와 대화를 나누는 동안 에이미는 단어 하나도 신중하게 골라 자기 생각을 표현하려고 애쓰는 모습이었다. 그래서 에이미가 고등학교에 입학한 순간부터 자신은 아버지의 모교인 예일 대학교에 들어가기 위해 신중히 계획을 세우고 온전히 거기에만 몰두했다고 말했을 때, 충분히 그러고도 남을 학생이라고 생각했다.

에이미는 위스콘신주 매디슨에서 대략 30분 떨어진 거리에 있는, 인구 3000명 정도 되는 작은 시골 마을에서 자랐다. "저는 주위의 다른 사람들보다 꿈이 컸어요. 그래서 모든 과목에서 A를 받고 운동도 수준급이 되려고 저 자신을 몰아붙였죠." 그녀는 인근에 있는 작은 사립 고등학교에 다녔는데, 졸업한 해 동급생이 겨우 스물세 명뿐일 정도로 규모가 작은 학교였다고 했다. 매일 아침 학교에 들어서면 제일 먼저 눈에 들어오는 건 예일, 하버드, 유펜, 컬럼비아처럼 명문대 문장이 들어간 삼각 깃발이었다. 학교에 들어간 첫날 깃발을 보자마자 '꼭 저 대학 중 한 곳에 가야겠다'는 생각이 들었다고 말했다. 학생들 간에 경쟁이 치열한 학교가 아니었는데도 에이미는 완벽한 성적을 유지하기 위해 무척 애썼다. 어느 정도 해야 충분한지 알지 못했기 때문에 모든 과제에서 100퍼센트 이상의 능력을 발휘한다는 생각으로 노력했다.

그런데 집에 가면 할 일이 또 있었다. 밤늦게까지 공부했어도 닭들에게 모이를 주거나 벽난로에 쓸 장작을 패는 일은 에이미가 반드시 해야 했다. 주말에는 약 3만 9669제곱미터(약 1만 2000평)이나 되는 마당과 농장을 돌아다니며 잔디를 깎고, 덤불을 정리하고, 눈이 오는 날에는 길을 따라 끝도 없이 눈을 치우고, 정원에 풀을 뽑고, 벌통을 관리하다 보면 몇 시간이 훌쩍 지나 있곤 했다.

에이미는 할 일이 너무 많다고 매번 항의했지만, 부모님은 자녀들이 아무리 투덜대도 각자 맡은 일을 하는 건 당연하다며 꿈쩍도 하지 않았다. 다른 사람의 눈으로 보면, 에이미는 모범 청소년 그 자체였다. 성적은 늘 최고에 운동 실력도 출중했고, 불량한 행동도 전혀 하지 않았다. 할 일을 다 했다며 대충 끝내려 하면 부모님은 "에이미, 이건 네가 하겠다고 선택한 일이니 제대로 마무리 지어야 한다"라며 쉽게 넘어가지 않았다. 에이미는 뉴욕 부자 동네에 살며 "공부 잘하고 운동 잘하면 더 이상 바랄 게 없다"라고 말하는 부모 밑에서 태어났으면 좋았을 걸 그랬다며 농담을 했다.

에이미는 이제 와 되돌아보니, 그때 자신은 너무 자기 생활과 미래의 성공에만 골몰해 있었던 것 같다고 인정했다. 너무 자신에게만 집중하면 완벽주의자가 될 수밖에 없었다. 부모님에겐 투덜거리긴 했어도 농장에서 일하고, 잡초를 뽑고, 장작을 팼던 게 생각을 환기하는 데 도움이 되었다고 말했다. 부모님에게도 아이들의 학교 성적이나 대학 입시가 중요하긴 했지만, 그게 최우선은 아니었다. 부모님은 '너도 가족의 일원이니 집안일을 돕는 게 옳고, 가정 내에서 중요한 역할을 할 능력도 충분히 갖추었다'는 생각이 확고했다. 에이미의 부모님은 그런 식으로 자기 내면만 보는 렌즈가 바깥을 향하도록 가르쳤고, 사회에서 제 역할을 하는 사람이 되는 법을 알려주었다.

부모님은 에이미에게 늘 겸손하라고 말했는데, 그 말은 자신을 하찮게 여기라는 뜻이 아니라 너무 자기만 생각하지 말라는 뜻이었다.[5] 겸손한 사람은 자기 삶에 지나치게 빠지지 않고 다른 사람의 삶에도 적극적으로 관심을 보이게 마련이다. 겸손한 태도는 자기 안에 사로잡혀 불안해진 마음을 다스릴 수 있는 치료제로, 정신 건강에도 도움을 준다. 올바른 시각으로 주위를 보게 하고, 우리가 자신에게 강요하는 비현실적인 요구를 완충하는 역할을 하기도 한다.

나도 어렸을 때 에이미처럼 매주 우리 집 정원의 잔디를 깎는 일을 맡았는데, 그 일이 너무 하기 싫어 어떻게든 피하려고 애썼다. 나는 하기 싫다고 하고, 아버지는 그래도 해야 한다며 나를 살살 달래다 보면 주말마다 실랑이가 벌어지곤 했다(그때 우리 아버지는 어떻게 그리 참을성 있게 나를 구슬렸는지 지금 생각해도 신기하다). 그리고 일요일 저녁 식사 후, 해가 지며 점점 어두워질 때쯤 내가 밖으로 나가 잔디를 깎는 것으로 일과가 끝나곤 했다.

한번은 캘리포니아주에 거주하며 10대 아이 셋을 둔 한 어머니와 집안일에 관해 이야기를 나눴다. 그 여성은 자신이 어렸을 때는 잘사는 집에서도 으레 아이들에게 어린 동생을 돌보게 하거나 이런저런 가사를 맡게 했다고 이야기했다. '돕는 시늉만' 하면 되는 일이 아니었기에 누가 하라고 잔소리하지도 않았고, 다 했는지 체크할 필요도 없었다. 여성의 어머니는 학교에 다니면서 일도 했기에 가장 어린 남동생을 돌보는 건 당연히 자기 몫이라고 여겼다고 했다. "어머니는 제게 뭘 하라고 시키는 법도 없이 그냥 직장으로 출근하셨어요." 집안일을 돕는 게 선택할 수 있는 일이라는 생각조차 하지 못하던 시절이었다.

하지만 요즘은 아이들이 미래를 준비하기 위해 하는 일이 너무 많다 보니 할 일 목록에서 집안일은 자연스레 빠지게 되었다.[6] 우리 집도 마찬가지다. 솔직히 말하면, 아버지가 그랬던 것처럼 아이들에게 일 좀 거들라고 잔소리하는 게 내게는 또 다른 일거리로 느껴졌다. 식기세척기를 돌리고, 쓰레기를 내다 버리고, 아이들 빨래를 치우는 일 같은 건 내가 직접 해치우는 게 빠르고 편했다. 나만 그런 게 아니었다. 전국 성인 1001명을 대상으로 전화 설문 조사를 실시했더니, 어렸을 때 집안일을 했다고 응답한 사람은 82퍼센트인 반면, 자기 아이에게 집안일을 시킨다고 응답한 사람은 28퍼센트에 불과했다. 대놓고 이렇게 말하는 어머니도 있었다. "딸에게 침대 정리하는 걸 가르치느니 그 시간에 중국어 공부를 시키겠어요."

하지만 그동안 내가 해온 연구로 알게 된 점은 아이에게 공부할 수 있게 집안일을 면제해 주거나 가족 행사에 빠지게 하는 건 아이가 지나치게 자신에게만 집중하게 하는 결과를 낳는다는 것이다. 자기밖에 모르는 이기적인 사람이 되면 사는 게 조금 힘들어지는 정도가 아니다. 심해지면 정신 건강에도 좋지 않아 우울증, 성격 장애, 불

안증 등이 생길 수도 있다.[7]

미네소타 대학교 명예 교수인 마티 로스먼Marty Rossmann은 가사가 주는 이점에 대해 수십 년 동안 연구해 왔다. 로스만 교수는 20년 동안 아이들 여든네 명의 성장 과정을 추적했는데, 취학 전, 청소년기 초기, 열다섯 살 무렵, 그리고 마지막으로 20대 중반, 이렇게 네 번에 걸쳐 아이들 상태를 확인했다. 그 결과 아주 어렸을 때부터 허드렛일을 도운 사람은 돕지 않거나 10대가 되어 뒤늦게 집안일을 하기 시작한 사람보다 학교생활을 잘하고, 이후 직업적으로도 성공한 삶을 살며, 자기 일을 스스로 알아서 할 확률이 높은 것으로 드러났다. 반면 어른이 되어 마약이나 알코올에 의존할 가능성은 낮게 나타났다. 집안일은 힘든 시간을 견디게 하는 인내력을 길러주었다.

하버드 대학교에서 '세상에서 가장 장기간에 걸친 행복에 관한 과학적 연구'를 진행해 화제가 된 적이 있다.[8] 연구원들은 어린 시절 경험이 이후의 건강과 삶에 어떤 영향을 미치는지 알아보기 위해 10대 소년 수백 명이 성장하는 과정을 추적 관찰했고, 한 가지 흥미로운 점을 발견했다. 어린 시절 집안일을 하면서 습득한, 근면 성실한 노동 윤리는 중년의 행복을 가늠하는 중요한 예측 변수가 된다는 사실이었다. 이 연구의 전 책임자이자 정신과 전문의 조지 베일런트George Vaillant는 10대 때 열심히 노력한 사람이 결혼 생활을 잘 유지했고, 끈끈한 친구 관계를 맺었으며, 직업 만족도도 높아 전반적으로 행복한 삶을 사는 것으로 나타났다고 했다. 몇 년 전 기사를 쓰기 위해 베일런트와 전화 인터뷰를 했을 때, 그는 이런 말을 했다.[9] "집안일을 한다는 건 근면함을 가치 있게 여긴다는 뜻이고, 그런 태도에는 성공적인 결혼 생활, 직장 생활, 가족과 친구 관계 등 모든 것에 필수 요소니까 충분히 납득이 가는 부분이라고 생각해요."

집안일은 단순히 책임감과 노동 윤리를 가르치기 위한 수단만은 아니다. 부모가 쓰레기를 내다 버리는 게 귀찮아서 그걸 아이들에게 시키려는 것도 아니다. 집안일로 우리는 우리가 속한 가장 가까운 공동체인 가정에서 자신의 입지를 굳히고, 나아가 주변 사람에게 기여할 준비를 한다. 우리는 가사를 아이와 의사소통하는 도구로 활용할 수도 있다. 집안일로 세상에는 네가 필요하고, 너의 노력이 충분히 영향을 미치는 곳이 있다는 사실을 알려줄 수 있다. 이와 더불어 다른 사람이 자신을 믿고 의지한다는 느낌과 소속감도 느끼게 할 수 있다. 다시 말해, 집안일은 아이의 매터링 감각을 북돋운다. 다른 사람을 돌보면 나에게 혜택이 돌아오기도 하지만 그 자체로 옳은 일이기 때문에 더욱 중요하다.

부모 교육 전문가이자 패밀리 리더십 센터 설립자인 마지 롱쇼어 Marjie Longshore 는 메인주 야머스에서 10대 아이 둘을 키우는 싱글맘이다. 그녀는 아이들이 집안일에 참여하게 하는 데서 한 단계 더 나아가 그걸 가족의 정체성으로 만들었다. "저희는 집안일을 허드렛일이라고 이야기하지 않아요. '우리 가족이 더 행복하기 위해 오늘은 내가 어떤 일을 할 수 있을까?'라는 개념으로 접근해요."

여름날 오후, 나는 마지의 집 부엌에 함께 앉아 이야기를 나눴다. 마지는 집 안에 묘한 긴장감이 흐르던 어느 저녁의 얘기를 들려주었다. 마지의 딸이 글쓰기 과제를 하느라 끙끙대고 있었는데, 하필 그 날 저녁 당번이기도 했다. 과제를 하다 말고 저녁 식사 준비를 해야 한다는 게 영 못마땅했는지 딸은 계속 툴툴거렸다. "너도 잘 알겠지만 우리 집에서는 숙제하는 것도 특권이야." 마지는 딸의 노트북을 덮으며 그렇게 말했다. "숙제하는 게 특권이라고 생각하는 사람은 이 동네에 엄마밖에 없을걸요?" 딸이 날카롭게 대꾸했다. "어떻게 생각할지는 네 맘이지만, 어쨌든 네가 할 일은 해야 한다"라고 마지는 딸에게 말했다.

딸은 구부정한 어깨로 천천히 부엌으로 가더니 짜증 난다는 듯 주방 도구들을 요란하게 꺼내고 내려놓았다. 마지는 그때를 다시 떠올리는 듯 잠시 킬킬 웃었다. "겨우 파스타 면을 삶고, 유리병에 든 토마토소스를 데우는 게 다였는데, 그걸 하면서 얼마나 시끄러웠는지 몰라요." 하지만 몇 분 뒤 소음이 서서히 잦아들더니, 딸이 부엌문 안쪽에서 빼꼼 고개를 내밀고 중얼거렸다. "엄마, 이거 부모 교육할 때 알려주는 육아 팁 같은 거예요? 흠, 효과가 있긴 하네요." 다시 식탁에 둘러앉았을 때, 마지는 면이 딱 알맞게 삶아졌다고 칭찬했다. 마지는 가족들이 자기가 만든 음식을 맛있게 먹는 모습을 보면 아이의 얼굴에 자부심 같은 게 스칠 거라고 말했다. 내가 누군가에게 도움이 되었다고 생각하면 아이들은 자부심을 느낀다. 자신이 어딘가에 기여했을 때 아이들은 성장한다. 그럴 때 아이들은 스스로를 가치 있는 사람이라고 여기기 때문이다.

연령대별 할 수 있는 집안일

- **2~3세**
  장난감 정리하기
  쓰레기통에 쓰레기 버리기
  식사 준비 거들기

- **3~4세**
  식탁에 음식 차리는 것 거들기
  다 먹은 접시 치우기
  쓰레기통 비우기

- **4~5세**
  식기세척기에 그릇 집어넣기
  식단 계획하기
  거실 먼지 털기

- **5~7세**
  반려동물 또는 화초 돌보기
  식기세척기에서 그릇 꺼내기
  쓰레기 내다 버리기

- **7~10세**
  장 볼 물건 목록 만들기
  세탁기 돌리기
  쓰레기 분리수거 하기

- **10~13세**
  집 주변 눈 치우기
  가족이 먹을 음식 장보기
  잔디밭 관리

- **13~18세**
  가족이 먹을 음식 만들기
  동생 돌보기
  각종 심부름

*마티 로스먼이 제시한 '아이가 집안일을 하기 시작하면 좋을 연령대' 참고

영향력을 지닌 아이

청소년 자살 예방 상담 전화를 통해 애덤에게 전화를 거는 아이들은 그래도 비교적 가벼운 문제를 지닌 경우가 대부분이었다. 학교 일로 또는 친구 때문에 힘든 하루를 보냈지만 딱히 얘기 나눌 사람이 없는 아이도 있었고, 그저 누군가와 친해지고 싶어 반복적으로 전화를 거는 아이도 있었다. 그런 면에서 10대 상담사는 매우 이상적이었다. 청소년 자살 예방 상담 전화로 연락하는 아이들은 대개 어른보다는 또래 친구와 공감대를 형성하기가 더 쉽기 때문이다. 그런데 몇 번은 굉장히 심각한 전화를 받은 적도 있었다. 누군가 자살을 하려 하거나 자해를 해서 당장 병원에 가야 할 때 애덤은 곧바로 911에 전화를 걸었다.

"그런 위험한 순간에 사람들을 돕고 싶지만, 후속 조치를 할 수 없다는 게 정말 불만이었어요. 누군가와 전화로 개인적이고 친밀한 얘기를 나눴는데, 전화를 끊고 나면 그 아이가 어떻게 됐는지 아무도 모르는 거예요. 그때 나눈 대화가 계속 생각날 수밖에 없어요." 애덤은 그런 아쉬움을 품게 되었고, 일회적인 상담으로는 누군가의 정신적·육체적 건강을 지키기에 충분하지 않다는 생각도 하게 되었다. 지속적인 관계, 시간이 흐르면서 계속 성장하고 의지할 수 있는 관계를 맺을 방법을 찾고 싶었다. 어쨌든 자신도 고등학교에 뒤늦게 진학하면서 외로움이 얼마나 견디기 힘든지 직접 경험했기 때문이다.

이런 생각을 하며 청소년 자살 예방 상담 전화에서 2년간 경험을 쌓고 11학년이 되었을 때, 애덤은 학교의 선후배를 서로 이어주는 학생 모임을 만들었다. 그러면서 심리적으로 힘들어하던 같은 반 남학생 몇 명을 다시 잘 지낼 수 있게 도와주기도 했다. "남자애들이 스냅챗으로 울고 있는 자기 사진을 보내곤 했어요. 그럼 제가 답장을 보냈고요." 아무래도 남학생들은 직접 말보다 문자를 보내는 게 더 마음이 편한 듯했다. 사실 애덤이 몇 번 대화를 나누려고 시도해 보았지만, 그럴 때마다 친구들은 자기가 힘들어한다는 사실을 인정하려 하지 않았다. 하지만 이 모임을 통해 자신이 심한 우울증을 앓고 있다는 걸 깨닫고 치료하게 된 같은 반 친구도 있다고 했다. 모임에서는 성적, 성 정체성에 관한 문제, 사회적 압박감, 외로움 같은 주제로 이야기를 나눴다.

애덤이 학교에서 했던 일에 관해 말할 때, 나는 그의 목소리에서 반 친구를 향한 깊은 책임감을 느꼈다. 애덤은 친구의 말을 끊지 않고 들어주기만 해도 자신이 이해받는다고 느끼고, 나아가 누군가 자기를 봐주고 말을 들어준다는 데 위로받는다고 했다. 수색 구조 활동을 통해 자신이 중요한 존재이고 세상에 필요한 사람이라는 느낌을 받은 것처럼 학교 모임 역시 애덤의 매터링 감각을 한층 강화한 듯 보였다. 애덤은 선배들에게 다른 사람을 돕기 위해 상대의 말을 잘 듣는 법, 정신적으로 힘든 부분을 자연스럽게 화제에 올리는 법 등을 가르치며 멘토 역할을 자처했다. 스스로를 중요한 사람이라고 느끼기 위해서는 자신이 유능하다는 자신감이 있어야 한다. 난독증으로 몇 년간 고생하던 애덤은 마침내 자신이 충분히 능력 있는 사람이고, 사회에 도움이 되는 사람이라는 생각을 갖게 되었다.

모든 아이가 애덤처럼 조직적으로 사회에 기여하는 역할을 맡을 수 있는 건 아니다. 하지만 우리는 세상에 도움이 되고 싶어 하는 욕구를 지니고 태어난다. 이런 욕구는 너무 자신에게만 집중하다 보면 줄어들고 무뎌질 수 있다. 신체 근육처럼 우리의 공감 근육도 규칙적으로 운동을 해줘야 한다. 시즌마다 아이가 특정 운동 활동에 적극적으로 참여하게 하는 부모들처럼 자원봉사 활동도 비슷한 방식으로 접근한다고 말한 부모들이 있다.

샌프란시스코만 지역에 사는 한 어머니는 아이들에게 자원봉사 활동을 의무적으로 시킨다고 이야기했다. 평소에는 아이들이 각자 선택한 봉사 활동을 매주 다섯 시간씩 하고, 여름 방학 때는 두 배로 열 시간씩 하는 게 집의 규칙이라고 했다. 또한 아이들이 보고 따라 할 수 있게 먼저 모범을 보이려고 정기적으로 아이들을 데리고 동네 푸드 뱅크〔식품과 생활용품을 기부받아 빈곤층과 복지 시설에 나누어 주는 단체〕에 가 식품을 기부하고 온다고 했다. "제가 먼저 느슨해져 약속을 지키지 않으면, 아이들도 일정이 바쁠 때 봉사를 슬쩍 빠지려고 해요. 그러고 나면 생활 만족도가 항상 떨어지더라고요. 운동 일정을 미리 짜놓듯이 봉사 일정도 미리 짜야 한다는 걸 몇 년 해보고 알았어요. 처음에는 봉사 활동을 왜 계속해야 하느냐며 아이들이 불평을 많이 했는데, 지금은 오히려 기대된다고 말해요."

이제 20대가 된 시드니 몬터규는 봉사 활동을 의무적으로 해야하는 가정에서 성장했다. 처음에는 무조건 해야 하는 게 불만이었지만, 시간이 흐르면서 차츰 봉사의 장점을 알게 되었다. 시드니는 방과 후 과외 봉사처럼 자기가 돕는 사람과 직접 교류할 때 가장 즐겁다고 했다. 어린 학생들과 친해져 도와주다 보면 자기 행동이 다른 사람에게 좋은 영향을 끼쳤다는 걸 스스로 느끼기 때문이다. 본래 깊은 매터링 감각은 다른 사람과의 상호 작용을 기반으로 자라난다.[10] 거기서 우리는 자신의 가치를 배우고 성장한다. 시드니가 어려운 수학 문제로 끙끙대는 학생에게 푸는 법을 알기 쉽게 설명해 줬을 때, 어느 순간 방법을 이해하고 얼굴에 고맙다는 표정을 지으면 무척 뿌듯해진다고 했다. 사실 뉴욕 대학교에서 교육학을 전공해 교사가 되기로 결심한 것도 여름 방학 동안 했던 과외 봉사 때문이었다. "반강제로 봉사 활동을 하게 했던 엄마한테 고마워해야죠. 이 일이 아니었으면 전 인생의 목적을 발견하지 못했을 테니까요."

◆ ◆ ◆

태라 크리스티 킨제이Tara Christie Kinsey는 프린스턴 대학교에서 부학장으로 일하는 3년 동안, 불안하고 우울해 보이는 표정으로 왜 사는지 모르겠다며 사무실을 찾아오는 학생들이 정말 많았다고 이야기했다. "그건 학생들 잘못이 아니라 교육 시스템의 잘못이에요. 시스템 때문에 아이들은 시키는 대로 그냥 미친 듯이 열심히 뭔가를 하고는 있지만 정작 그걸 하는 의미도, 자신이 중요한 존재라는 사실도 모르고 있거든요. 사회에 기여한다는 느낌도 전혀 받지 못하고요." 아이들은 프린스턴 대학교에 가려면 해야 한다고 들은 것을 정확히 해왔고, 외적으로 성공하면 행복한 삶을 살 거라는 약속을 믿었다. 킨제이는 물론 수십 년간의 연구를 통해 무의미한 성취는 원하는 보답을 가져오지 않는다는 걸 이제는 모두가 알고 있다고 말했다.

"어떤 게 효과가 있는지, 어떤 게 효과가 없는지 보이더라고요." 킨제이는 좀 더 어린 학생들에게로 관심을 돌려 '우리가 정말 바라는 결과를 얻으려면 현재의 유치원생부터 12학년까지의 교육 구조를 어떻게 재설계해야 할까?' 고민하기 시작했다. 그리고 직접 행동으로 옮기기 위해 프린스턴을 떠나 뉴욕시에 위치한 사립 여학교 휴잇 스쿨의 교장이 되었다. 현재 킨제이는 그곳에서 다른 동료들과 함께 '험난한 현실 세계의 문제'를 다루도록 교육과정을 재설계하고 있다.

학생이 학습 주제와 관련한 일에 직접 참여할 때 더 좋은 결과를 얻는 것은 분명한 사실이다. 그래서 휴잇 스쿨은 학생들에게 사회

이슈를 가르치는 데서 한발 더 나아가, 뉴욕시 인근의 비영리단체들과 협력해 학생들이 뜻깊은 방식으로 영향을 미칠 기회를 만들려고 애쓰고 있다. 예를 들면 1학년 학생들이 수업 시간에 장애인 인권에 대해 배울 때, 학교에서는 학생들에게 센트럴 파크 놀이터에 장애인들이 이용할 수 있는 시설이 있는지 직접 조사하게 했다. 그리고 기존에 배운 공학 원리를 활용해 휠체어가 올라갈 수 있는 미끄럼틀, 장애인을 돌보는 사람이 함께 탈 수 있는 넓은 그네를 고안해 냈다. 그 내용을 잘 정리해 이런 기구를 설치하면 어떻겠냐고 제안하는 편지를 써서 센트럴파크 관리국에 보냈더니, 관리국에서 정성스러운 답장을 보내와 아이들이 무척 기뻐했다. 킨제이는 그 일을 계기로 아이들은 학교에서 진행하는 프로젝트가 세상에 정말 필요한 일이라는 걸 깨달았고, 더 큰 선을 위한 행동이 주는 기쁨도 알게 되었다고 말했다.

월리엄 데이먼은 아이들과 '왜'에 대해 의미 있는 대화를 나누고 싶다면 다음과 같은 질문들을 해보라고 조언한다.[11]

아이들이 자신의 생각과 목적을 되짚어 보게 하는 질문

- 수학을 공부하고 읽고 쓰기를 배우는 게 왜 중요하다고 생각하니?
- 잘 산다는 게 너에게는 어떤 뜻이니?
- 좋은 사람이 된다는 건 어떤 걸 말하는 걸까?
- 네가 존경하는 사람이 있니?

- 나중에 네 인생을 되돌아봤을 때, 어떤 사람으로 기억되고 싶니?
- 무엇으로 기억에 남는 사람이 되고 싶어? 그건 왜지?
- 너의 이런 목표를 달성하는 데 도움이 되는 자질은 어떤 거라고 생각해?

킨제이는 두 청소년 자녀를 키우는 엄마로서 목적 있는 삶이 어떤 건지 모범을 보이기 위해 의도적으로 노력한다고 말했다. 일요일 오후에 쉬다 말고 사무실에 나가야 할 때가 가끔 있는데, 그러면 아이들은 이런 말을 했다. "엄마, 너무 힘들어 보여요. 얼굴이 안됐어요." 그럴 때 킨제이는 아무렇게나 대답하지 않았다. 지금 하는 일이 정말 좋아서 한다는 걸 강조해 이렇게 대답했다. "너희와 함께 시간을 보내는 것보다 좋은 일은 없을 거야. 그런데 엄마는 너희와 함께하는 것만큼 학교 일도 사랑해. 교육 방식에 변화를 주기 위해 엄마가 하는 일은 정말 중요하고 누군가 반드시 해야 하는 일이거든." 그러면서 언젠가 너희도 꼭 그런 일을 찾길 바란다는 말을 덧붙인다고 했다.

요즘 킨제이는 자신의 아이들에게서 목적 있는 삶으로 이어질 만한 '불꽃'이 보일 때가 있다고 했다. 가령 딸 샬럿은 요즘 학교에서 기후 변화에 관해 배우고 있는데, 집에 오면 매일 신이 나서 그날 배운 내용을 가족에게 이야기한다고 했다. "콜로라도 대학교에서 개발한 온실가스 배출 시뮬레이터를 보더니 완전히 흥분해서 자기 노트북을 거실로 가지고 나와 우리한테 보여주더라고요." 그걸 보고 킨제이와 남편은 '이 불꽃을 어떻게 하면 활활 타오르게 해줄까?'에 대해 의논했다. 그날 저녁 식사 자리에서 부부는 기후 변화에 대응해 학교에서 할 수 있는 일이 있는지 선생님과 이야기 나눠보도록 샬럿을 응원해 주었다고 했다.

킨제이는 평소 운전을 해 아이들을 특정 장소까지 태워주고, 축구 연습이나 심화 수업을 등록해 주는 사람이 어른이기 때문에 종종 아이들은 '모든 걸 책임진' 어른이 세상의 문제도 해결할 거라는 막연한 생각을 갖는다고 했다. 하지만 그런 자세는 다음 세대가 앞으로 닥칠 문제의 해결책을 찾아내거나 생각을 행동으로 옮기는 데 전혀 도움이 되지 않는다. 킨제이는 "그 일을 해결하기 위해 왜 누군가 나서지 않는지, 저는 그게 늘 의문이었어요. 그런데 그 누군가가 바로 저더라고요"라는 코미디언 릴리 톰린의 말을 떠올렸다. 어떻게 하면 그런 태도를 아이들에게 심어줄 수 있을까? 킨제이는 '맞아, 그게 문제야. 그럼 넌 이제 그 문제를 어떻게 해결할래? 그리고 난 어떻게 널 도와주면 될까?'라는 자세가 필요하다고 했다. 아이들이 능동적으로 움직이는 주체가 되게 하지 않으면 항상 어른이 나서서 뒷마무리하게 될 거라고 말했다.

딸이 무엇에 흥미를 보이는지 관찰하고 행동으로 옮기도록 격려해 준 일은 과연 효과가 있었다. 학교에서 샬럿은 반 친구들과 함께 TED 형식의 강연을 만들고, 지나친 육류 소비로 온실가스 배출이 늘고 있다는 내용을 발표했다. 그래서 현재 학교에서는 매주 월요일을 '고기 안 먹는 날'로 정하고 채식 식단을 제공하고 있다고 했다. 학생들은 휴잇 스쿨이 온실가스 배출량을 줄인 정도를 수치로 매일 확인하면서 학교 한 곳이라도 노력하면 얼마나 중요한 변화를 가져오는지 직접 눈으로 확인하고 있다.

목적 있는 삶을 산다는 게 꼭 사회적으로 큰 의미가 있는 행동과 관련될 필요는 없다. 좋은 이웃이 되려고 하는 것처럼 일상에서 하는 사소한 행동으로도 충분히 그런 삶을 살 수 있고, 특히 그런 사소한 행동은 결과가 바로 나타날 때가 많다. 앞에서 소개한 부모 교육 전문가 마지는 이웃에 혼자 사는 나이 지긋한 남자에 관한 이야기를 들려주었다. "딱 봐도 무척 외로워 보이는 분이었어요." 매일 저녁 누가 현관 벨을 눌러 나가보면, 늘 주유소 할인 매장에서 파는 도넛 한 상자를 들고 인사를 하러 오는 남자였다. 마지는 표현하는 방법이 조금 이상하긴 해도 분명 좋은 의도라고 생각했다. 주위 이웃과 잘 지내고 싶어 나름대로 노력하는 듯했고, 마지는 아이들에게 "우리가 책임지고 그 아저씨를 도와드리자"라고 했다. 물론 처음에는 어색했지만 당시 열두 살이던 아들 배럿과 함께 남자에게 먼저 말을 걸고 이런저런 질문을 하며 친해지려고 애를 썼다. 고향은 어디인지, 주말에는 주로 뭘 하는지 그런 걸 물어보았다. 시간이 지나자 배럿은 가끔 전동공구를 들고 그의 집으로 찾아가 어설픈 실력으로 뭔가를 고쳐주기도 했다. 이웃 남자가 한동안 플로리다주에 가 지낼 때는 배럿이 그 집 정원의 잔디도 깎아주고, 날씨가 추워졌을 때는 보트에

덮개도 씌워주었다. 그러자 이웃 남자도 자신에게 친절하고 따뜻하게 대해줘 고맙다며 엽서를 여러 통 보내왔다. 아들이 그 일로 자신이 이웃의 삶에 얼마나 크게 기여할 수 있는지 스스로 깨달았다며 무척 좋은 경험이었다고 했다.

다른 사람보다 더 나은 게 아니라
다른 사람을 위해 더 나은 것

아이들이 다른 사람을 돕거나 보살피는 마음을 갖게 하는 또 다른 방법이 있다. 나는 클리블랜드에 있는 예수회 남학교, 세인트 이그네이셔스 고등학교에서 이런 활동이 이뤄지는 것을 직접 확인했다. 그 지역에서 활동하는 심리학자가 매우 특별한 학교가 있는데, 그곳만의 '비법'이 무엇인지 알아보지 않겠냐며 소개해 준 덕분이었다. 스탠퍼드 대학교 산하의 비영리단체 챌린지 석세스가 실시한 설문 조사 결과에 따르면, 이 학교는 해마다 공부 잘하는 학생을 배출하기로 유명한데도 정신 건강에 문제가 생겨 힘들어하는 학생 비율은 매우 낮았다. 세인트 이그네이셔스를 방문해 여러 사람과 인터뷰했는데, 이 학교에서 장기간 근무한 교사이고 축구 코치로서 상도 받은 마이크 매클로플린이라는 사람이 특히 기억에 남았다. 그는 할아버지, 아버지에 이어 자신도 이 학교를 졸업한 동문이라고 했다. 그러고 보니, 행정실 직원과 교사 중에 이 학교 출신이라고 말한 사람이

유난히 많다는 생각이 들었다. 이 사람들은 왜 졸업한 학교로 돌아왔을까?

마이크 코치에 의하면, 세인트 이그네이셔스 고등학교는 '다른 사람을 돕는' 학생과 리더를 양성하는 것을 사명으로 여기기 때문에 사람들이 이끌린 것이다. 학생들은 이곳에서 생활하는 4년 동안 자신의 욕구를 충족하고 목표를 이루는 것뿐 아니라 다른 사람도 그렇게 할 수 있게 돕는 것 또한 자신의 책임이라고 배운다. 한마디로 이 학교는 학생들에게 타인 지향적 사고방식을 키우는 훈련을 일상적으로 시키고 있었다. 그 훈련 중 하나가 매일 5분 동안 갖는 성찰의 시간이다. 내가 학교를 방문한 날에 그 광경을 목격할 수 있었다. 오후 2시가 되자, 실내조명이 꺼지고 학생들이 하던 일을 멈췄다. 교내 방송으로 누군가 이야기하자, 나머지 학생들은 눈을 감고 책상에 머리를 대고 엎드려 방송에 귀를 기울였다. 발표자는 학교 임직원, 교사, 학생 중에서 정했고, 발표 주제는 매일 달라졌다. 어떤 날은 기후변화가 빈곤 가정에 미치는 영향을 어떤 날은 인플레이션이 저소득층 가정에 작용하는 불평등을 주제로 삼았는데, 학교에서는 가능하면 다양한 주제를 소개하려고 했다. 이러한 성찰의 시간은 학생들이 세계관을 넓히고, 온정을 베풀고자 하는 마음을 갖는 데 도움이 되었다. 부모가 자녀를 품성 좋은 사람으로 키우려고 노력하듯, 세인트 이그네이셔스 고등학교의 교사와 직원도 그렇게 애쓰고 있었다. 특히 마이크 코치는 학생들에게 "시각을 지금보다 넓혀야 더 나은 사람이 될 수 있다"라는 말을 자주 한다고 했다.

이 학교 학생은 10학년이 되면 의무적으로 봉사 수업을 들으며 '타인을 위한' 마음가짐을 깊이 새기는데, 그 수업의 지도 교사가 마이크 코치였다. 수업에서 학생들은 책임감을 가지고 지역 사회에 봉사해야 하는 이유를 배운다고 했다. 학교를 방문한 동안 나도 수업에 들어가 볼 수 있었다. 마이크 코치는 다른 사람의 관점에서 생각하는 법, 적극적으로 공감하고 연민을 느끼는 법, 사회에서 받은 것을 되돌려주는 법 등을 아이들에게 가르치고 있었다. "여러분이 다른 수업에서는 항상 머리를 썼을 거예요. 세상을 살아가는 데는 물론 머리도 필요하죠. 하지만 마음도 아주 중요해요. 그래서 이 수업에서는 마음 쓰는 법을 배우게 될 겁니다." 나는 자세를 고쳐 앉으며 주위를 둘러보았다. 모든 학생이 마이크 코치의 말에 주의를 기울이는 모습을 보고, 그의 말을 새겨듣는 사람이 나만이 아니라는 걸 알았다.

수업의 필요성을 간단하게 설명한 뒤, 마이크 코치는 간단한 과제를 내주었다. 먼저 학생들에게 지난 24시간 이내에 누구의 도움도 받지 않고 오롯이 혼자 힘으로 해낸 일이 있으면 모두 적어보라고 했다. 그다음에는 다른 사람이 나를 도와줘서 할 수 있었던 일을 생각나는 대로 적게 했다. 그리고 두 목록의 비율이 몇 대 몇인지 가늠해 보게 했다. "재밌게도 처음에는 아이들이 '음, 대충 50 대 50 정도예요'라고 말하거든요. 하지만 제가 '잘 생각해 봐, 네가 정말로 뭘 했는지'라고 이야기하면 대개는 이렇게 말을 바꿔요. '그러고 보니 부모님이 학교까지 태워주시고, 옷도 사주시고, 잘 곳도 마련해 주시고, 먹여주시고, 경제적으로 지원해 주면서 저를 사랑해 주셨어요. 아무래도 5 대 95 정도가 맞는 것 같아요'라고요. 제가 심어주고 싶은 생각은 우리는 다른 사람의 도움 없이는 살아갈 수 없다는 것, 그리고 세상에는 내 도움이 필요한 사람이 많다는 것, 이 두 가지예요." 모두가 '나 중심 문화'에 길든 세상에서 마이크 코치가 가르치는 것에는 진정 반문화적인 뭔가가 있다는 생각이 들었다.

수업을 들은 뒤에는 배운 걸 직접 실천하기 위해 지역 사회로 나간다. 처음에는 학생들은 가까이에서 이웃을 만나 봉사한다는 사실에 겁을 먹고 긴장도 많이 한다고 했다. 그럴 때 마이크 코치는 자신의 서툰 면을 보지 말고, 도움이 필요한 '사람'을 보라고 조언하면서 이런 말을 해준다고 했다. "사람들이 가장 중요하게 생각하는 건 누군가 내게 관심을 보인다는 사실이야."

진정한 봉사란 다른 사람과 깊이 관계를 맺고 삶이 더 나아지게 하기 위한 것임에도 10대들이 하는 봉사의 대부분은 매우 형식적으로 이뤄지는 게 현실이다. 어떤 시설에 가서 한 시간 동안 일하고는 그걸로 끝인 경우가 흔하다. 사회봉사는 우리가 같은 인간이기에 서로에게 책임이 있다는 사실을 인지하고, 상대의 고통을 조금이나마 덜어주려고 하는 것이다. 짧은 시간 안에 할 수 없는 일이다. 사람과 사람 간에 연결 고리를 만드는 데는 시간이 필요하기 때문이다. "하지만 의미 있는 봉사 활동을 하겠다고 반드시 비행기를 타고 아이티로 날아가 집을 지어야 하는 건 아니에요." 마이크 코치는 말했다. 세인트 이그네이셔스 학생들은 암 투병 중인 환자를 방문하거나 난민

구호 활동을 하기도 하고, 어린 학생에게 과외 지도를 하기도 한다. 이런 프로젝트 다른 사람과 관계를 맺는 데 중점을 두고 있다. 그래서 가령 일요일 저녁 노숙자를 위한 무료 급식 봉사를 가더라도 반드시 상대의 눈을 바라보고 악수를 하며 "안녕하세요, 저는 티미라고 해요. 성함이 어떻게 되세요?"라고 묻도록 학생들을 지도한다고 했다.

세인트 이그네이셔스의 봉사 수업이 특별한 이유 중 하나는 봉사활동 시간이 일주일에 한 번, 세 시간으로 주중 수업 일정에 포함되어 있다는 점이다. 대부분의 학교에서도 사회봉사를 의무로 하지만, 대개는 학생이 따로 시간을 내 봉사 점수를 채워야 한다. 하지만 약 50년 전 이 학교를 운영하던 신부님들은 봉사 시간을 다른 과목만큼 중요하게 생각해 아예 수업 일정에 넣었다. 신부님들이 알고 있던 것, 그리고 연구 결과가 우리에게 말하는 것은 결국 같다. 나의 욕구와 타인의 욕구가 서로 균형을 이루는 가치 체계를 따라 살아갈 때 삶의 만족도도 높아진다는 것이다. 사실 종교가 인간의 정신을 고양시키는 것도 자기중심적 사고를 억누르고 더 큰 세상에 소속되어 있다고 느끼게 하기 때문이다.[12] 마이크 코치는 학생들에게 자주 이렇게 말한다. "다른 사람을 위해 봉사함으로써 우리는 세상을 바꾸고, 그게 다시 우리를 바꾸는 거란다."

타인 지향적 사고방식을 단지 봉사 시간에만 국한시킬 게 아니라 아이들의 삶 전반에 적용할 수도 있다. 우리 집 아이들이 열네 살이 되어 처음 캠프 지도자로 봉사 활동을 했을 때의 일이다. 그때 아이들이 할 일은 캠핑 참가자들이 즐겁고 안전하게 지내도록 보살피고, 다른 사람과 친하게 지내는 방법을 알려주는 거였는데, 그걸 왜 해야 하는지는 아이들도 쉽게 이해했다. 하지만 다음 해 여름, 하루 여덟 시간씩 아이스크림 매장에서 요거트 아이스크림을 파는 아르바이트를 할 때는 목적의식을 갖기가 쉽지 않았다. 그때 내 입에서는 나도 모르게 세인트 이그네이셔스에서 배운 말들이 튀어나왔다. 나는 내 안의 마이크 코치에 빙의해 이렇게 설명했다. "그래, 너희가 돈을 받고 아이스크림을 팔고 매장 청소를 하는 건 맞아. 하지만 그것 말고도 매장에 온 아이와 가족에게 올여름 좋은 추억을 만들어주기 위해 거기 간 거라고 생각해 보면 어떨까?" 그러면서 우리는 사람들에게 좋은 추억을 만들어주려면 어떤 걸 할 수 있을지 이야기를 나눴다. 아이들은 손님이 들어올 때 반갑게 맞아주자, 친구네 놀러 온 것처럼 마음을 편하게 해주자고 말했다. 그런 경험을 통해 아이들은 '타인을 위한' 삶은 일상의 사소한 순간에도 실천할 수 있는 일이라는 것을 이해하게 되었다.

윌리엄 데이먼은 자신의 저서 《무엇을 위해 살 것인가》에서 아이들이 인생의 목적을 찾도록 도와줄 방법을 소개했다.[13]

청소년이 인생의 목적을 찾도록 돕는 방법

- 아이만의 불꽃이 무엇인지 관찰하고 격려한다.

- 질문을 통해 생각할 기회를 준다.
- 아이의 흥밋거리에 대해 열린 마음으로 대한다.
- 책임감을 가질 수 있게 주체성을 심어준다.
- 일상에서 가족을 위한 사소한 일을 하도록 하고, 노력에 대해서 충분히 인정해 준다.
- 부모의 인간관계, 일, 인생의 목적에 대해 말해준다.
- 인생의 멘토를 소개해 준다.

깊이 있는 관계

타인을 도우며 관계를 맺기도 하지만, 우리는 봉사 활동을 함께 하는 사람들과도 깊은 관계를 맺을 수 있다. 어렸을 때부터 부유한 동네에서 자란 세라는 공립 고등학교에 다녔다. 세라의 표현을 그대로 옮기면, 학교는 "숨이 턱턱 막힐 만큼 경쟁이 치열한" 곳이었다. 이제 와 생각해 보면 그때 무척 우울했지만, 그런 주위 환경이 마음 건강에 얼마나 해로운지 미처 생각하지 못했다고 했다. 교회 청년 모임을 따라 워싱턴 DC로 일주일간 자원봉사자 수련회에 다녀오기 전까지는 그랬다. 세라는 학교 성적이나 자신과 관련된 일이 아닌, 다른 주제에 관심을 갖고 대화를 나누는 사람들을 거기서 처음 만났다고 했다. "제가 노숙자 돕는 일에 관심이 많았는데, 거기 사람들이 그 일을 하고 있더라고요. 거기에 관련된 얘길 나누면서 유대감이 생겼어요. 마침내 나랑 비슷한 사람들을 찾았구나 싶더라고요." 세라는 그곳에서 다른 사람과 제대로 관계를 맺으려면 계산하는 마음 없이 서로 마음과 마음을 주고받아야 한다는 걸 배웠다고 했다. 수련회가 인생의 전환점이 된 셈이다. "그걸 계기로 제 가치관이 완전히 바뀌었어요."

수련회 이후 세라는 학교 밖에서 관심거리를 찾았다. "제가 달리기 트랙을 돌고 있더라도 잘 뛰지 못하면 코치는 저를 그만 뛰게 해요. 뭐든 잘해야 주목받지, 그렇지 않은 사람은 들러리일 뿐이에요." 그래서 세라는 기존의 하던 일을 그만두고, 오후에는 봉사 활동을 하기 시작했다. 초점을 내가 아닌 외부로 돌려 다른 사람을 돕다 보니 스트레스도 많이 줄어들었다. 덕분에 수련회에서 사귄 새 친구들과 함께 좀 더 의미 있고 진지한 주제를 놓고 대화를 나눌 수 있었다. 예전 학교 친구들과의 관계는 깊이 없게 느껴졌다. "내가 힘든 일을 다 털어놓아도 아무 판단 없이 들어줄 수 있는 상대가 있다는 게 얼마나 마음을 편안하고 따뜻하게 하는지 예전에는 미처 몰랐어요." 세라는 이제는 자신도 친구가 어려울 때 언제든 옆에 있어주는 사람이 되고 싶다고 말했다. "우울증으로 힘들어하는 친구가 있으면 문자를 보내 솔직하게 물어볼 거예요. '지금 받는 약물 치료는 어때? 나한테는 다 얘기해도 돼'라고요. 저도 그런 적이 있었으니까요."

실패했을 때 대처하기

 12학년 첫 학기를 맞은 애덤은 의대 진학을 염두에 두게 되었다. 그동안 수색 구조대에서 활동하고, 청소년 자살 예방 전화 상담을 하고, 정신 건강을 위한 교내 소모임을 꾸리면서 의학 분야에 관심이 생겼던 것이다. 그중에서도 위급한 상황에 놓인 환자를 치료하는 응급 의학과가 가장 끌렸다. 열여덟 살 생일이 지나자마자 병원 새도잉 프로그램(의대에 진학하려는 학생들을 위해 의사의 진료 행위를 미리 관찰하게 하는 프로그램)을 신청해 응급실에서 외과 수술을 하고 심장 이식 수술을 하는 모습까지 직접 보았다. "환자와 의사의 관계를 가까이에서 지켜보며 환자가 제때 적절한 치료를 받지 못했을 때 생길 수 있는 결과를 생각하니, 그게 큰 동기 부여가 되더라고요. 화학과 생물학을 좋아하지는 않지만, 직업을 위해 과학 지식을 쌓는 게 정말 중요하다는 건 알고 있었어요. 목표를 정하고 나니, '와, 내가 과학 공부만 좀 더 하면 정말 원하는 일을 할 수도 있겠는데?'라는 생각이 들면서 열심히 공부하고 싶은 마음이 절로 생겼어요."

 애덤은 부모님이 시킨 것이 아니었기에 더 의욕을 가질 수 있었다고 했다. 부모님은 애덤이 자기 일을 스스로 알아서 하도록 믿고 맡겨두었는데, 그게 삶의 목적을 찾는 데 오히려 도움이 되었다. 봉사활동과 직업 체험의 선택권은 애덤에게 주되, 어떤 장소까지 차로 태워주거나 보이스카우트 참가비를 내주는 등 지원은 아끼지 않았다. 예전에는 명문대에 들어가 연봉이 높은 직업을 얻는 것만이 좋은 삶이라고 생각했는데, 새로운 일을 시도하고 직접 경험하면서 그런 고정관념을 버릴 수 있었다. 한편, 진정한 성공은 삶의 의미를 찾는 데 있다는 것도 깨달았다. 애덤은 이렇게 생각이 바뀌고 나니, 인근 칼리지를 가든 하버드를 가든 대학 이름과 상관없이 다른 사람에게 좋은 영향을 미치는 삶을 살 수 있다는 사실을 알게 되었다.

관점을 바꾸고 애덤이 그동안 하던 노력을 멈추지 않았다. 정반대로 더 열심히 공부하고 더 좋은 성적을 받으려고 노력했다. 목표가 정해지니 애덤은 정규 수업으로는 성이 차지 않았다. 자신이 어디까지 할 수 있는지 시험해 보고 싶어졌다. "중요하지 않은 일을 하며 시간을 낭비할 게 아니라 집중해야 한다고 생각했어요." 애덤은 담당 선생님에게 부탁해 우등 수학반에 들어갔다. 수업에 들어간 지 한 달 뒤, 첫 시험에서 F를 맞았다. "난독증 때문에 수학을 공부하기가 특히 어려웠어요." 하지만 큰 뜻을 품었기에 거기서 포기하지 않고 계속 공부했다. "지금 생각해 보니, 그때 저는 저 자신을 뛰어넘으려고 했던 것 같아요." 수학 선생님이 매일 방과 후 과외 지도를 해주겠다고 제안했고, 애덤도 감사히 받아들였다. 그리고 F였던 성적은 마지막에 B+까지 올라갔다. "세상에는 태어날 때부터 머리가 좋은 사람들이 정말 많아요. 저는 그런 사람은 아니지만, 그래도 열심히 하면 원하는 걸 이룰 수 있다고 생각해요." 똑똑하다는 게 비단 머리 좋은 것만을 뜻하지는 않는데, 그런 면에서 애덤은 똑똑한 사람이 틀림없었다.

인터뷰하던 시기는 애덤이 12학년 겨울을 보내며 대학 합격 여부를 한참 기다리고 있던 때였다. 그는 고등학교에 처음 들어왔을 때처럼 방황하지 않고, 해야 할 일에 여전히 초집중하며 시간을 보내고 있었다. 우등반 수업과 AP 수업을 최대로 듣고, 대학에 지원서를 쓰고, 봉사 활동까지 하고 있으니, 도대체 그 시간과 에너지는 어디서 나오냐고 물었더니 애덤은 웃음을 터뜨리며 겸손하게 답했다. "제가 에너지가 좀 많아요." 응급 의학과를 미리 경험하는 차원에서 애덤은 응급 구조사가 되기 위한 훈련도 시작했다고 했다. 학교가 끝나는 시간이 오후 3시인데, 응급 구조 수업은 오후 4시부터 8시까지였기 때문에 애덤은 매일 시간 배분을 잘해야 했다. "더 열심히 공부하고 더 잘하기 위해 저를 많이 몰아붙이고 있는 건 맞아요. 하지만 그건 저만을 위한 건 아니에요. 제가 더 많이 노력해야 필요한 지식과 경험을 쌓을 수 있을 테고, 그래야 다른 사람을 도울 수 있는 거니까요."

자기 삶의 이유를 알면 단순히 에너지만 생기는 게 아니라 실패했을 때 그걸 수용하고 회복하는 능력 또한 향상된다. 살다 보면 다른 사람에게 이해와 인정을 받지 못할 때도 있다. 하지만 나를 넘어서는 무언가에 기여했을 때 '나는 가치 있는 사람이다'라는 걸 몸소 느끼게 된다. 이런 식으로 목적은 우리에게 살아가는 에너지를 제공한다. 그런 건전한 에너지를 지닌 사람은 마음의 병에 쉽게 무너지지 않을 뿐 아니라 병이 생기더라도 금세 떨쳐낼 수 있다. 자신의 한계를 넘어 더 큰 뜻을 품는 것은 오늘날 청소년 다수가 느끼는 스트레스, 불안, 우울, 번아웃을 완화하는 데 도움이 된다. 넓은 시야를 지닌 청소년에게서는 자기 파괴적 충동이 더 적게 나타난다고 알려져 있는데,[14] 애덤을 보면 확실히 그렇다는 생각이 들었다. 애덤은 삶의 이유를 찾았기에 난독증이라는 문제에 굴하지 않고 이겨낼 수 있었다. 애덤은 가장 원하는 대학에 합격하지 못하더라도 가까운 의대에 진학할 계획이라고 말했다. 이미 삶의 목적을 찾은 그에게는 무엇도 방해되지 않는 듯했다.

우리가 아이들에게 목적 있는 삶과 다른 사람에게 의미 있게 기여하는 법을 가르치면 적극성과 추진력이 저절로 생겨난다. 어쩔 수 없이 어려운 문제나 좌절할 일이 생길 때도 목적이 있으면 의욕을 되찾고 기운을 회복해 계속 나아갈 수 있다. 목적은 완벽주의 성향을 억제하며, 한 번의 실패로 자신이 재단되지 않는다는 사실 또한 깨닫게 한다. 반복된 좌절도 사람의 고유한 가치를 모두 반영하지는 않는다. 우리가 외부로 향하는 사명감을 지닐 때 멀리 볼 줄 아는 안목이 생긴다. 그런 뒤에야 단순히 성취한 결과에 따라 우리의 가치가 높아졌다 떨어졌다 하지 않는다는 사실, 그리고 실패가 처음에 느끼는 것처럼 그렇게 중대하지 않다는 것도 알게 된다. 이렇게 더 큰 목표가 있는 사람은 결핍 의식이 아니라 풍요 의식을 가지고 세상을 보게 되고, 더 큰 전체의 일부로서 자기가 있어야 할 곳이 어딘지도 알게 된다. 사실 관대함을 드러내는 건 세상을 위해서도 필요하지만, 한편으로는 우리가 풍요로운 세상에 산다는 걸 알려주기 위해 필요하기도 하다.[15] 그걸 알았을 때 우리는 더 행복하고 건강해지기 때문이다.

이후 대학교 1학년이 된 애덤을 다시 만났을 때, 그는 UCLA에서 의대 진학 과정을 밟고 있었다. 이른 봄 우리는 아이스티를 손에 들고 꽃이 한창인 캠퍼스 안을 이리저리 돌아다니다가 넓은 잔디밭에서 프리스비를 던지는 한 무리의 학생을 지나쳐 걸었다. 나는 고등학교에 갓 입학했을 때만 해도 공부에는 흥미도 없던 학생이 이런 명문 대학에 합격한 비결이 뭐냐고 물었다.

　　애덤은 얼굴을 붉히며 바닥을 내려다봤다. "솔직히 저는 그냥 평범한 학생이에요." 비록 스스로를 평범하다고 말했지만, 애덤은 비범한 학생이었다. 요즘 그는 강점을 적극 수용해 약점을 극복하는 방법을 깨치는 중이라고 했다. 난독증이 있는 사람에게는 거리와 건물 이름을 기억하는 일이 특히 어렵다. 하지만 지금 애덤은 UCLA 캠퍼스 내에서 직접 앰뷸런스를 운전하며 응급 구조 활동을 하기 때문에 이를 꼭 기억해야 한다고 했다. 다른 사람의 목숨을 살리는 일에 실수란 용납할 수 없고, 지도를 계속 확인할 여유도 없기 때문이다. "어디로 가야 하는지도 모르면서 응급 구조 연락을 받을 순 없잖아요. 일분일초가 중요한데." 그래서 애덤은 자신의 강점을 이용해 지난 몇 주 동안 캠퍼스 내 모든 건물과 좁은 도로, 차로 접근 가능한 지점 등을 모두 암기하는 중이라고 했다. 금요일 저녁 친구들과 저녁을 먹으러 가면서도 친구들에게 길과 건물 이름을 퀴즈로 내달라고 했다고도 했다.

　　"수색 구조 활동을 하고, 청소년 자살 예방 상담을 하고, 병원 섀도잉 프로그램에 참여하며 경험을 쌓을수록 제 능력에 대한 자신감도 점점 커진 것 같아요." 그러면서 더 큰일에 도전할 수 있었다고 애덤은 말했다. "세상을 몸으로 경험해 보지도 않고, 교실에 앉아 책만 읽은 게 전부면서 모든 것을 안다고 이야기하는 건 말도 안 된다고 생각해요." 난독증이 있는데 외국어를 배운다는 건 무척 어려운 일이지만, 응급실 의사로 일하려면 스페인어가 꼭 필요하다고 했다. 그래서 코로나19 팬데믹으로 대학 수업이 온라인으로 이뤄지는 동안에는 스페인어를 배우기 위해 라틴 아메리카에 다녀오기도 했다. 그리고 엘살바도르에 있는 응급 의료 서비스 팀과 적십자에서 자원봉사도 했다.

"요즘 제가 가장 관심을 갖는 일은 응급 의료 서비스를 살피면서 요원들이 문제 행동에 어떻게 대응하는지 알아보는 거예요." 애덤은 응급 상황 현장에 제일 먼저 도착하는 응급 구조사가 구조자의 정신 건강 문제를 어떻게 다뤄야 하는지에 관한 훈련에 할애되는 시간은 고작 30분밖에 되지 않는다고 설명했다. "환자가 긴장을 풀게 하는 법은 배운 적이 없어요. 움직이지 못하게 구속하는 걸 배운 게 다예요." 현재 로스앤젤레스시에서는 정신 건강에 문제가 있는 환자를 다루는 응급 의료 요원을 양성하려고 계획 중인데, 그 일을 애덤이 돕고 있다고 했다.

응급 의료 서비스는 매우 어려운 일이다. 인생은 늘 뜻대로 되지 않고, 나쁜 일은 계속 일어난다고 애덤은 말했다. "하지만 전 이런 식으로 생각해요. 제 목표는 무슨 일이 일어나든 사람들을 돕는 거니까, 환자를 도울 수 없다면 환자의 가족이나 현장에 있던 행인이라도 돕자고요. 상황을 조금이라도 개선하기 위해 뭐라도 하자는 마음이에요." 그마저 할 수 없을 때 그는 그 일에서 무얼 배울지 생각한다며, 언젠가 그 경험이 다른 사람을 구조할 때 도움이 될 거라고 말했다.

애덤에게 학부 공부는 어떠냐고 물었더니, 무척 힘들다는 답이 돌아왔다. 화학 과목 교수님이 학점을 박하게 주기로 유명한 분이라서 공부를 아무리 열심히 해도 성적을 가늠하기 힘들다고 했다. 하지만 큰 목표를 생각하면 이런 사소한 것쯤은 아무래도 괜찮았다. "좋은 성적을 받아야 한다는 압박감에서 벗어나 그냥 열심히 하고 최선을 다하기로 마음먹었어요. 그렇게 했는데도 안 되면 어쩔 수 없는 거죠." 그래도 나는 여전히 애덤이 이후 의대에 지원할 때 화학 성적이 걸림돌이 되진 않을까 걱정되었다. 그 말을 했더니, 애덤은 이렇게 대답했다. "자신을 넘어서는 목표를 세우면, 거기에 도달하는 길이 무한하다는 걸 알게 돼요."

이후 우리 대화는 내가 줄곧 고민하던 '부모로서 나는 우리 아이들을 어떻게 키울 것인가'라는 주제로 넘어갔다. 연봉 높은 일자리를 얻고 세금을 많이 내 사회에 기여하는 사람으로 아이를 키우는 것이 부모의 역할이라고 믿는다면, 학교 성적과 대학 입시에만 초점을 맞추는 게 맞을 것이다. 하지만 아이가 사회에서 경제적 기여 이상의 가치를 드러내도록 하는 게 부모가 할 일이라면, 공동의 이익에 기여하는 바른 시민을 길러내는 게 우리 임무라면 성적만큼 아이가 주변을 살펴보게 하는 것도 매우 중요하다.

그래서 요즘 남편과 나는 가능한 한 자주 저녁 식사 자리에서 우리의 도움이 필요한 사람들이나 사회적 이슈에 대해 말하고, 미미하게나마 어떻게 도울 수 있는지 이야기하려고 한다. 그리고 아이들이 집이나 외부의 공동체에 기여할 수 있게 시간도 미리 빼둔다. 나는 애덤과 인터뷰를 하면서 번아웃이 왔을 때 무조건 푹 쉬기보다는 오히려 주변 세상을 더 나아지게 만드는 일에 참여하는 것도 좋은 해결책일 수 있겠다고 생각했다. 우리의 열정을 북돋아 주는 일은 바로 그런 일이니까.

우리는 아이들이 '공부는 왜 해야 하지? 이렇게 노력하는 게 다 무슨 소용이지?'라고 생각하며 의미 없이 몇 년을 방황하게 내버려 두지 말고, 의미 있는 삶을 사는 비결을 알려주어야 한다. 그리고 그 비결은 유명 심리학자 크리스토퍼 피터슨Christopher Peterson이 했던 "타인과의 관계가 중요하다"[16]라는 말 속에 모두 함축되어 있다. 애덤과 알고 지낸 지난 3년 동안 애덤이 내게 보여줬던 것도 부모 교육 전문가 마지, 하버드 대학교 교수 리처드, 세인트 이그네이셔스 고등학교 코치 마이크가 알려준 것도 모두 내가 다른 사람에게 가치 있는 일을 한다고 생각할 때 우리 삶이 더 의미 있어진다는 사실이다. 다른 사람에게 더 크게 기여하면 할수록 우리는 삶을 더 의미 있게 가꿀 수 있다.

CHAPTER 7

Mattering Matters

부모의 매터링이
먼저다

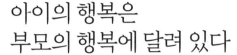

아이의 행복은
부모의 행복에 달려 있다

그날 아침은 마치 TV 시트콤 같았다. 마감 날짜가 점점 다가오고 있어 나는 2주 내내 아주 이른 시각에 일어나야 했다. 아침을 준비하러 비틀비틀 부엌으로 들어가 냄비에 달걀을 넣고 가스레인지 위에 올려놓은 것까지는 기억이 나는데…. 대략 한 시간 후, 귀청이 찢어질 듯 요란한 화재경보기 소리와 자욱한 연기에 놀라 다들 잠에서 깼다.

이제 겨우 오전 7시 15분이었는데도 하루가 다 지나간 것처럼 피곤했다. 여덟 살 아들 제임스가 오늘 방과 후 농구 연습을 보러 올 건지 물었을 때, 나는 곧바로 가겠다고 대답하지 못했다. 못 간다는 말이 나올 것 같았는지 제임스는 압박 공세를 펼쳤다. "다른 엄마들은 전부 온다고요." 아이는 우유에 만 시리얼을 입에 넣으며 꼭 오라고 부탁했다. '다른 엄마들은 전부 와서 연습하는 걸 본다고? 진짜로?' 수면 부족 때문이었는지 아니면 아이가 엄마의 죄책감을 건드린 건지 모르겠지만 나도 모르게 불쑥 이렇게 말해버렸다. "그럼, 물론이지. 엄마도 갈게. 절대 놓칠 수 없지!"

그래서 그날은 일찌감치 하던 일을 접고 컨실러로 눈 밑 다크서클을 가린 다음 조금은 마지못해 헌신적인 엄마의 모습으로 아이의 농구 '연습'을 보기 위해 체육관으로 향했다. 체육관에는 아이들이 어찌나 많은지 코치들이 코트를 반으로 나눠 여러 무리의 아이들을 훈련시키고 있었다. 나는 관중석 의자에 최대한 편안하게 자리를 잡았다. 그러고는 다른 엄마들과 함께 두 시간 내내 체육관 중간을 나눈 칸막이만 쳐다보았다. 제임스는 칸막이 반대편 코트에서 훈련하고 있었기 때문에 나는 아무것도 보지 못했고, 연습하는 아이를 응원하려고 거기까지 가놓고 생색조차 낼 수 없었다. 그리고 거기서 흘려보낸 시간만큼 밤늦게까지 일을 해야 했다.

잠깐 다음과 같은 사고 실험을 해보자. 아이가 그날 나와 같은 일상을 살고 있다고 상상해 보자. 아이가 할 일이 많아 새벽 4시에 일어나고 정신없이 과제를 제출하고 선생님, 친구, 부모를 기쁘게 하려고 무척 애쓰고 있다. 그런 아이에게 당신은 뭐라고 말하겠는가? 너의 행동은 너의 가치와 관련이 없다고 말하지 않을까? 그렇게 애쓰지 않아도 너는 애정과 공감을 받을 가치가 있는 사람이라고 하지 않을까? 자기 아이가 자신을 중요한 존재로 여기도록 하는 방법을 아는 현명한 부모라면 분명 그렇게 말했을 것이다. 그런데 문제는 아이들이 부모의 말만 듣는 게 아니라 '행동도 다 본다'는 것이다.

아이들은 우리를 모델 삼아 우리가 하는 말뿐 아니라 행동을 보고 매터링 감각을 내면화한다. "나는 그렇게 행동하지 않지만, 너는 내 조언을 따르는 게 좋아"라는 식으로 접근하는 방법은 역효과를 낳는다. 부모는 늘 지쳐 있으면서 아이에게는 그러지 말라고 하면 아이들은 부모의 말과 행동이 다르다는 것을 금세 눈치챈다. 생각해 보자. 아이에게는 성적보다 네가 더 중요하다고 말하면서 정작 자신은 아이들과 자신의 삶에서 좋은 결과를 내는 걸 늘 우선시하지는 않았는지. 아이가 힘든 일이 있을 때 다른 사람에게 기대고 힘을 얻기를 바란다면서 정작 자신은 모든 책임을 혼자 짊어지려고 하지 않았는지. 그게 '좋은' 부모라서, 특히 엄마라서 가족 모두의 욕구를 자신의 욕구보다 중시한다. 우리는 그걸 사랑이라고 생각하겠지만 사실 '부모'가 자신을 중요하게 여기지 않는다는 걸 스스로 드러내는 꼴이나 다름없다.

아이를 잘 키우는 방법에 관해 전문가들과 이야기를 나누면서 부모는 자신이 하는 말 못지않게 평소 하는 행동도 면밀히 돌아봐야 한다는 사실을 깨달았다. 나는 나 자신이 무조건적으로 가치 있는 사람인 것처럼 행동했나? 나 자신에게 친절했나? 내 관심사가 다른 사람의 관심사만큼 중요하다는 걸 알고 행동했나?

이런 질문은 아이들이 부모를 보고 배우기 때문에 중요하기도 하지만, 부모 자신을 위해서도 필요하다. 부모 역시 중요한 존재이기 때문이다.

티핑 포인트

뉴잉글랜드의 쌀쌀한 가을날, 나는 모자, 장갑, 목도리 같은 것은 하나도 챙기지 못하고 몹시 얇은 옷차림으로 기차에서 내렸다. 그날 아침 아이들에게 옷을 잔뜩 껴입히고, 묵직한 첼로와 커다란 과학 과제물을 들려 학교에 내려주고 급하게 나오느라 정작 나는 두꺼운 외투 하나 챙기지 못했다.

코네티컷주 남서부에 있는 소도시 윌턴을 방문한 건 그때가 세 번째였고, 나는 그날 세 아이의 어머니인 제너비브 이슨과 만나기로 했다. 구불구불한 도로를 따라 돌담이 길게 뻗어 있고 예쁜 집들이 자리 잡은 경관, 뉴욕시까지 통근이 용이하다는 점, 그리고 코네티컷주에서 손꼽히는 좋은 학교들이 모인 학군 때문에 많은 사람이 이곳으로 이주했다. 제너비브도 같은 이유로 1999년에 이사를 왔다고 했다. 우리는 근사한 이탤리언 음식점의 한 테이블에 마주 보고 앉았다. 제너비브와 남편은 윌턴으로 이사 온 것에 무척 만족했다고 한다.

뉴욕의 한 회사에서 재무 일을 하는 남편 롭은 매일 오전 6시 기차를 타기 위해 일찍 집을 나섰고, 그동안 제너비브는 가정을 돌봤다. UCLA를 졸업한 그녀는 원래 야생동물 보호 단체에서 일하고 싶었지만, 전업주부로 사는 것도 어쩌면 특권일 수 있겠다는 생각이 들어 일 욕심을 내려놓았다고 한다. "한때 나무에 몸을 숨기고 야생동물을 관찰하면서 동물의 습성을 기록하는 제 모습을 상상했어요"

라고 말한 제너비브는 이제 자녀들 앞에 놓인 크고 작은 장애물을 제거해 '완벽한 환경'을 만드는 데 몰두하고 있었다. 집에서 살림하는 게 그녀도 싫지 않았다. 언젠가부터 마사 스튜어트_{Martha Stewart}(살림과 가정의 소중함을 일깨우며 주부들의 롤 모델로 통하는 여성 기업인)를 따라 하며 훌륭한 음식과 깔끔하고 멋지게 꾸민 집을 자랑스럽게 여기게 되었다.

세 아이를 키우는 것만으로도 하루가 모자랐지만, 아이들이 이런저런 활동을 할 수 있게 차로 데려다주고, 숙제를 봐주고, 친구 관계로 힘들어하면 고민 상담을 해주고, 그 외에도 필요한 것을 챙기느라 자신의 시간과 에너지를 전부 쏟아부었다. "아이를 통해 못다 이룬 꿈을 대신 이룬다거나 하는 생각을 하진 않았어요. 다만 아이들이 건강하고 행복하길 바랐고, 각자 재능을 찾을 수 있다면 좋겠다고 생각했죠." 아이에게 자기만의 재능이 보인다고 생각되면 잠재력을 전부 발휘할 수 있게 아이를 열심히 응원했다. "아이가 뭔가를 관두고 싶어 해도 계속 해가도록 돕는 게 제 역할이라고 생각했어요." 악기 연습을 시키고, 수학 학습지를 신청하고, 아이들이 충분히 운동하고 잘 먹게 하려고 했다. 자신은 친구를 만나지도, 다른 사회생활을 하지도 않고 아이와 관련된 사람들하고만 가까이 지냈는데, 그게 더 편했다고 한다.

아이가 중학교에 가니 그동안 친하게 지냈던 사람들과는 자연스레 멀어졌지만, 제너비브도 롭도 따로 인간관계를 만들고 유지할 시간이 없었다. 그러나 자신이 포기한 커리어와 친구 관계에 크게 미련은 없었다. 각자 자신의 일이 있었고, 이 정도 희생은 어쩔 수 없다고 생각했다. 또한 이 일을 평생 지속하지는 않을 거라는 생각도 있었다. 지금 자신이 할 일은 아이를 돌보는 일이고, 아이들이 다 자랄 때까지는 거기에만 집중하고 싶었다. 그리고 가끔 아이가 발표회에 가 활짝 웃는 모습을 보거나 A로 가득한 성적표를 의기양양하게 흔들 때면 내가 정말 잘 살고 있다며 흡족해하기도 했다.

아이들이 자라면서 스케줄도 점점 많아졌다. 제너비브는 가족 모두가 생활 균형을 잘 유지하도록 도왔지만, 경쟁이 심한 동네에서 공부 잘하는 학생이 흔히 맞닥뜨리는 현실을 마주하고 말았다. 첫째 딸 서배너가 10학년에 올라가기 전 여름 방학이었다. 서배너는 다음 학기에 체육과 합창단 수업을 제외하고 모든 과목을 우등반 또는 AP 과정으로 듣겠다는 계획을 세웠다. 아이가 너무 욕심을 부리는 게 아닌가 싶어 제너비브는 학교 카운슬러를 만나 함께 조언을 듣자고 했지만, 6학년 때 자기 학년보다 2년 앞선 수학 과정을 들은 경험이 있는 서배너는 무척 자신만만했다. 고등학생이 되어 다시 기회가 왔으니 놓치고 싶지 않다고 했다. 그래서 제너비브도 딸을 응원해 주기로 마음먹었다. "엄마라는 사람이 자기 딸을 믿어주지 않으면 누가 믿어줄까 싶었어요."

정신없이 바쁘고 때로는 스트레스를 받기도 했지만, 집안은 별 탈 없이 잘 굴러가는 것처럼 보였다. 불과 하룻밤 사이 그렇지 않다는 게 드러나기 전까지는 말이다. 서배너가 2학년이 되고 열흘쯤 지났을 때, 아이가 한밤중에 조심조심 안방으로 걸어 들어오더니 엄마를 깨우며 속삭였다. "엄마, 할 얘기가 있어요." 서배너는 눈물을 흘리며 학교 공부가 너무 힘들어 죽고 싶다는 생각을 했다며 속마음을 털어 놓았다. 제너비브는 밤새 아이 옆에 함께 있었다. 그리고 다음 날 아침 일찍 의사에게 전화했고, 의사는 집으로 사회복지사를 보냈다.

사회복지사는 제너비브 부부에게 당장 서배너의 학업 부담을 줄여야 한다고 조언했다. 제너비브는 서배너가 스스로 선택하게 하고 싶었지만, 사회복지사의 생각은 단호했다. 지금 서배너는 새로운 도전에 압박을 느끼고 있기에 스스로 물러날 수 없다고 했다. 그래서 다음 날 제너비브는 학교로 찾아가 서배너가 가장 힘들어했던 AP 수업을 모두 취소했다. "지금은 말도 안 되는 소리라는 걸 알지만, 당시엔 모험하는 기분이 들었어요. 아이의 미래에 아주 중요한 뭔가를 포기하는 것 같았거든요."

제너비브는 서배너를 각별히 지켜보는 동시에 집안일을 하고 나머지 두 아이도 계속 챙겨야 했다. 그동안 해온 부모 역할에 부담스러운 일이 추가된 셈이라, 무척 신경 쓰일 뿐 아니라 정신적으로도 진이 빠졌다고 한다. 거기다 최근에는 둘째 아이까지 학업에 대한 압박감으로 힘들어하기 시작했다. 답답한 마음에 그녀는 심리 상담사를 찾아갔다. "상담하러 가면 심리 치료 선생님에게 이 문제, 저 문제를 해결하는 '옳은' 방법이 뭐냐고 항상 묻게 돼요." 요즘 제너비브는 신경이 예민해져 남편에게 툭하면 화를 내다 보니, 남편도 그녀의 눈치를 엄청 보고 있다고 했다. 첫째 딸 서배너가 압박을 받지 않도록 돌보는 일도 스트레스이고, 다른 두 아이에게 고루 관심을 주는 일도 큰 스트레스였다. 스트레스가 심해지니 신체적으로도 무리가 왔다. 턱에서 시작한 통증이 등까지 이어졌다. 병원에 가니 턱관절이 아프고 뻣뻣해지는 장애가 생겼다면서 스트레스와 긴장이 원인이니 요가 또는 필라테스를 하라고 했다. 그런 걸 할 시간이 있긴 한가 싶어 자기도 모르게 실소가 흘러나왔다. "이젠 하다 하다 해야 할 일 목록에 '나 돌보기'까지 추가됐구나 싶었어요."

제너비브는 서배너의 일을 학교 선생님과 행정실 직원 외에는 아무에게도 말하지 않았다. 서배너가 친구와 친구의 부모가 자신을 어떻게 생각할지 걱정이라면서 다른 사람에게 알리고 싶지 않다고 했기 때문이다. 딸과의 약속을 지키느라 제너비브도 이런 고민을 혼자 속으로 삭였고, 스트레스가 심해져 한밤중에 잠에서 깰 때가 많아졌다. "내가 뭔가를 잘못해서 이런 문제가 생겼구나 싶었어요. 어쩐지 엄마로서 저 자신이 많이 부족하다는 생각이 자꾸 들더라고요."

집중 양육

많은 사람들이 아이를 제대로 키우려면 부모의 희생이 불가피하다고 믿는다. 오늘날 '좋은' 부모란 아이에게 모든 걸 쏟아붓는 부모를 의미하는데, 그건 주로 시간과 금전적 여유가 많아 '전면적 양육'이 가능한 부모들이 만든 기준이라 할 수 있다. 어떤 부모는 아이를 위해 새로운 집, 이웃, 동네를 찾아 이사하고, 심지어 그럴 수 있다면 직업을 바꾸거나 완전히 포기하기도 한다. 제너비브처럼 나도 아이들을 돌보느라 한동안 일을 하지 못하던 시기가 있었다(반대로 여성들 중에는 일 때문에 아이를 직접 돌보지 못하는 경우도 많다). 우리 집은 경제적 이유가 크게 작용했다. 월급이 그리 많지 않다 보니 내가 계속 일을 해도 아이들 보육료나 겨우 해결하는 정도였지만, 남편은 나보다 연봉이 높아 내가 일을 쉬어도 우리 가족이 먹고사는 데는 지장이 없겠다고 생각했다.

일을 쉬는 동안 나는 아이도 키워야 했지만, 남편도 챙겨야 했다. 당시 남편은 런던에서 일해보자는 제안을 받은 참이었다. 남편이 새로운 나라에서 자리를 잡느라 바쁘게 돌아다니는 동안 나는 집과 가족을 보살피느라 바빴다. 제너비브가 그랬던 것처럼 나도 직장에 얽매여 있지 않으니 시간과 에너지를 온전히 가족에게 써야겠다 싶었다. 책 작업에 몰두하는 대신 아이들을 위해 이상적인 수면 패턴을 공부하고, 새로운 요리 레시피를 알아보고, 피부에 좋은 선크림을 사고, 어린이집마다 교육 철학이 어떤지 알아보고 다녔다. 아이들을 성공한 어른으로 키우기 위해 내 지식과 재능을 모두 바쳤다.

부모로서 우리는 아이들 말에 귀 기울이고, 아이가 이동할 때 차를 태워주고, 보호자로 따라다니고, 행동을 지시하거나 응원하고, 과제를 도와주고, 대회에 함께 참석하고, 연습 경기도 보러 간다. 이런 노력과 희생이 그 자체로 가치와 보람 있는 일로 여길 수 있지만, 모든 걸 종합해 보면 사회학자들이 '집중 양육intensive parenting'이라 부르는 굉장히 소모적인 행동 양식이다. 집중 양육이란 아이를 가정의 최우선에 놓는 양육 스타일을 말한다. 물론 부모로 살다 보면 어쩔 수 없이 자신의 욕구를 뒤로 미루기 마련이다. 하지만 이런 양육은 지나친 희생을 요구한다. 또한 기대치도 너무 높아서 시간과 자원이 많은 일부 특권층 부모를 제외하고는 해내기 어렵다.

성평등 시대가 되었다고는 하지만, 아이를 성공적으로 키우는 건 '어머니 몫'이라는 생각이 여전히 존재한다. 연구에 따르면, 1970년대 중반 이후 자녀가 있는 여성의 71퍼센트는 집 밖에서 일하는 시간이 늘었고, 육아에 쓰는 시간도 57퍼센트나 증가했다.[1] 이 수치는 현대 워킹맘이 1970년대 전업주부 엄마보다 아이를 돌보는 데 더 많은 시간을 쓴다는 것을 보여준다. 또한 아이에게 쓰는 시간은 대학을 졸업한 아빠 또는 대학 교육을 받지 않은 엄마보다 대학을 졸업한 엄마에게서 가장 많이 증가했다.[2] 사회학자 샤론 헤이스Sharon Hays는 커리어를 쌓으며 능력 계발에 관심을 갖는 여성이 가정에 느끼는 불편한 마음을 시간을 들여 보상하려는 식으로 발전했기 때문에 이런 결과가 나타났으며, 사회가 여성의 가정생활에 너무 비현실적인 기대를 하고 있다고 주장했다.[3] 또한 미국 내 더 많은 백인 여성이 경제활동에 참여하면서 사람들은 회사 일뿐 아니라 집안일도 각별히 신경 쓰는 워킹맘의 모습이 이상적인 것처럼 정의 내리고, 여성이 육아와 가사에 더 충실할 것을 기대한다고 말했다.

어머니들이 집중 양육에 특히 열중하고 있지만 아버지들의 참여 역시 점점 증가하는 추세다.[4] 1970년대 중반 이후 아버지가 육아에 쓰는 시간이 거의 세 배로 증가했다는 연구 결과만 봐도 아이의 행복에 아버지가 얼마나 중요한 역할을 하는지 현대 남성들도 매우 잘 이해하는 듯하다.[5] 사회학자들은 이를 좋은 아버지 효과good father effect 라고 부르는데,[6] 아버지가 육아에 적극적으로 참여할수록 아이에게 긍정적 영향을 미치며 그 효과도 여러 해 지속된다고 한다.

뉴욕시에 거주하며 두 아들을 키우는 맷 슈나이더는 집에서 살림하는 남편이자 아버지 연대 단체, 시티 대드스 그룹의 공동 설립자이다. 그는 우리가 자신에게 품는 기대, 배우자가 우리에게 품는 기대, 사회가 우리에게 품는 기대는 흥미롭게도 계속 변화하고 확장한다고 했다. 최근 우리 사회는 전통적인 부모 역할의 경계를 다시 생각하기 시작했지만, 슈나이더는 "아빠들은 이런 모든 걸 이해하고 노력하는 면에서 엄마들보다 30년은 뒤처진 것 같아요"라고 말했다.

동성 커플 역시 아이가 생기면 서로 할 일을 나누기 힘들긴 마찬가지다.[7] 오리건주 포틀랜드에 거주하며 두 아이를 키우는 린은 동성인 여자 친구와 처음 결혼했을 때 무척 '공평'하게 집안일을 배분했다고 말했다. 하지만 첫째 아이가 생기자 린은 곧바로 가사와 육아의 80퍼센트를 도맡으며 주 양육자 역할을 하게 되었다. 한편 배우자는 돈을 벌어 가족을 부양하기 위해 일에 더 많은 시간과 에너지를 쏟았다. "진실은 동성 커플도 이성 커플처럼 똑같은 역학 관계로 다툰다는 거죠."[8] 클라크 대학교 심리학 교수 애비 골드버그Abbie Goldberg는 《뉴욕타임스》와 나눈 인터뷰에서 이렇게 말했다. "처음에는 순조롭다가 아기를 갖거나 입양하면 갑자기 할 일이 말도 못하게 많아지거든요."

동시에 친한 이웃처럼 부모들이 의지하고 도움받았던 관계망은 거의 붕괴되었다. 사람들이 일자리를 찾아 가족과 이웃을 떠나면서 도움을 주고받는 관계가 사라진 것이다. 내가 인터뷰한 여성은 가족과 함께 새로운 도시로 이사했을 때 했던 경험을 들려주었다. 이삿짐을 옮기자마자 아이를 새 학교로 전학시키고 관련 서류를 적는데, 동네에 아는 사람이 아무도 없다 보니 긴급 연락처에 부동산 중개인의 전화번호를 적었다고 했다.

이렇게 사회가 개인화되면서 가족을 위한 모든 일을 부모가 할 수밖에 없어졌으며 그로 인한 부담과 압박감이 크게 늘었다. 인터뷰를 하면서 어머니들은 자기가 아이를 위해 어떤 일까지 했는지 끝도 없이 들려줬다. 밤잠을 못 이루다 낮이 되면 컨실러로 피곤한 얼굴을 가리고 다닌다는 사람도 있었고, 기본적인 욕구를 희생하며 사는 사람도 있었다. 뉴욕에서 다섯 아이를 키우는 어머니 빅토리아는 다섯 아이의 바쁜 스케줄을 관리하며 따라다니다 보니 자기도 모르게 종일 소변을 참는 습관이 생겼다고 했다. 화장실에 가고 싶은 욕구를 억지로 참는 게 아니라 애초에 그럴 마음이 안 생긴다는 거였다. 빅토리아는 뭔가를 하고 싶다는 마음도 아예 버렸다고 했다. "뭔가를 하고 싶다는 생각을 아예 하지 않으면 그걸 못해서 드는 실망감도 막을 수 있기 때문"이라고 말했다.

열 살이 안 된 세 아이를 키우는 또 다른 어머니도 비슷한 생각을 하고 있었다. "예전 내 모습을 유지하려고 매일매일 열심히 싸웠는데, 이제는 그냥 다 포기하고 엄마 노릇이나 잘하기로 했어요." 그래서 만족하는지 물었더니 그녀는 이렇게 대답했다. "아뇨, 하지만 나를 위한 시간을 이렇게든 만들어내려고 애쓰거나 고민하지 않으니 스트레스는 덜 받는 것 같아요." 그 말을 듣는데, 빨래 더미에 깔려 기운 없이 누워 있는 한 여성의 이미지가 눈앞에 보이는 것만 같았다.

심리학자인 수니야 루타는 매일 고군분투하는 아이에게 부모는 '구조요원' 같은 존재라고 말한다. 롤러코스터처럼 오르내리는 아이의 감정을 살피고, 인간관계와 학업으로 받는 압박이 아이에게 큰 타격을 주지는 않는지 끊임없이 주의를 기울인다. 예를 들어, 딸이 축구팀 최종 명단에 들지 못하고, 아들이 수학 시험을 망치고, 아이가 '또다시' 금요일 밤 파티에 초대받지 못하는 등의 일이 수시로 일어난다. 그럴 때마다 부모는 아이에게 공감하고 싶어 하고, 또 그래야 하지만 매일 겪는 양육 과정에서 크고 작은 문제가 끝도 없이 더해지면 몸에도 이상이 생긴다. 한 연구에서는 어머니가 아이에게 잘 공감할수록 경도의 만성 염증에 시달릴 가능성이 크다는 사실을 밝혔다.[9] 그리고 그런 증상은 암과 심장병 같은 심각한 건강 문제를 일으키는 요인이다.

집중 양육은 큰 고립감과 심적 부담을 주기도 한다.[10] 최근 한 연구에서 루타는 양육에 무리하게 에너지를 쏟은 대졸 학력 어머니들이 만성 스트레스와 번아웃에 취약하다고 밝혔다. 그중에도 불안증과 우울감으로 고생할 가능성이 가장 큰 부모는 중학생 자녀를 둔 어머니들인데, 이 시기 아이들이 부모로부터 거리를 두기 시작하기 때문이다. 그 때문에 부모의 희생에 돌아오는 감정적 보상도 눈에 띄게 줄어든다. 저널리스트 제니퍼 시니어Jennifer Senior는 《부모로 산다는 것》에서 의미 있는 취미나 만족스러운 직업을 갖지 못한 부모는 물론, 전업주부로 살겠다고 선택한 엄마들도 이 시기에 정신이 피폐해질 가능성이 특히 크다고 지적했다. "마치 아이가 무대 중앙에서 물러나면서 스포트라이트가 다시 부모 자신의 삶을 비추게 된 상황과 비슷하다. 그렇게 다시 스포트라이트를 받으면 자기 삶에서 무엇이 충족되고, 무엇이 충족되지 못했는지 여실히 드러난다."[11]

또한 청소년기는 성취에 대한 압박이 본격적으로 시작되는 시기이기도 하다. 루타와 동료들이 미국 전역의 대졸 학력 어머니 2200명 이상을 대상으로 실시한 설문에 따르면, 중학생 자녀를 둔 어머니들의 스트레스와 외로움, 공허감의 정도가 가장 높은 반면, 삶의 만족도와 성취감은 가장 낮았다.[12]

인터뷰가 끝날 즈음 제너비브는 미소를 지으며 이렇게 물었다. "좋은 엄마라면 자기 욕구는 뒤로 미루는 게 맞겠죠?" 그 말을 들으니 내 아이들은 지금쯤 내가 껴입힌 옷 때문에 땀을 흘리고 있을지도 모르는데, 정작 나는 목도리 하나 두르지 않은 채 집을 나왔다는 사실이 떠올랐다. 어느새 우리는 부모가 아이를 양육하는 방식이나 아이에게 해준 일이 아이의 행복과 성공에 직접적으로 영향을 줄 거라고 생각한다. 그리고 아이를 사랑하는 만큼 희생하는 게 맞다고 믿는다. 하지만 이제는 그 뒤에 남는 게 무엇인지 생각해 볼 때다.

나 홀로 볼링

서배너가 그런 일을 겪은 후로 제너비브의 관심은 다른 곳으로 옮겨갔다. 아이들이 압박감에서 잠시라도 벗어나도록 집 분위기를 바꾸려 많이 노력했고, 딸에게 심리 치료를 받게 해 외부에서 오는 압박감을 잘 관리하도록 적극적으로 도왔다. '시험공부는 그만하면 충분히 했다, 다른 방과 후 활동을 더 하면 쉬는 시간이 부족하니 하지 않는 게 좋겠다, 과제할 때도 밤새우며 하는 것보다 푹 자면서 하는 게 훨씬 낫다'고 말하며 아이를 안심시켰다.

제너비브는 늦게라도 아이의 마음이 건강해지게 도울 수 있어서 다행이라고 느꼈고, 감사한 마음까지 들었다. 다른 집들도 이런 일을 겪는지 궁금했지만 딱히 물어볼 데가 없었다. 그 당시 월턴에서는 정신 건강의 중요성을 이야기하는 사람이 거의 없었다고 말했다. "다들 겉으로 보이는 모습만 중요하게 여겼던 것 같아요."

부모가 서배너를 돕기 위해 그렇게 노력했는데도 12학년 겨울 마지막 날, 서배너가 자기 방에서 가위로 자해하려는 모습을 롭이 발견해 겨우 막는 일이 또 한 번 일어났다. 대학 입시와 공부에 대한 스트레스로 여전히 힘들어하다 벌어진 일이었다. 병원에 입원시키기로 결정했을 때 서배너는 무척 우울해했지만, 어쩔 수 없었다고 제너비브는 말했다. "집에 있으면 위험한 행동을 할까 봐 너무 걱정됐어요."

서배너가 자기 일을 알리고 싶어 하지 않았기 때문에 제너비브는 딸에게 있었던 일을 누구에게도 말하지 않았다. 하지만 혼자 속으로 삭이려니 점점 더 외로워지는 것 같은 기분이었다. 그러다 어느 평범한 오후, 학교에서 만난 어떤 엄마와 주차장까지 함께 걸어갈 일이 있었다. 평소 그다지 친하지도 않았던 사람인데, 자기 아이가 공부하길 힘들어하고 자신을 주변 사람들과 비교한다며 느닷없이 걱정을 털어놓았다. 그러더니 얼굴을 붉히며 하던 말을 멈추고 이렇게 말하는 게 아닌가. "그 집 딸은 얼굴도 예쁘고 똑똑한 데다 인기도 많아서 제 말 이해 못하실 거예요."

갑자기 제너비브는 혼자가 아니라는 사실을 깨달았다. 아이들에게 아무리 최선을 다해도 어찌 된 일인지 충분하지 않다는 생각이 드는 건 자신뿐만이 아니었다. 세상의 많은 부모 중 아이를 돕는 최선의 방법을 확실히 아는 사람은 아무도 없었다. 하지만 주차장 가운데 서서 제너비브가 생각해 낸 말은 겨우 "아, 보는 것처럼 다 그렇게 완벽하진 않아요" 정도였다.

그 일이 있고 오래지 않아 제너비브는 심리 상담사와 이야기를 나눌 기회가 생겼고, 월턴 지역에 서배너처럼 힘들어하는 아이들이 점점 많아지고 있다는 말을 들었다. 그 말을 들으니 위안이 되기는커녕 벌컥 화가 나며 이상하다는 생각이 들었다. '이런 일이 벌어지고 있는 걸 알면서 왜 아무도 대책을 세우지 않는 거지?' 약물 치료 덕분에 서배너의 상태가 호전되었을 무렵 제너비브는 이 일을 세상에 드러내기로 마음먹었다. 마음의 병에 관해 아무도 이야기하지 않는다면 자신이 먼저 해야겠다고 생각했다. 제너비브는 교회에서 '정신 건강 응급 처치법'이라는 강좌를 만들고, 자녀가 정신적으로 힘들어 할 때 대처하는 방법을 알려주었다.

어느 날 저녁, 바네사 일라이어스도 그 강좌에 참석했다. 바네사에게는 10대 딸이 셋 있는데, 그중 첫째 딸도 학업 스트레스로 자해 징후를 보인 적이 있었다. 바네사 역시 그 일을 비밀로 해오고 있었다. 그와 별개로 자신도 아이들을 돌보느라 지칠 대로 지친 상태이기도 했다. 어떤 날에는 일주일간 특별 활동, 운동, 등하교 등으로 아이들을 태우고 내려준 횟수를 세어봤더니 서른일곱 번이나 되었다고 한다. "엄마로서 실패했다는 생각이 들었어요." 하지만 교회에서 서배너가 자기 경험을 터놓고 말하는 걸 듣고는 희망이 생겼다고 했다. 이후 바네사는 제너비브에게 다가가 이렇게 인사를 건넸다. "앞으로 친하게 지내고 싶어요."

월턴에 갔을 때 바네사가 나를 자신의 미니밴에 태우고 동네를 구경시켜 준 적이 있다. 그녀는 사람을 금세 편안하게 하는 따뜻한 성품을 지닌 사람이었다. 차를 운전하면서 바네사는 5년 전 처음 이 동네로 이사 왔을 때 이야기를 들려주었다. 이웃 중 한 사람이 전화를 걸어 밀가루 한 컵을 빌려줄 수 있는지 물었다고 했다. "뭔가 도울 수 있어 좋았고, 이웃 간의 정이 느껴져서 외롭지 않다는 생각이 들었어요." 그런데 다음 날 외출했다가 집에 돌아오니, 현관 앞에 밀가루 한 봉지가 놓여 있는 게 보였다. 아마도 이웃이 밀가루를 얻어 잘 썼으니 빨리 갚는 게 맞다고 생각한 게 아닐까 싶다. 하지만 바네사는 다르게 해석했다. "뺨을 한 대 맞은 듯한 기분이었어요. 누구에게 무엇도 빚지지 않겠다, 다른 사람에게 어떤 식으로도 의지하지 않겠다고 말하는 것 같았거든요. 밀가루 빌린 일이 자꾸 떠오르지 않게 얼른 갚아버리자, 이런 느낌이었어요."

어쩌면 바네사에게는 웃고 지나갈 수 있는 짧은 순간이었지만, 나는 그 사건이 더 거대한 신념을 대변한다는 생각이 들었다. 미국 전역을 돌아다니며 사람들과 인터뷰하는 동안 반복해 들은 사고방식, 그건 바로 '오늘날 부모들은 남에게 의존하지 않고 독립적이어야 한다'는 생각이었다. 나는 이런 태도가 우리 삶의 미세한 틈새로, 자연스럽게 스며들었다는 생각을 지울 수가 없었다. 바네사도 사람들은 뭐든 혼자 할 수 있다는 사실을 자랑스러워하고 다른 사람에게 의지하는 모습을 보이고 싶어 하지 않는 것 같다고 말했다. 그녀는 운전대를 잡고 모퉁이를 돌며 이렇게 덧붙였다. "다들 자기만의 창고에서 지옥 같은 삶을 사는 듯한 느낌이라니까요."

일하는 엄마들은 전업주부 엄마만큼 아이에게 많은 시간을 할애하지 못하는 게 고민이라고 했고, 반면 전업주부인 엄마들은 집에만 있으면 야망 없는 한심한 여자 취급을 받는다면서 돈을 벌지 못해 자신이 가치 없는 사람처럼 느껴진다고 말하기도 했다. 그리고 많은 엄마들이 기회가 너무 많은 것도 오히려 부담된다고 이야기했다. "다들 요즘 엄마는 풀타임으로 일하면서도 아이 옆을 지켜야 하고, 몸매도 좋아야 하고, 자랑할 수 있는 좋은 집에 살아야 하고, 자녀도 공부 잘하는 아이로 키울 수 있어야 한다고 생각하는 것 같아요."

소득이 비교적 높은 가정의 엄마들이 공통적으로 느끼는 부담이 있었는데, 물질적으로 부유하니 어떻게든 아이들을 고민거리로부터 벗어나게 해줄 수 있지 않냐고 흔히 생각한다는 거였다. 또 부모의 교육 수준이 높으니 아이들이 외로워하지 않게 하는 특별한 능력이 있을 거라는 편견을 갖는 경우도 많다고 했다. 활용할 자원이 많으니 도움이 필요하지도 않을 거라는 그릇된 생각을 하는 사람도 있었다. 워싱턴 DC에 사는 한 어머니는 내게 이런 말을 했다. "제 직업이 경영 컨설턴트라서 회사 경영과 관련된 문제를 해결하는 일을 하고 있어요. 그런데 정작 우리 집에 생긴 문제는 어떻게 해야 할지 몰라서 늘 쩔쩔매요."

지나친 능력 중심의 사고방식이 우리를 쉴 줄 모르는 과잉 생산적 생활 방식으로 몰아가고 관계 쌓는 데 쓰던 에너지와 시간까지 모두 빼앗고 말았다. 여러 연구에서 사회학자들은 지난 수십 년간 교회, 시민 단체부터 작은 동호회까지 다양한 사회 조직의 규모가 지속적으로 축소되었다는 사실을 확인한 바 있다.[13] 이 자료들은 우리가 어떻게 혼자 모든 일을 처리하는지 객관적으로 보여준다. 이제 사람들은 동호회, 종교 및 지역 단체에 나가 다른 사람과 함께 시간을 보내고 신뢰를 쌓고 협동하는 대신 각자 고립된 창고에 갇혀 있다.

꼭 완벽한 그 순간

나는 런던으로 이사한 뒤 얼마 지나지 않아 임신을 했다. 어떻게 하면 아이를 완벽하게 출산할 수 있을지 고민하며 몇 개월에 걸쳐 계획을 세웠다. 의사와 상의해 출산 계획서도 미리 작성해 두었다. 나는 무통 주사를 최대한 마지막 순간까지 미뤘다가 맞고 싶었지만 진통은 그렇게 계획대로 오지 않았다. 마치 지진이 일어난 것처럼 모든 게 정신없었다. 양수가 터진 뒤, 나는 급하게 택시를 잡아타고 겨우 늦지 않게 병원에 도착했다. 수십 년 전 다이애나 왕세자비가 완벽한 옷차림의 윌리엄 '왕자'를 안고 사진을 찍었던 바로 그 계단을 나는 추리닝 바지 차림으로 기다시피 올라갔다. 양수가 터지고 두 시간 만에 나는 자궁 입구가 완전히 열린 채로 분만실에 들어가게 되었다. 출산 계획서를 확인하기는커녕 무통 주사를 맞을 겨를도 없었다.

처음 엄마가 되는 과정은 내가 상상했던 것과는 너무 달랐다. 순조롭지 않은 시작을 만회해야겠다는 생각이 들었다. 우리는 사랑스러움과 경이로움에 사로잡힌 채 앙증맞고 귀여운 윌리엄을 유리처럼 조심스럽게 안아 들었다. 그리고 아이에게 최선을 다하는 엄마가 되기로 마음먹었다. 육아서란 육아서는 다 읽었고, 아동 심리 치료 전문가가 되기 위해 다시 공부를 해볼까 고민도 했다. 윌리엄이 자라는 동안 착실하게 일상을 유지해 나가며 신경을 기울였다. 윌리엄과 눈을 맞추고, 놀이터에 가고, 중성적인 장난감을 사주었다. 그리고 부모가 쓰는 말에 아이도 영향받는다는 걸 알기에 종일 말을 걸었다.

런던과 뉴욕에서 알게 된 다른 엄마들은 각기 자기만의 독특한 방식으로 완벽주의적 성향을 드러내며 아이를 키우고 있었다. 이제 막 아이를 낳은 초보 엄마였던 나는 런던을 돌아다니며 토한 자국이 전혀 보이지 않는 이불이 깔린 깔끔한 유아차를 볼 때마다 신기해했고, 뉴욕의 부유한 동네에서는 출산한 지 얼마 되지도 않았는데 예전에 입던 스키니 진을 입고 돌아다니는 '완벽한' 엄마들을 보며 놀라워했다.

'완벽한 엄마'로 사는 건 정말이지 피곤한 일이다. '좋은' 엄마는 단지 최상의 모습을 보여주는 데 그쳐서는 안 되고, 가면에 생긴 균열도 잘 가려야만 한다. 사람들은 힘들어하는 모습을 보이는 건 약점을 드러내는 것이고, 약점은 우리를 쉽게 다치게 한다고 생각한다. 다시 말해 사회적 지위를 보호하는 '좋은' 엄마라면 가족의 안전과 지위를 지키기 위해 사실은 그렇지 않더라도 겉으로는 아무렇지 않은 척 살아가야 한다는 뜻이다. "어느 목요일 갑자기 친구를 집으로 불러 와인 한잔하며 얘기를 나누는 건 상상도 못할 일이에요. 집이 엉망진창이니까요. 친구를 부르려면 괜찮은 술안주도 준비해 둬야 하고, 꽃도 사다 꽃병에 꽂아야 하고, 근사한 옷도 입어야 해요. 운동복 바지를 입은 채로 누굴 부르는 사람은 아무도 없어요." 제너비브가 말했다.

그렇게 우리는 기진맥진한다. 남들에게 지친 모습을 보이기 싫어 화장하고 아들의 농구 연습을 보러 간다. 밤이 되어 하루를 되돌아보면 결국 다 그럴 가치가 있는 일이니까, 우리는 이런 선택을 하고 기꺼이 돈도 지불한다. 우리 아이는 우리에게 정말 중요한 존재이기 때문이다. 이런 노력이 분명 효과가 있겠지?

멀리사 밀키와 전화 인터뷰를 하게 되었을 때 그동안 궁금했던 이 질문을 했다. 역시 아이를 키우는 엄마로서 지난 30년간 집중 양육이 점점 늘어나는 현상을 연구한 밀키는 이렇게 대답했다. "그렇게 단순하지 않아요." 어머니가 아이를 위해 들이는 시간의 양과 좋은 결과 사이의 상관관계를 보여주는 명백한 증거는 거의 없다고 말했다. 연구에 따르면 오히려 시간의 질과 활동 유형이 더 중요하고, 아이에게 양질의 활동을 제공하는 사람이 반드시 어머니일 필요도 없다. 상대적으로 여유가 있는 많은 엄마들처럼 나 역시 아이를 더 잘 키우기 위해 커리어, 사회생활, 나 자신의 바람이나 욕구까지 전부 미루고 살았는데, 사실은 그런 희생이 '아이에게 미치는 영향은 너무도 미미해서 무시해도 될 정도'라니, 하마터면 나는 들고 있던 전화기를 떨어뜨릴 뻔했다.

거기서 끝이 아니었다. 밀키는 집중 양육이 사실은 아이에게 부정적인 영향을 준다고 주장하는 연구가 있다고 말했다. "어머니가 스트레스를 받고 번아웃 상태가 됐는데, 그게 아이에게 좋은 영향을 미칠 리가 없잖아요." 그 말을 듣자마자 제너비브처럼 아이를 너무나도 사랑해 거기에만 집중하는 월턴의 많은 부모가 머릿속에 떠올랐다. 나는 월턴 지역 부모들이 학생들의 심리 상태를 알아보기 위해 심리학자 수니야 루타를 초청하고 설문 조사를 했다는 말을 들었다.

그랬더니 학생의 30퍼센트가 임상적으로 높은 수준의 불안, 우울 증세를 포함해 '내면화 증상internalizing symptoms(문제가 내적으로 향하면서 우

울, 불안, 공포, 자살 충동, 거식증 등 자신을 괴롭히는 형태로 나타나는 증상)'
을 보이는 것으로 드러났으며(전국 평균 7퍼센트), 전체 학생의 20퍼센
트는 이런 증상이 '평균 이상을 훌쩍 넘어서는 수준'인 것으로 나타
났다(전국 평균 2퍼센트).[14] 루타는 다른 지역의 명문 학교들도 이와 비
슷한 결과를 보인다면서 윌턴에서 나타난 결과가 특별한 게 아니라
고 강조했다. 여기서 말하는 우울은 가끔 울적해지는 정도를 말하는
게 아니라 식이 장애, 습관적 자해, 불안감, 우울증, 자살 충동을 말하
는 것임을 다시 한번 밝힌다.

　루타는 부모들이 최선을 다하지 않아서, 우리가 아이에게 소홀하
거나 사랑하지 않아서 이런 일이 벌어지는 게 아니라고 위로한다.
하지만 업무, 재정적 걱정거리, 혼란한 사건, 아이들의 요구 등 온갖
일로 지나치게 긴장한 채 살다 보면 부모로서 예리하게 반응하는 능
력이 떨어질 수밖에 없다. 그럴 때 우리는 까칠해지고 남을 비난하
거나 통제하려고 하며, 아이들의 감정 신호를 빨리 알아차리지 못한
다. 걱정, 불안, 피로에 시달리면 일관적인 모습을 유지하기 힘들다.
적절한 경계와 한계점을 정하지도, 제대로 된 스케줄을 짜지도 못하
고, 다음 날 새롭게 하루를 시작할 기운조차 없다. 또한 균형 잡힌 시
각을 유지하기 어렵고 인내심도 사라진다.

　가장 걱정스러운 것은 부모의 스트레스와 참을성 없는 모습을 우
리 아이들이 잘못 이해할 수 있다는 점이다. 아이들은 자기가 잘못
해서 부모가 그렇게 행동한다고 생각할 수도 있다. 매터링을 연구하
는 고든 플렛은 자신의 저서에 이렇게 썼다. "자신이 중요한 사람이

아니라는 느낌은 일상에서 축적된 작은 행동 또는 결여된 반응 때문에 생겨난 경우가 많다."[15] 내가 중요하지 않은 사람처럼 느껴지거나 일과 사회생활보다 덜 중요하다고 느껴지면 아이는 스스로를 가치 있는 사람이 아니라고 여기고, 부정적 시각으로 자신을 보게 될 수 있다. 아이들은 부모가 경제적으로 어려워 투잡을 뛰는 건지, 함께하는 시간보다 일을 더 중요하게 생각하기 때문에 그러는 건지 금세 안다. 매터링 감각이 낮은 아이는 자기 집에서, 심지어 제일 가까운 가족과 함께여도 고립감을 느낀다. 심리학자들은 '부모가 물리적으로는 가까이 있지만, 스트레스를 많이 받거나 다른 일 또는 걱정거리에 집중하느라 아이와 정서적으로 교감하지 못할 때' 일어나는 이런 현상을 '근접 분리 proximal separation'라고 부른다.[16]

플렛은 청소년이 느끼는 행복의 첫 번째이자 가장 큰 원천은 자신이 부모에게 중요한 존재라는 느낌이라고 말했다. 특히 남자아이들에게는 친구로부터 받는 매터링보다 부모로부터 받는 매터링이 훨씬 큰 효과를 발휘하는 것으로 확인되었다. 플렛은《매터링의 심리학》에서 부모에게서 얻는 매터링 감각에 가장 크게 영향을 주는 요소는 "부모가 심리적으로 얼마나 온전히 함께하는지"에 달렸다고 썼다.[17] 아이에게 좋다는 건 뭐든 다 해주려다 지쳐버린다면, 심리적으로 옆에 있어주지 못하는 결정적인 우를 범할 수도 있다는 사실을 기억해야 한다.

아이들은 극단적으로 자기를 희생하는 부모를 원하지 않는다. 그들은 우리가 살아가는 성과 중심의 문화를 균형 잡힌 시각으로 바라

볼 줄 아는 부모를 원한다. 그리고 사회가 보내는 비정상적 가치가 얼마나 위험한지 말해줄 지혜와 힘을 가진 부모를 원한다. 아이에게는 자신의 타고난 가치, 자녀의 존재만으로 부모가 느끼는 기쁨, 더 큰 세계의 일부로서 자신이 지니는 의미와 목적 등 긍정적인 메시지를 이야기해 줄 사람이 필요하다.

　과거에 심리학자들은 부모에게 해야 할 일과 하지 말아야 할 일을 구체적으로 알려주어 부모의 행동에 개입하는 데 주로 초점을 맞췄다. 예를 들어 단호하지만 합리적인 기준 정하기, 애정을 보여주되 아이가 원하는 방식으로 하기, 아이의 친구와 친구 부모들과 알고 지내되 억지스럽게 끼어들지 않기, 학교에서 최선을 다하도록 격려하되 부담 주지 않기, 솔직한 피드백을 주되 비난하지 않기 같은 것들이었다. 루타의 말처럼 부모로 산다는 건 어쩌면 줄타기를 하는 것만큼 늘 아슬아슬한 일의 연속인지도 모르겠다. 하지만 아이가 인생의 폭풍을 무사히 헤쳐나가게 할 방법을 알려주는 마법의 리스트 따위는 없다는 게 최근 연구자 다수가 공유하는 생각이다. 가장 중요한 것은 심리적으로 건강한 어른, 즉 우울, 불안, 심한 스트레스로 힘들어하지 않는 부모, 선생님, 운동 코치, 멘토 같은 사람들이 아이 옆에 함께 있어주는 것이다. 지난 수십 년간 진행된 심리학 연구를 통해 아이의 회복 탄력성은 주 양육자의 회복 탄력성에 따라 결정된다는 것이 밝혀지며 이런 사실은 더욱 명확해졌다.[18] 루타는 그렇게 해서 아동 발달에 대한 시각을 완전히 뒤집어 놓은 새로운 지침, "아이를 도우려면 먼저 양육자를 도와야 한다"라는 말이 생기게 된 것이라고 설명했다.

엄마로 살기는 정말 힘들다. 공동체의 강한 기준을 거슬러야 하는 상황이라면 더더욱 힘들 것이다. 아이를 제대로 사랑하려면 부모의 정서적 여유와 체력이 뒷받침되어야 하는 건 매우 당연하다. 그러려면 마음이 편안하고 침착해야 하는데, 내 뒤를 받치는 든든한 버팀목 없이는 그런 마음을 유지하기가 어렵다. 좋은 부모가 되기 위해 우리는 스스로를 돌봐야 한다. 하지만 우리 자신을 '무엇보다 먼저' 돌봐야 한다는 말이 쉽게 와닿지 않을 수도 있다. 이 생각은 사회가 우리에게 강요하는 양육 방식을 정면으로 반박하기 때문이다.

나는 애리조나주 피닉스에 있는 한 타코 집에서 루타와 만나 이런 모순에 관해 이야기를 나눴다. 갈색 눈에 표정이 풍부하고 체격이 작은 루타는 특정 분야에서 최고인 사람에게서만 느낄 수 있는 권위가 물씬 풍기는 그런 여성이었다. 루타는 어머니들이 자신의 정신 건강을 먼저 살피는 일이 왜 중요한지 자세히 설명했고, 나는 고개를 끄덕이며 열심히 받아 적고 있었다. 잠시 후, 루타의 시선이 느껴져 내가 고개를 들자, 그녀는 눈을 가늘게 뜨며 물었다.

"엄마들은 이 메시지에 왜 그렇게 거부감을 느낄까요? 자신을 먼저 돌보는 일의 중요성을 왜 이해하지 못하는 거죠?"

"그러니까 '어른이 먼저 산소마스크를 착용해야 한다', 뭐 그런 뜻 아닌가요?" 루타가 하는 말의 포인트를 이해했다고 생각하면서 물었다.

"아니요." 그녀는 단호하게 대답하고는 테이블 위로 몸을 숙였다.

"안 그래도 할 일 많은 여성들에게 일거리 하나를 더 추가하란 소리가 아니에요. 당신을 위해 그 산소마스크를 쓸 사람을 찾으라는 말이라고요."

나는 의자 등받이에 기대 마르가리타 한 모금을 마시면서 루타의 말을 곱씹었다. 그런 나를 루타가 가만히 바라보더니 몹시 답답하다는 투로 이렇게 말했다. "자신을 위해 그렇게 못하겠다면 아이를 위해서라도 해야 한다고요!"

친구 관계를 통한 해결책

우리에게 필요한 건 '혼자만의 시간'이 아니다. 그건 수십억 달러 규모의 셀프케어 산업이 지친 여성들에게 뭔가를 팔려고 만들어낸 수법에 가깝다. 일주일에 두 번 거품 목욕을 하거나 손톱 손질을 하거나 요가를 하거나 일 년째 사용하지도 않으면서 폰에 깔려 있던 명상 앱을 마침내 여는 것 같은 일을 하라는 게 아니다. 루타는 우리에게 필요한 건 친구와의 깊은 관계라고 설명했다. 자녀를 키우면서 아이가 충분히 사랑과 관심을 받는다고 느끼도록 애썼던 것처럼 우리도 다른 사람과의 관계에서 그런 느낌을 받아야 한다는 것이다.

친구 관계는 불안감을 낮추고 우리가 일상의 스트레스 때문에 지치지 않게 해준다.[19] 사람은 혼자 있을 때보다 누군가와 같이 있을 때 스트레스를 훨씬 덜 받는다. 사회적인 응원과 지지는 위험에 대처하는 몸의 본능적인 반응을 줄이는 효과가 있다. 꾸며낸 말이 아닌가 싶겠지만 사람과의 관계는 뇌가 고통에 반응하는 정도를 낮춰준다는 사실은 과학적으로도 밝혀졌다. 어떤 연구는 두 사람이 함께 언덕을 올려다보면 혼자서 봤을 때보다 언덕의 경사가 완만하게 느껴진다는 점을 밝혀내기도 했다.[20]

그렇다면 학부모회에서 만난 사람과도 힘과 용기를 주는 관계를 맺을 수 있을까? 결혼한 배우자는 어떨까? 이런 유대감을 형성할 수 있는 상대는 정확히 어떤 사람일까? 루타 역시 이런 의문을 갖게 되었다. 그래서 직업상 스트레스가 심한 엄마들을 대상으로 도움을 주고받는 친목 모임을 만들어보기로 마음먹었다. 기존에 성공적으로 진행했던 프로그램을 모델로 삼아 대졸 학력, 전문직 종사자를 대상으로 12주 프로그램을 개발한 다음, '어센틱 커넥션즈 그룹'이라고 이름 붙였다.[21] 프로그램의 실효성을 테스트하기 위해 애리조나주 메이요 클리닉(존스 홉킨스 병원과 함께 미국 양대 병원으로 꼽힘)에서 근무하는 의사, 간호사 같은 전문직 여성들을 먼저 참여시켰다. 루타는 두 가지 목표를 세웠다. 첫 번째는 그룹 내부의 여성들과 외부에서 선택된 '믿을 만한 조언자' 사이에 친밀한 유대 관계가 생겨나도록 분위기를 조성할 것, 두 번째는 엄마들에게 효과적이면서 새로운 양육법을 소개할 것이었다. 12주가 지난 뒤 참가자들은 마음이 한결 편안해지고 행복한 기분이 든다고 보고했고, 스트레스 호르몬 코르티솔 분비량도 한층 줄어든 것으로 드러났다. 놀랍게도 어센틱 커넥션즈 그룹 프로그램이 종료된 뒤에도 이 효과가 계속 유지되었을 뿐 아니라 더 나아진 사람도 있었다.[22] 또한 참가자들 모두가 바쁜 워킹 맘이었는데도 한 사람도 중도에 빠지지 않았으며, 많은 참가자들이 연구가 끝난 뒤에도 오랫동안 모임을 지속하려고 했다. 루타와 공동 연구자들은 이후 다른 지역에서도 그룹을 모집해 온라인과 오프라인으로 프로그램을 진행한 결과, 똑같은 양상을 발견했다.[23]

루타의 연구 팀은 엄마들이 자신의 매터링과 회복 탄력성 향상을 도와줄 친구 관계를 맺는 데 긴 시간이 필요한 건 아니라는 사실을 알아냈다. 필요한 건 그저 미리 계획된 시간뿐이었다. 연구에 참여한 여성들은 일주일에 한 시간 의식적으로 만남으로써 충분히 좋은 결과를 얻었다. 한 참가자는 "그렇게 짧은 시간 동안 진솔한 관계를 맺을 수 있다는 게 그저 놀라울 뿐"이라고 말하기도 했다.

메릴랜드주에서 두 아이를 키우는 마고는 일찍이 누군가와 그런 친밀한 관계를 맺은 적이 있다고 했다. 12년 전 딸들이 아직 아기였을 때, 같은 나이의 자녀를 키우는 엄마 셋과 가까이 지냈고, 아이들이 청소년기에 접어든 지금까지도 서로 육아에 대한 정보를 공유하며 만나고 있다고 했다. "아이를 키우면서 힘든 일이 생길 때마다 항상 그 사람들을 만나 이야기를 나눠요. 그러면 다들 비슷한 문제로 고민했던 경험을 들려주면서 제 생각에 공감해 줘요." 혼자가 아니라는 걸 아는 것만으로도 한결 마음이 편안해졌고, 지나치게 자신을 비난하지 않을 수 있었다. "그리고 나면 걱정은 내려놓고 아이에게 온전히 마음을 쏟게 돼요."

제대로 된 친구 관계라는 건 비현실적인 얘기로 들릴 수도 있다.

우리가 쓸 수 있는 시간과 에너지는 한정되어 있다. 일주일에 4일은 체육관까지 아이를 데려다주고, 숙제를 도와줘야 하고, 휴대폰과 컴퓨터를 얼마나 오래 하는지 감시해야 하고, 먹고 싶어 하는 음식을 만들어줘야 한다. 이렇게 할 일이 많은데 걱정거리를 털어놓기 위해 일부러 친구를 만나 커피를 마셔야 한다니, 불가능하게 느껴질 수도 있다.

물론 좋은 동네에 사는 부모들에게 친구가 전혀 없었다는 말은 아니다. 다만 서로의 고민을 들어주고 위로해 줄 만남의 장이 활성화되지 않았다는 뜻이다.[24] 살기 바쁘고 정신없으면 친구를 만나는 일은 뒤로 미루기 십상이다. 내가 진행했던 설문 조사에서 '아이를 먼저 챙기느라 보고 싶은 친구를 자주 만나지 못한다'는 항목에 그렇다고 대답한 사람이 60퍼센트에 달한 것만 봐도 어떤 상황인지 짐작할 수 있다. 아니면 "다들 너무 바빠서 우는 소릴 들어줄 시간이 없는 것 같아요"라고 말한 어떤 엄마의 말처럼 절대적인 시간이 부족해서일지도 모르겠다.

친구 관계를 단단하고 건강하게 유지하는 방법은 많지만, 내가 인터뷰하면서 알게 된 핵심 비법 두 가지만 소개하려고 한다. 너무 단순해서 오히려 충격을 받을지도 모르지만, 요즘처럼 지나치게 바쁜 세상에 이게 얼마나 효과적인지 깨닫는다면 깜짝 놀랄 것이다. 첫 번째는 친구와 만날 약속을 정하고, 그 날짜를 달력에 기록하는 것이다.

친구는 우리가 자신에게 주는 선물이다. 우정에는 마음을 치유하는 큰 힘이 있는데, 20대 때는 그런 사실을 잘 깨닫지 못했다. 그때는 친구도 나도 그저 함께 재밌게 노는 데만 정신이 팔려 있었다. 그런데 최근 한 연구에서 사람들은 자녀, 친척, 부모, 심지어 배우자와 시간을 보낼 때보다 친구와 함께 있을 때 더 행복한 기분을 느낀다는 사실이 밝혀지기도 했다.[25] 그럼에도 사는 게 너무 바쁘면 제일 먼저 뒤로 미루는 게 친구 관계이기도 하다. 우리는 친구가 항상 거기 있을 거라고 여기며 그 관계를 당연하게 생각한다. 하지만 어느 순간 돌아보면 친구는 그 자리에 없을지도 모른다. 의식적으로 신경 쓰지 않으면 아무리 가까운 친구 사이라도 시간이 흐르면서 점점 멀어질 수 있다.

가족과 관련한 스케줄에는 우리가 얼마나 계획적인지 생각해 보자. 아이가 무술 수업을 받고 싶어 하면 특정 강사가 수업하는 날을 미리 알아내 달력에 기록하고, 아이가 친구와 만나 놀기로 한 날도 미리 표시해 둔다. **우리**를 지탱해 줄 친구와 관계를 유지할 때도 그렇게 계획적으로 움직인다면 어떨까? 우리는 결혼 생활을 유지하고, 아이와 좋은 관계를 쌓기 위해 기꺼이 시간을 낸다. 친구 관계에서도 그렇게 하면 안 될 이유가 있을까? 학교에서 보내온 동의서, 읽기 과제, 방과 후 수업에 주의를 기울이는 것처럼 친구 사이를 더 좋게 하기 위해서도 그렇게 할 수 있지 않을까? 진짜 우정은 그냥 생겨나기 때문에 애쓰거나 주의를 기울이지 않아도 된다고 여기는 경향이 있지만, 그건 잘못된 생각이다. 그런 잘못된 생각이 부모들(특히 여성들)을 망설이게 하는데, 사실은 좋은 친구를 만들고, 관계를 유지하려면 상대를 배려하고 적극적으로 움직여야 한다. 관계를 만드는 데는 긴 시간이 필요한 게 아니라 그저 만날 약속을 하는 게 먼저라는 사실을 다시 한번 기억해야 한다.

바네사는 그런 사실을 이미 깨달은 듯 이렇게 말했다. "달력에 내 스케줄을 먼저 표시해 놓지 않는 건 월말이 되어 돈을 아끼겠다고 마음먹는 거랑 똑같아요. 월말이면 이미 다 쓰고 남는 돈이 없는걸요." 바네사는 믿을 만한 친구를 스스로 찾아냈다. 펜실베이니아주에 사는 젠이라는 친구와는 매주 수요일(바네사는 그날을 '젠스데이'라고 불렀다)마다 줌으로 화상 통화를 하고, 고등학교 때부터 알고 지낸 옛 친구와는 매주 금요일에 만나 점심을 함께 먹는다고 했다. "예전에는 4개월이 지나도록 얼굴 한번 못 보고 지낸 적도 많았어요." 하지만 정기적으로 만나는 날을 정하고 나니 친구와의 관계가 더욱 깊어졌고, 통찰력 있는 대화 덕분에 일상을 사는 데도 도움이 많이 된다고 했다. "사는 게 훨씬 즐거워요. 누군가 내 말을 들어주고, 나를 봐주고, 이해해 준다는 느낌 덕분이죠."

집안 사람을 위해 집 바깥의 관계에 집중하는 게 직관적으로 맞지 않다고 느낄 수도 있다. 하지만 나와 인터뷰한 많은 어머니가 이런 계획적인 만남 덕분에 생활에 잠식되지 않고 지낼 수 있었다고 증언했다. 뉴저지주 근교에서 10대인 두 아이를 키우는 한 어머니는 이렇게 말했다. "저도 그렇고, 제 친구들 모두 무척 바쁘게 살아요. 대부분 직장 생활을 하고 집에 가면 돌봐야 할 아이들이 있고, 할 일이 산더미처럼 쌓여 있어 시간과 체력이 늘 모자라죠." 살다 보니 따로 시간 내는 것이 쉬운 일은 아니지만, 그녀는 어떻게든 한 달에 한 번은 친구들과 함께 저녁을 먹기 위한 날을 달력에 표시해 둔다고 했다. "함께 시간을 보내는 친구가 누구인지가 아이를 양육하는 데도 정말 큰 영향을 미친다는 걸 깨달았어요. 같이 있으면 기분 좋아지는, 저의 가장 좋은 면을 끌어내는 사람과 좋은 관계를 맺으려고 의식적으로 노력해요. 제 좋은 면을 깨닫고 나면 아이와 함께 있을 때도 그 모습을 보여줄 수 있으니까요. 그런 사람과 함께 저녁을 먹으면 저는 한결 행복하고 느긋하고 생기 있는 모습으로 집에 돌아가요. 그런 저를 아이들도 좋아하고, 저도 좀 더 쉽게 마음을 열 수 있고요. 나눠 줄 만큼 마음의 여유가 생긴 거니까요."

바네사가 내게 물었다. "'엄마의 기분은 아이의 기분에 좌우된다'라는 말 들어보셨어요?" 그녀는 한때 자신도 그랬다고 했다. 수시로 기분이 변하는 사춘기 딸들 옆에서 자기 기분도 같이 롤러코스터를 타곤 했다. 딸이 친구 관계로 힘들어하거나 공부에 대해 부담감을 느낀다고 털어놓으면 자신도 딸의 고통을 내면화하곤 했다. 그리고 그런 기분이 다음 날까지 이어질 때도 많았다. "사실 아이들은 저까지 같이 힘들어하길 바란 건 아니었어요. 자기들이 이리저리 흔들릴 때 잡아줄 바위가 필요한 거였어요." 정기적으로 친구들을 만나 대화하면서 바네사는 마음의 안정을 느꼈고, 그런 느낌은 아이들을 위한 바위가 되는 데 도움이 되었다. 이제는 아이들이 힘들어할 때, 좀 더 단단한 마음으로 아이들 말에 귀 기울이고 조언해 줄 수 있게 되었다.

혼자 걱정하지 말 것

삶을 지탱해 줄 관계를 만드는 두 번째 핵심 비법은 약한 모습을 기꺼이 드러내는 것, 그리고 적극적으로 도움을 구하는 것이다. 우리는 새 직장을 구하거나 다이어트를 한다는 말은 쉽게 꺼내지만, 도움이 필요하다는 사실은 드러내지 않으려 할 때가 많다. 세 아이의 아버지이자 정신과 의사인 에드워드 할로웰Edward Hallowell은 자신의 저서 《아이를 행복한 어른으로 자라게 하는 5단계》에서 이렇게 말했다. "다른 것보다 중요하다고 생각하는 한 가지 규칙이 있는데, 바로 아이와 관련해 걱정거리나 문제가 생겼을 때 '절대 혼자 걱정하지 말자'는 것이다."[26]

지난 팬데믹 사태에 그나마 긍정적인 면이 있다면, 그 일을 계기로 인생에서 사람과의 관계가 정말 중요하고 우리는 서로 의지하고 연대해야 한다는 사실을 깨달았다는 점일 것이다. 수니야 루타가 만든 '어센틱 커넥션즈 그룹'이 그토록 효과적이었던 것도 호의를 주고받는 걸 기본 원칙으로 삼아 도움을 요청하는 일을 지극히 정상으로 느끼게 했기 때문이다. 루타는 이 원칙을 어센틱 커넥션즈 그룹 밖으로 확장하기 위해서는 자기의 약점을 솔직히 털어놓고 부탁해야 한다고 말했다. "말 그대로 누군가에게 내 얘길 들어달라고 부탁해야 한다는 거죠. 화가 나거나 조언이 필요할 때 전화할 수 있는 조력자가 되어달라고요." 그런 말을 하기가 민망할 수도 있겠지만, 내 고민을 말로 표현한다는 건 내가 상대방을 믿는다는 뜻이다. 그러므로 그걸 알게 된 상대방도 어느 정도 책임감을 가지고 내 요청을 들어줄 가능성이 크다는 게 루타의 설명이다. 그러면서 가능하면 배우자나 애인을 조력자로 삼기보다 다른 사람을 찾는 게 좋다고 조언했는데, 전통적인 마을 개념이 해체되면서 배우자나 애인이 부담하는 일이 너무 많아졌기 때문이다.

또는 믿을 만한 조력자 모임을 만들 수도 있다. 루타가 제안하는 모임 만들기 지침은 다음과 같다. 먼저, 만났을 때 기분이 편안하고 속마음을 털어놓아도 안심할 수 있는 친구 두세 명을 정할 것, 모임은 일주일에 한 번 특정한 날과 시간을 정해놓고 되도록 그 시간을 지킬 것이다. 그런 다음 상대에게 바라는 점을 정한다. 모임의 목표는 내가 이야기하면 상대는(조언을 많이 해주는 게 아니라) 나를 아끼는 마음으로 들어주고 위로해 주는 것이다. 매주 모임을 주도할 사람을 돌아가며 정하고, "이번 주는 어땠어?", "요즘 넌 주로 뭐에 대해 고민해?"처럼 간단한 질문으로 모임을 시작한다. 각자의 고민을 편하게 이야기할 수 있는 공간이면 다 괜찮지만, 기쁜 일이 있을 때 축하할 수도 있는 곳이면 더 좋다. 마지막에는 각자가 감사한 일을 이야기하거나 다음 한 주 동안 마음에 새기고 싶은 문구를 공유하면서 긍정적인 방향으로 끝맺는다.

오리건주의 한 부유한 동네에 사는 마거릿은 남편과 이혼하며 힘들었던 시기를 잘 버틸 수 있었던 건 친구들 덕이라고 말했다. 23년간 함께 지냈던 배우자와 갑자기 헤어지게 되었을 때를 이렇게 회상했다. "일부러 친구들에게 자주 연락했어요. 그 힘든 시간을 견디게 하고, 나를 가장 잘 위로해 줄 사람은 친구들뿐이라는 걸 알았거든요. 어느 정도 안정을 되찾으니, 확실히 아이들을 더 진심 어린 마음으로 대할 수 있게 되더라고요." 친구들은 매일 마거릿을 찾아와 함께 산책하거나 커피를 마셨다. 남편과 헤어지고 처음 4개월 정도는 아무 때나 문자를 보내고, 통화를 했다. 친구들이 보낸 메시지 덕분에 기운과 용기를 얻은 마거릿은 휴대폰에 '친구들이 나눠준 지혜'라는 파일을 만들고, 특히 인상 깊었던 문자를 따로 보관했다. 그리고 슬픈 감정이 몰려올 때마다 '넌 이번 일을 분명 이겨낼 수 있어. 너에게는 충분히 그럴 힘이 있어' 같은 문자를 계속 읽었고, 주문처럼 외기도 했다. 분노와 슬픔을 빨리 이겨내야 전남편과 공동 육아를 할 때도 좀 더 진정될 거라고 생각했다. 친구 관계는 위기를 헤쳐나가게 하는 사회적 지원망 역할을 했다.

도와달라는 부탁이 핵심 비법인 것은 성공 중심의 문화가 그걸 막고 있기 때문이다. 내가 먼저 손을 내밀기만 해도 주변 사람들이 마음의 벽을 허물며 내 앞에서 무장해제된 모습을 보일 때가 많다. 또한 이는 매터링에도 매우 중요하게 작용하는데, 누군가에게 도움을 요청한다는 건 스스로가 중요한 사람이라는 인식이 있어야 가능하기 때문이다. 동시에 친구에게 '나한테는 네가 정말 중요한 사람'이라는 생각을 전달해, 친구의 매터링 감각도 드높이는 효과가 있다. "도와달라고 부탁하는 걸 마치 약점을 드러내는 일처럼 생각하는 문화가 있어요. 하지만 도움을 청해본 사람이라면 얼마나 많은 겸손과 용기가 필요한지 알 거예요." 바네사가 말했다. 바네사는 친구들과 함께 최근 자신이 무엇 때문에 힘든지 서로 터놓고 말한 덕분에 자신이 슈퍼맘이 아닌 그저 한 사람의 개인으로서 가치가 있다는 사실은 상기할 수 있었다고 말했다.

제너비브와 바네사가 처음 만난 지 2주가 채 안 되었을 무렵, 둘은 부모 교육과 청소년 행복에 관한 프로그램을 운영하는 비영리단체 윌턴청소년협의회에서 프로그램 참가자를 모집한다는 전단을 보게 되었다. 한 달에 한 번 진행되는 모임에서는 약물 남용과 불안증처럼 최근 화제가 되는 주제를 다루었고, 두 사람은 각자 자기 가족의 상황을 이해하기 위해 이 모임에 계속 참석했다. 그렇게 두 사람은 마침내 마음이 맞는 부모들과 전문가들이 모인 공동체를 찾을 수 있었다. 제너비브는 무엇보다 사람들의 진솔한 태도에 안심이 되었다면서 이렇게 말했다. "남을 함부로 판단하지 않고 자기 얘기를 솔직하게 털어놓을 수 있는 사람들을 드디어 만난 거죠. 그곳에서 서배너의 경험을 더 넓은 사회적 맥락에서 다루며 이야기를 나눴더니, 부모 혼자서는 어쩌지 못하는 사회라는 걸 다시 한번 느낄 수 있었어요."

다음 해 제너비브와 바네사는 윌턴청소년협의회의 프로그램을 직접 운영해 달라는 요청을 받고 그 일에 본격적으로 참여하게 되었다. 두 사람은 그런 기회가 생겨 무척 기뻤다고 한다. 그들은 다른 부모들이 전자 담배, 마약, 자살 같은 문제에 더 쉽게 접근할 수 있도록 강연도 기획하고 독서 모임도 만들었다. "다들 '아, 저희 애는 안 그래요'라고 말해요. 그래서 '우리 애는 안 그래요'라는 제목의 이벤트도 만들었어요. 내 애는 안 그럴 거라고 믿고 싶은 마음, 뭔지 잘 알죠. 그런 사람들에게 혼자가 아니라는 걸 알려주고 싶었어요." 바네사가 웃으면서 말했다.

서배너는 고등학교를 졸업하고 서부 해안 지역에 있는 대학에 입학했다. 하지만 몇 달 후 학교를 자퇴하고 요리 학교에 들어갔고, 그곳에서 오랫동안 관심이 있던 화학과 자신의 창의력을 결합하는 기술을 익혔다. 제너비브는 불안했지만 아무 말도 하지 않고 그저 열렬히 응원만 해줬다. 비록 자신이 머릿속으로 그렸던 성공의 모습은 아니었지만, 아이가 정말로 원하는 게 무엇인지 분명히 보았기 때문이다. 현재 서배너는 제빵사로 일하고 있다. 여전히 힘든 순간이 있지만 그래도 잘 지내고 있다.

제너비브는 과거를 되돌아보며 딸과 자신이 같은 마음이었다는 걸 알게 되었다고 했다. "서배너는 사람들이 자신을 '기대에 못 미치는 사람' 또는 '부족한 사람'으로 보는 게 싫었던 거예요. 그리고 저는 아이가 혹시라도 힘들어하면 사람들이 제 탓을 할까 봐 걱정했던 거고요." 사람들은 아이가 뭔가를 잘하면 엄마가 아이를 잘 키웠기 때문이라고 여긴다. 반면 불안하고 우울한 아이는 엄마가 가족 간의 시간을 충분히 가지지 않았거나, 지나치게 허용적이었거나, 반대로 너무 엄격했거나, 혹은 아이가 한계에 부딪히도록 밀어붙였기 때문이라 생각하는 경향이 있다고 말했다.

제너비브는 윌턴청소년협의회에 참여해 다른 사람들에게 자기 경험을 이야기하면서 가족이 겪은 문제가 특별하지 않다는 걸 깨달았다. 또한 풍부한 지식과 열정으로 가득한 다수의 사람이 성공 중심 문화의 부정적 영향과 맞서 싸우기 위해 헌신적으로 노력하는 모습을 보고 희망이 생겼다면서 이렇게 말했다. "벼랑 끝에서 떨어지려는 아이를 잡아주는 일에 점점 능숙해지고 있어요. 그런 아이들이 어떤 신호를 보내는지, 그리고 어떻게 도와줘야 하는지도 알게 되었고요. 처음부터 벼랑 끝으로 내몰리지 않게 하는 게 이제부터 우리가 해야 할 일이라고 생각해요."

CHAPTER 8

Mattering

Matters

아이와 더 넓은 세상으로
나아가려면

결국 모두에게
매터링이 중요하다

　　쉰 살을 맞은 기분이 어떠냐고 사람들이 물었을 때, 내 머릿속에 가장 먼저 떠오른 말은 '감사하다'였다. 친한 친구 중에 쉰 살을 맞을 기회조차 얻지 못하고 세상을 떠난 사람이 있었기에 나이 든다는 게 내게는 당연한 일로 여겨지지 않았다. 좋은 선물을 받았으니, 비록 코로나19 때문에 사람들을 많이 부를 수는 없어도 조촐하게나마 축하하는 자리를 만들고 싶었다. 2년간 사회 봉쇄 조치로 사람들을 쉽게 만나지 못하던 터라 친구들은 내 생일 파티가 첫 댄스파티라도 되는 것처럼 설레고 즐거워했다. 부모님과 시댁 식구들이 함께했고, 친한 친구 몇 명은 멀리서 비행기까지 타고 와 나를 정말 놀라게 했다. 평생 기억에 남을 만큼 놀라운 일은 또 있었다. 우리 집에서는 생일을 맞은 사람에게 한 가지씩 좋은 말을 해주는 전통이 있었는데, 생일 몇 주 전 캐럴라인이 깜짝 선물을 준비하려고 나 몰래 내 친구들에게 이메일을 보냈던 것이다. 캐럴라인은 내 친구들에게 어떻게 표현하든 상관없으니 '엄마에게만 있는 좋은 점이나 친구로서 엄마가 지닌 가치'에 관해 말해달라고 부탁했다고 했다.

저녁 식사를 하기 직전, 피터가 모두에게 잠시 주목해 달라고 말하자 방 안이 조용해졌다. 건배 제의를 하려는 걸 알고, 나는 얼른 방 한쪽 끝에 자리를 잡았다. 세 아이도 방 앞으로 나오더니 남편 옆에 나란히 섰다.

피터와 아이들이 사람들에게 '매터링'에 관해 설명하는 말로 입을 열어 나는 정말 놀랐다. 네 사람은 친구들에게서 온 이메일을 정리했더니, 대부분이 나를 "의리 있는 사람", "조언을 해주는 사람", "다른 사람의 성공을 진심으로 축하해 주는 사람", "힘든 일도 먼저 나서서 하는 사람"이라고 칭찬했다며, 친구와 가족에게 나는 정말로 중요한 사람이라는 말로 건배사를 했다. 이처럼 매터링은 내가 연구하고 글로 쓰는 주제이기도 하지만, 매우 개인적이고 뜻깊은 방식으로 경험하는 것이기도 했다.

생일 파티를 하던 그때는, 내가 한참 이 책의 마지막 원고를 작업하느라 주변 사람들과 제대로 시간을 보내지도 못하던 때였다. 친구들에게 연락을 자주 못 했더니, 한 친구는 내가 살아 있긴 한 건지 궁금하다며 이런 문자를 보내오곤 했다. "제니퍼, 너 잘 있는 거지?" 그런데 그런 건배사를 들으니, 이 관계들이 내게 얼마나 큰 의미인지 새삼 깨달았다. 그리고 그 말이 우리 아이들 입에서 나왔다는 사실도 특히 감동이었다. 거의 3년 동안 매터링에 관해 떠들고 다녔더니, 이제는 그 얘기만 나와도 아이들이 눈을 굴리거나 "우리 엄마 또 시작이네"라는 말을 했기 때문이다.

하지만 아이들이 내 말을 흘려듣지 않았다는 걸 알게 되었다. 아이들은 건배사를 다 읽은 뒤, 이번에는 각자 내가 자신들을 어떻게 중요한 사람으로 느끼게 해줬는지 이야기했다. 첫째 윌리엄은 내가 늘 자신을 동등한 사람으로 존중해 줬고, 해결해야 할 문제가 있으면 도움이 될 만한 조언을 해줬다고 말했다. 막내 제임스는 내 눈을 똑바로 바라보며 실수하는 게 꼭 나쁜 것만은 아니라는 걸 내게서 배웠다고 말했다. 자기가 실수해도 혼내지 않았고, 덜 사랑받는다는 기분이 들게 하지도 않았다고 했다. 둘째 캐럴라인은 이렇게 말했다. "엄마는 저희의 훌륭한 롤 모델이에요. 가치 있는 사람이 되려면 내가 먼저 세상에 기여해야 한다는 걸 항상 행동으로 보이며 가르쳐주시니까요." 나는 그 자리에 가만히 서서 그 모든 말을 전부 마음에 담았다.

다음 날 아침, 나는 잠에서 깨 지난 저녁에 무엇이 그렇게 나를 가슴 벅차게 했는지 한참 동안 생각해 보았다. 내 아이들이 매터링을 스스로 내면화해 실천하고 있었으며, 세상과 자기 위치를 보는 방식을 주위에 알리고 있기 때문이었다. 그동안 내가 신문에 기고한 기사도 그런 내용이었다. 우리가 원래부터 가치 있는 사람임을 깨달으면 세상에 기여하게 되고, 그런 태도는 파급 효과를 일으켜 주위로 퍼져나갈 거라는 게 내 생각이었다. 그 자리에 있던 친구 하나가 이런 문자를 보낸 것만 봐도 알 수 있었다.

"이제는 생일 파티처럼 특별한 날이 될 때까지 기다리지 않을 거야. 친구가 왜 나한테 그토록 소중한 사람인지 평소에도 얘기하고 다니기로 마음먹었어. 사랑하는 사람에게 그 사람이 좋은 이유를 알려주라고 일깨워줘서 정말 고마워."

결핍 의식이 아닌 풍요 의식

우리는 이 책을 통해 사회가 우리에게 던지는 메시지, 즉 '결핍, 시기심, 지나친 경쟁' 같은 주제를 자세히 살펴봤다. 뭔가가 결핍되었다는 그릇된 생각의 저변과 두려움, 불안, 시기심, 지위를 추구하는 욕망의 저변에는 모두가 간절히 바라는 기본 욕구가 깔려 있다는 사실을 알 수 있었다. 우리는 모두 자신이 가치 있는 사람이고, 어딘가에 소속되어 있고, 존재 자체로 인정받고 사랑받는다고 느끼길 바란다.

내가 지금껏 연구해 온 바에 따르면, 그런 결핍 의식을 치유해 줄 가장 강력한 수단이 바로 매터링이다. 우리는 자신이 성취하고, 생산하고, 획득한 결과물 때문이 아니라 그 자체로 가치 있는 존재임을 깨달으면 숨 막힐 듯 치열한 경쟁에서 벗어날 수 있다. 부족한 것에 집중하지 않고, 이미 가지고 있는 걸 볼 줄 알게 된다. 그런 생각 전환은 자신의 사회적 지위를 건강한 방식으로 끌어올린다. 그리고 자기 안에, 다른 사람 안에 존재하는 최선의 자아와 관계를 맺게 된다.

다시 말해, 매터링은 모두에게 돌아갈 재화가 충분하다는 사실을 상기시켜 풍요의 관점을 가지고 세상을 볼 수 있게 해준다. 매터링은 우리가 스스로를 대하는 방식에서 나타나고, 우리가 다른 사람을 대하는 방식에서도 나타난다. 그렇기 때문에 불안하고 두려울 때조차 우리는 매일 의도적으로 매터링해야 한다.

그동안 책을 집필하기 위해 많은 학생과 부모를 인터뷰하며 나는 중요한 사실을 하나 발견했다. 자신이 가족, 친구, 주변의 다른 어른들에게 중요한 존재라는 의식이 강한 사람은 상대도 자신에게 무척 중요한 존재임을 쉽게 인식하는 듯했다. 이런 학생들에게 성공 비결을 물으면, 그들은 대개 다른 사람에게 공을 돌렸다. 부모님, 선생님, 운동부 코치가 자신에게 얼마나 큰 영향을 주었는지, 반 친구가 얼마나 많은 도움을 주었는지 이야기했다. 세인트 이그네이셔스 고등학교 출신으로 최근 하버드를 졸업한 잭 쿡은 AP 수업을 같이 들었던 '더 똑똑한' 친구들이 자신이 어려워하는 문제를 도와주어 무척 고마웠다고 말했다. 또한 자기도 자신을 믿지 못할 때 먼저 능력을 알아보고, 더 심화된 수업 과정에 도전해 보라며 응원해 줬던 선생님들 얘기도 꺼냈다. 전화 인터뷰를 마무리하려 할 때, 그는 그동안 자신을 도와준 사람들을 떠올리게 해주어 정말 고맙다는 말을 전했다. 그러면서 "남은 저녁 시간에는 그동안 연락하지 못했던 옛 고등학교 선생님과 코치님들께 연락해 봐야겠다"라고 말하며 전화를 끊었다.

매터링은 선순환적 구조를 띠어서, 한 사람의 좋은 기운과 그 영향력이 주변 사람들에게 전파된다. 우리는 자신이 가치 있는 사람이라는 느낌을 받았을 때, 그리고 내가 다른 사람에게 기여했다는 걸 알게 될 때 뿌듯해하고, 그걸 다시 다른 사람과 나눈다. 그리고 다른 사람이 얼마나 가치 있는 사람인지, 그가 내 삶에 얼마나 많이 기여했는지 표현하게 된다.

즉 매터링은 더할 수 있고 곱할 수 있다. 우리는 스스로 사랑, 보살핌, 관심을 받고 있다고 느낄 때 다른 사람의 성공을 진심으로 기뻐하고 축하해 줄 여유가 생긴다. 그런데 최근에는 제로섬 게임이 지배하는 경쟁적인 문화에 익숙해지다 보니, 다른 사람의 기쁨을 함께 즐거워할 수 있다는 생각 자체를 잃고 말았다. 이렇게 다른 사람의 행복을 보면서 내가 느끼는 기쁨을 가리키는 산스크리트어 단어가 있는데, 바로 '무디타mudita'다. 이타적 기쁨을 뜻하는 무디타에는 세상 모두가 행복과 성공을 두루 누릴 수 있다는 믿음이 깔려 있다. 아처여자중고등학교의 클로이와 티아처럼 비록 자신이 원하는 걸 얻지 못했어도 함께한다는 사실에 기뻐하고, 나 대신 그걸 얻은 친구를 위해 '친구의 성공은 곧 내 성공'이라며 기뻐하는 것, 그게 바로 무디타다.

나는 매터링을 알고 해방감을 맛봤지만, 한편으로는 책임감 또한 느끼게 되었다. 다른 사람들도 나처럼 매터링의 힘을 알게 되면, 이를 적극적으로 활용하고 주변에 널리 퍼뜨리는 게 자신의 의무라고 느낄지도 모른다. 만약 우리가 다른 사람을 가족, 친구, 공동체에 확실히 중요한 존재라고 진심으로 느낄 수 있게 한다면, 이 세상이 어떻게 달라질지 한번 상상해 보라. 지금 이 짧은 순간에도 '내가 어떻게 하면 다른 사람의 매터링 감각에 도움을 줄 수 있을까?' 고민하게 된다.

매터링의 원천

작가 브루스 파일러Bruce Feiler는 몇 년 전 희귀 암 진단을 받았다.[1] 그가 쓴 베스트셀러 《아빠가 선물한 여섯 아빠》에는 자신이 세상을 떠났을 때 어린 딸들과 아내 옆에 있어줄 사람이 없다는 사실을 걱정하는 파일러의 이야기가 담겨 있다. 파일러는 아이들이 잘 자랄 수 있게 도와주고 보살펴줄 사람들을 모아 소위 '아빠위원회'라는 걸 만들고, 몇몇 친구에게 연락해 위원이 되어달라고 부탁한다.

파일러의 이야기에서 내가 특히 주목한 부분은 때로 부모들이 아이의 욕구를 자신이 혼자 오롯이 충족시킬 수 있어야 한다고 생각한다는 점이다(나만 해도 침대 옆 탁자에는 각종 지침서가 쌓여 있고, 아이를 위해 심리 치료사, 영양사가 하는 강의를 비롯해 동기 부여 코치 되는 법 등을 자진해 듣곤 했다). 결핍 의식은 우리에게 '아이들을 위해서라면 부모는 모든 걸 지키고, 통제하고, 해줘야만 한다'고 말한다. 아이의 성장을 제어할 사람은 부모뿐이라는 신화는 부모와 아이의 관계를 망칠 뿐 아니라 아이의 성장에도 좋지 않은 결과를 가져온다.

하지만 이와 정반대로 매터링적 사고방식에서 이 역할은 부모 혼자 맡아야 하는 게 아니다. 우리 아이들은 더 넓은 사회관계망 속에서 에너지를 받을 때 훨씬 잘 자란다. 세상에 존재하는 더 많은 정보와 지식에 다양하게 노출되기 때문이기도 하지만, 단지 그 이유만은 아니다. 가족보다 더 큰 관계 속에서 자기 가치를 느낄 때, 매터링 감각이 훨씬 더 단단해지기 때문이다. 아이 주변에 자신을 걱정하고 관심을 보이는 어른이 많으면 많을수록 아이는 스스로를 더 가치 있는 사람이라고 여기고, 다른 사람에게 기여할 방법을 찾으려 노력한다. 그래서 최근에는 나도 '아이들의 삶에서 나를 대신할 사람은 누가 있을까? 내가 하는 일에 믿을 만한 어른의 도움을 받으려면 어떻게 하면 좋을까?'를 고민하게 되었다.

어른들은 아이들을 보호할 수 있다. 주변에 자신을 걱정해 주는 어른이 많은 아이는 위험한 행동을 덜 하는데, 누구든 자신을 아껴 주는 사람을 실망시키고 싶지 않아 하기 때문이다.[2] 이와 관련해 한 어머니가 들려준 자기 아들의 경험담이 꽤 인상적이어서 지금까지도 기억난다. 고등학교의 학사 일정이 대부분 끝났지만, 아직 졸업식은 하지 않은 시기에 그녀는 아들에게 마지막 남은 몇 주 동안 제발 아무 문제도 일으키지 말라고 부탁했다. 그랬더니 아들에게서 "아, 걱정하지 마세요. 필립스 교장 선생님을 실망시키는 일은 하지 않을 거예요"라는 대답이 돌아왔다. 그 말을 듣는 순간, 아들이 엄마는 별로 걱정하지 않는다는 사실에 조금 실망스러운 마음이 들었다고 한다. 하지만 아들 주변에 다른 존경할 만한 어른이 있다는 게 얼마나 좋은 일인지 이내 깨닫고 안도했다.

또한, 아이 주변에 든든한 어른이 많으면 부모 혼자 지칠 때까지 아이 뒤를 쫓아다니지 않아도 된다. 그러니 아이들의 매터링 감각을 지킬 수 있게 도와줄 어른 네트워크를 적극적으로 고려해 보는 건 좋은 방법이다. 스스로 이런 질문을 해보는 것도 좋다. 주변 사람 중 기꺼이 아이 옆에 있어줄 '인생 선배'는 누가 있을까? 내 아이를 중요한 사람처럼 느끼게 하고, 아이의 말에 귀 기울여 줄 어른은 누구인가?

사우스캐롤라이나주 찰스턴에 사는 12학년생 비 윌슨은 13년 동안 무용을 해왔다. 원래 무용을 좋아하긴 했지만, 본격적으로 사랑에 빠진 건 6년 전 우연히 스튜디오에 들어가면서부터였다. 그곳에서 그녀는 자신이 단지 무용을 배우러 오는 학생 중 한 명이 아니라는 느낌을 받았다. 선생님들이 자신을 한 개인으로 대해주며 관심을 보였기 때문이다. 아파서 연습을 나가지 못할 때도 선생님들은 '정말 보고 싶다, 얼른 나아 다시 나오길 바란다'는 문자를 보내곤 했다.

비는 어떤 활동을 통해 선생님들에게서 받은 관심을 되돌려 줄 기회를 얻었다. 일주일에 한 번, 자원한 다른 친구 몇 명과 함께 발달장애가 있는 아동들을 대상으로 무용을 가르치는 봉사를 시작하게 된 것이다. 선생님들이 그랬던 것처럼 비는 아이들 이름을 부르며 인사를 건네고, 머리 모양이나 입은 옷이 예쁘다고 칭찬했다. 그러면서 아이들 각각이 좋아하는 것과 싫어하는 것을 알아갔고 부모님들에게 아이가 무용을 하면서 자신감이 부쩍 늘었다는 얘기를 종종 듣게 되었다. 비는 차분한 목소리로, "자신을 중요한 사람이라 느끼게 해준 선생님들께도 감사함을 느끼는 한편, 다른 아이들을 위해 똑같은 일을 할 수 있다는 데도 무척 감사하다"라고 내게 말했다.

내 친구의 아들인 열네 살 조지는 지난 두 번의 여름 방학 동안 동네 식료품점에서 아르바이트를 했다고 했다. 가게 사장은 조지에게 취미가 뭐냐고 물으며 관심을 보였고, 성실하고 책임감 있는 태도가 보기 좋다며 자주 칭찬해 주었다. 조지가 집에서 요리하는 걸 좋아한다는 사실을 알았을 때도 가게에서 팔 만한 뭔가를 만들어보라고 응원하기도 했다. 결국 조지표 과카몰리가 탄생했고, 지금도 그 가게에서 팔고 있다고 했다. 요즘 조지는 주말마다 베이비시터로 일하면서 자신이 돌보는 아이들에게 중요한 사람으로 대우받는 게 어떤 느낌인지 알려주려 노력한다. 가령 한 아이가 실 팔찌를 잘 만든다는 걸 알고 조지는 친구에게 선물할 수 있는 팔찌 몇 개를 부탁하곤 그 아이에게서 팔찌를 샀다. 아이가 스스로를 가치 있는 사람이라고 느끼게 한 것이다. 이처럼 매터링은 주변 사람들에게도 영향을 미친다.

메인주에 사는 마지 롱쇼어는 관계를 만들고 유지하려면 정기적으로 함께 여행을 가거나 만나는 등 시간과 노력을 투자해야 한다고 말했다. 마지에게는 시간이 흐르면서 진짜 가족보다 더 가까이 지내는 친구 가족이 있다.

마지와 에밀리는 20년 전 각자의 첫째 아이가 막 한 살이 되었을 때 놀이터에 갔다가 엄마들끼리 먼저 친구가 되었고, 이후 아이들까지 모두 함께 특별한 관계가 되기 위해 의도적으로 노력했다. 여러 취미 활동을 알려주거나 스포츠 행사에 서로를 데려갔고, 심지어 대학 캠퍼스 투어도 함께 다녔다. "꼭 제가 아니어도 제 아이들을 지켜주고, 더 크고 다른 세계가 있다는 걸 보여줄 어른이 있다는 게 얼마나 위로가 됐는지, 그 느낌은 말로 다 할 수 없어요." 마지는 말했다.

팰로앨토 지역에 사는 한 여성은 10대 아이를 키우며 한창 걱정이 많던 시기에 다른 네 명의 엄마들과 함께 '엄마위원회'라는 걸 만들었다고 이야기했다. 다섯 엄마는 아이들에게 각각 휴대폰 번호를 알려준 뒤 성적, 음주, 친구 관계 등 어떤 주제의 고민을 털어놓아도 무조건 비밀을 지켜주기로 약속했다. 이 모임에는 규칙이 있다. 아이 중 누군가 성적이 고민이라면 엄마 중 한 명이 아이와 만나 해결 방법을 함께 이야기하고, 파티에 갔다가 돌아올 차편이 없을 때 어떤 엄마에게라도 전화하면 아무것도 묻지 않고 집까지 태워주는 식이라고 했다. 엄마위원회가 한 일은 그저 급할 때 전화할 연락처를 알려준 게 아니었다. 엄마들은 10대 아이가 가족 이외에 믿을 만한 다른 사람에게 숨김없이 고민거리를 털어놓게 했고, 어쩌면 가족의 약점이라고 여길 수 있는 부분까지 모두 드러내 다른 사람이 가족의 속사정까지 들여다보게 했다.

이런 종류의 관계 설정은 어른에게도 필요하다. 어른도 주변 아이에게 중요한 역할을 하고 신뢰를 주었다는 생각에 자부심을 느낄 수 있고, 나아가 뭔가 더 해주고 싶은 마음도 갖게 되기 때문이다. 아들이 속한 리틀 야구팀의 코치를 맡고 있는 한 아빠는 이런 말을 했다. "솔직히 제 아이에게서 고맙다는 말을 듣고 싶지만, 아이가 항상 그걸 표현하지는 않거든요. 그래서 팀의 다른 아이를 돕는 게 제게는 동기 부여가 되기도 해요. 그 애들은 제게 고맙다는 말을 스스럼없이 하고, 그런 말을 들었을 때 저도 '내가 정말 중요한 일을 하고 있구나'라고 느끼거든요."

태도 바꾸기

팬데믹 이후 아이들은 다시 학교로 돌아갔지만, 쉽지 않은 변화를 겪어야 했다. 스티븐이라는 아이의 어머니는 5학년생이 마스크를 쓰고, 사회적 거리 두기를 하고, 투명 아크릴 벽 뒤에서 말없이 밥을 먹는 걸 이상적이라고 할 수는 없지 않냐고 말했다. 원래 학교를 좋아했던 아이가 학교 가기 싫다는 말을 했을 때, 스티븐의 어머니는 아이가 학교에 거부감을 느끼는 이유를 찾기 위해 이런저런 질문을 해보았다. 네가 학교에 가지 않으면 널 보고 싶어 하는 사람이 있을까? 학교에 이 문제에 관해 이야기를 나누거나 연락해 볼 만한 어른이 있을까? 그런 뒤 아이가 학교에 적응하지 못하는 이유가 어떤 선생님과도 친밀한 관계를 맺지 못해서라는 것을 알게 되었다. 항상 쓰고 있어야 하는 마스크가 아이들 개개인을 구분하기 어렵게 만든 탓도 있었다.

아이들에게 학교는 집 다음으로 중요한 공동체다. 사회 축소판과도 같은 이곳에서 아이들은 가치 있는 시민이 되는 법을 배운다. 하지만 결핍 의식을 가지고 좁은 시야로 바라보면 학부모, 교사, 학교 운영진 사이에 쉽게 갈등이 생기기도 한다. 아이의 미래를 지나치게 걱정한 나머지, 부모들은 아이를 좋은 대학에 입학시키는 게 학교의 임무라고 무의식적으로 믿을 때도 있다. 미국 북동부의 한 명문 공립 학교에서 일하는 한 교사의 말에 따르면, 마치 돈을 내고 서비스를 이용하는 고객이라도 된 것처럼 '내 말이 항상 옳다'는 태도를 보이는 학부모가 간혹 있다고 했다. 그들은 교사나 운영진이 하는 행동이 아이의 대학 입시에 방해가 된다고 생각되면 바로 위협으로 여긴다고 했다.

나와 인터뷰했던 한 어머니는 이런 말도 했다. "우리 부모님 세대에는 학교에서 전화가 오면 아이한테 '너 뭐 잘못했니?'라고 먼저 물었는데, 요즘에는 '선생님이 너한테 어떻게 했니?'라고 묻는 사람들이 많아요. 그러고는 교장 선생님이나 변호사부터 찾죠."

수니야 루타는 학생들을 대상으로 실시한 설문 조사를 통해 학생의 행복에 부정적 영향을 미치는 주원인 중 하나가 부모와 학교 사이의 분열이라는 사실을 밝혀내기도 했다. 보통 학생들은 주변 어른들끼리 협력이 잘 안 된다고 느낄 때 강도 높은 스트레스를 느낀다고 보고했다. 학교가 정말 제2의 집이라면, 서로 사이가 좋지 않은 부모와 교사 사이에서 아이가 생활하는 건 지독한 이혼 과정을 겪는 부모 사이에서 스트레스를 받는 상황과 별반 다를 게 없다. 또한 아이에게 어느 한편에 서도록 강요하는 것도 스트레스를 가중하는 요인 중 하나였다.

우리 아이들이 느끼는 매터링 감각의 매우 중요한 원천 중 하나는 학교 선생님이다. 유펜 대학교 4학년에 재학 중인 다리아는 고등학교 시절, 신문 편집부 지도 선생님과 부원들 덕분에 힘든 시기를 잘 버텼다고 말했다. 매일 아침 다리아는 다른 부원들과 함께 조금 일찍 등교하곤 했는데, 그 시간에 신문을 만드는 일이나 책, 취미 활동, 교실 밖에서 일어나는 일에 관해서 이야기를 나눴다며 이렇게 말했다. "꼭 가족과 함께 있는 것 같은 기분이었어요."

편집부 선생님은 다리아와 부원들을 그냥 학생이 아니라 한 사람의 개인으로 봐줬다. 선생님이 학생들을 헌신적으로 대하는 모습을 보고, 그런 마음을 본받고 싶어 졸업 후 티치 포 아메리카(우수한 대학생들을 선발해 2년간 도심 빈민 지역의 공립 학교에서 교사로 봉사할 수 있게 지원하는 비영리 교육기관)에 들어가 2년 동안 학생들을 가르치는 프로그램에도 참여하기로 했다. 대학에 와서 그녀는 의사소통 방식, 관계, 가치처럼 삶의 중요한 부분을 계산적으로 다루는 친구들을 많이 보았고, 그것 때문에 정신적으로 힘들어하는 사람이 많다는 것도 알게 되었다. 그럴수록 학생을 인간적으로 대해준 좋은 선생님을 만난 게 무척 행운이라고 느꼈다. "신문 편집부 선생님, 부원들과 함께 그 모임에 속해 있는 동안 저는 무조건 수용된다는 느낌을 받았고, 그 덕분에 이렇게 성장할 수 있었어요."

학교라는 공동체는 우리 아이가 스스로 중요한 존재라고 느끼는 장소일 뿐 아니라 교사도 중요한 존재로 받아들여지고 있음을 느끼는 장소다. 그걸 깨닫기 위해 우리는 풍요의 관점에서 학교라는 곳을 바라보아야 한다. 또한 선생님도 정신 건강과 행복을 위해 자신이 지역 공동체에 영향을 미치고, 의미 있는 방식으로 기여한다는 사실을 알아야 한다. 학교 선생님들은 자신이 가치 있는 존재임을 느끼길 원하고 또 그럴 자격이 충분하다. 이미 우리는 기념일이 되면 으레 아이 선생님에게 보낼 선물을 준비하고, 식사를 대접해 왔는지도 모르겠다. 하지만 긴밀한 유대 관계를 쌓으려면 물질을 제공하는 게 아니라 태도를 바꾸어야 한다. 즉 서로가 협력할 위치에 있다는 걸 인지해야 한다. 머서아일랜드에서 만난 어머니, 리아나 몬터규는 매년 전통처럼 아이들과 하는 일이 있다고 했다. 선생님께 드릴 감사 편지를 아이들에게 쓰라고 하는데, 편지에는 선생님이 자신에게 얼마나 소중한 사람인지 적게 한다는 것이다. 그런 감사 편지는 아이들이 주위 사람에게 감사하는 습관을 갖게 하는 효과도 있지만, 선생님이 자신의 역할이 중요하다는 것을 깨닫고 힘을 내게 하는 동기가 된다.

아이들을 위해 건강한 학부모, 교사 관계를 구축해서 생기는 긍정적 효과는 상당히 크다. 학업 수행 능력의 관점에서 봤을 때 특히 그렇다. 뉴저지 인근 소도시에 사는 대나라는 어머니는 6학년생 아들 존이 학교에서 겪었던 일을 들려주었다. 존이 영어 시간에 글짓기 과제를 제출했더니, 선생님이 남의 글을 베꼈다며 혼을 냈다는 거였다. "생각이 너무 어른스럽다면서, 이런 글을 네가 직접 썼을 리 없다고 했다는 거예요. 그 말을 듣고 아이가 울면서 집에 왔더라고요."

그런 아이를 보자, 대나는 당장이라도 학교로 전화를 걸어 선생님에게 따지고 싶었다. 대신 친구에게 전화를 걸어 분통을 터뜨렸다. "친구는 존이 직접 오해를 풀도록 기회를 주는 게 어떠냐고 조언하더군요." 다음 날 존이 선생님과 이야기해 보았지만, 별다른 성과가 없었다. 그래서 대나는 선생님에게 연락해 면담을 요청했다. 선생님을 만나기 전, 대나는 자신과 선생님은 둘 다 존이 성공하길 바라는 사람들이고, 결국 같은 팀이라는 사실을 스스로에게 상기시켰다. "저나 선생님이나 존이 잘되길 바라다가 이런 일이 생긴 것 같으니, 대화를 통해 서로의 오해를 풀고 싶다고 먼저 말을 꺼냈어요. 그런 다음, 평소 존은 글을 잘 쓰는 자신을 무척 자랑스러워하고, 저도 글짓기 실력이 아이의 큰 장점 중 하나라고 여긴다고 침착하게 설명했어요. 존의 글을 제가 교정해 주긴 했지만, 쉼표 몇 개를 찍어준 게 다였다고도 말했고요." 대나는 부드럽지만 당당한 태도로 선생님에게 이야기했다.

잠시 말이 없던 선생님은 감정적으로 대응하지 않아서 고맙다고 말했다. "그렇게 존중하는 마음으로 서로에게 예의를 지킨 덕분에 선생님이나 저나 멋진 한 해를 보낼 수 있었어요." 두 사람은 좋은 파트너가 되었고, 그 일 이후로 존의 글쓰기 실력은 더욱 향상되었다. "한 해가 끝날 무렵에는 존이 제일 좋아하는 선생님으로 영어 선생님을 꼽더군요." 만약 그때 해명을 요구하면서 학교로 쳐들어갔다면, 선생님과 좋은 관계가 되지 못했을 거라고 대나는 말했다. 그러지 않았기에 존은 글쓰기 과제를 할 때마다 선생님에게 좋은 인상을 주기 위해 더 노력할 수 있었다. "선생님의 도움을 받아 존의 글짓기 실력이 한층 성장한 걸 보니 정말 놀라웠어요."

매터링의 시각은 우리가 세상을 경쟁 관계가 아닌 협력 관계로 보고, 홀로 고립되어 있다는 느낌보다는 다른 사람과 연결되어 있다는 느낌을 더 많이 받도록 도와준다. 학교에 가기 싫다는 스티븐을 위해 엄마는 뭔가 대책이 필요하다고 느꼈다. 그래서 스티븐과 의논 끝에 선생님들이 그에게 얼마나 중요한 존재인지 적극적으로 표현하기로 했다. 일단 수업 시간에는 주의를 딴 데로 돌리지 않고 선생님이 하는 말에 온전히 집중하려 했고, 수업이 끝나 교실에서 나올 때는 꼭 감사하다고 말했다. 이렇게 간단한 노력만으로도 긍정적인 생각의 순환이 일어났다. 스티븐이 선생님들에게 먼저 감사 인사를 했더니, 선생님들도 반응을 보였다. 그러면서 스티븐은 자신이 선생님들에게 중요한 사람으로 받아들여진다고 느꼈다. 또한 자신에게 선생님들이 중요한 존재라는 느낌을 받았으며, 학교에 가기 싫다는 생각도 더는 하지 않았다.

매터링의 표현

간단하게라도 '당신은 내게 중요한 사람이다'라고 표현하면 공동체 내에서 반향을 불러일으킬 수 있다. 나는 머서아일랜드를 방문한 동안, 메그나 카쿠벌이라는 학생을 만나 인터뷰를 한 적이 있다. 우리는 나란히 앉아 각자 샐러드를 먹으면서 메그나가 학교 밴드의 행진 지휘자로 뽑히게 되었을 때의 일을 이야기했다. 메그나의 학교는 밴드 지휘자 세 명을 투표로 선출하는데, 300명이나 되는 부원을 이끌며 밴드부 활동을 책임지는 역할이다 보니 다들 탐내는 중요한 자리였다. 행진 지휘자의 주요 역할은 퍼레이드를 할 때 선두에 서서 밴드부를 지휘하는 일이지만, 그 외에도 리허설을 진행하고, 학교 축제를 기획하고, 행사가 있을 때 여러 일을 조율하고, 교사와 학생 사이에서 다리 역할을 하는 등 평소에도 할 일이 많았다.

인도인 이민 가정 출신인 메그나는 백인이 다수인 동네에 살면서 주변인이 된 기분이 어떤 건지 너무 잘 안다고 했다. 그녀는 리더 자리에 올랐으니 거기에 따르는 책임감을 진지하게 받아들이고 싶다고 했다. 어떤 학생도 소외되지 않고 중요한 사람이라는 느낌을 받게 하는 게 자기 임무라고 생각했다.

분명 쉬운 일은 아닐 터였다. 일단 밴드 규모가 무척 컸고, 주위에서 인정받고 소속감을 느끼는 사람은 대개 외향적 성격인 경우가 많기 때문이었다. 메그나는 스스로를 내향적인 사람이라고 했는데, 단지 자신을 잘 드러내지 않는다는 이유로 밴드에서 존재감이 없다고 느낄 때가 많았다고 털어놓았다. "그래서 선거에 출마해 입후보자 연설을 할 때, 내향적인 사람도 스스로 가치 있다고 느끼게 하는 밴드부를 만들고 싶다고 말했어요. 멋진 밴드부에 필요한 사람이 되기 위해 항상 목소리를 높일 필요는 없다고요."

선거에 당선된 뒤, 전년도 지휘자에게 교육받을 때였다. 선배 하나가 이런 조언을 했다. "밴드부원 모두를 알기는 힘들 거야. 그러니까 누가 뭐라고 하면 그냥 '응, 고마워'라고 대답하면 돼." 그 자리에서는 아무 말도 하지 않았지만, 뭔가 잘못되었다는 생각이 들었다. 자신이 지휘자로 있는 동안은 밴드부의 문화를 바꿔보고 싶었다. 메그나는 그냥 고개를 끄덕이는 대신 부원들의 이름을 불러주기로 마음먹었다. 그리고 처음 몇 주 동안은 밴드부 활동을 하는 틈틈이 부원들의 이름을 외우고 확인하기를 반복했다. 한 해가 끝날 무렵, 메그나는 후배에게서 편지 한 통을 받았다. 메그나가 항상 이름을 불러줘 정말 감동했고, 그 덕에 밴드부에서 자신이 중요한 사람인 것처럼 느끼게 되었다는 내용이었다. 특별히 눈에 띄지 않던 사람까지 모두 가치 있게 느끼도록 신경 썼더니, 밴드부의 문화도 서서히 변했다. 내성적인 학생도 리더 자리에 지원했고, 소속감을 느끼지 못해 그만두려던 학생이 임원으로 선출되기도 했다.

나 역시 신문에 기고할 글을 쓰다가 깨달은 중요한 교훈이 하나 있다. 사람에게는 사생활도 중요하지만, 자신이 다른 사람에게 의미 있는 존재임을 아는 것은 더 중요하다는 사실이다. 인터뷰를 위해 클리블랜드에 사는 가족을 만났을 때였다. 이 가족이 특히 인상에 남은 것은 사람과 사람 사이의 벽을 쉽게 허무는 모습을 보여주었기 때문이다. 그 가족에게는 사람이 우선인 듯했다. 저녁 식사에 초대되어 찾아간 나를 반기고 대화하는 태도나 거실에 아주 긴 소파를 놓아 스무 명은 족히 앉을 수 있게 집을 꾸며놓은 것만 봐도 알 수 있었다. 또한 아이들도 편안하게 우리 대화에 참여하는 모습을 보면서 손님 초대가 일상이라는 걸 알 수 있었다.

그 집 어머니는 내게 아들 선생님의 배우자가 아팠을 때 이야기를 들려주었다. 아들은 가끔 선생님에게 배우자의 상태를 묻다가 나중에는 부모님을 통해 학교로 연락해 선생님 가족을 돕고 싶다는 의향을 밝힌 적이 있다고 했다. 그렇게 10대 아이가 열린 마음으로 먼저 나서서 누군가를 도우려 한다는 얘기는 들어본 적이 없었기에 나는 약간 충격을 받았다. 하지만 그의 어머니는 대수롭지 않다는 듯이렇게 말했다. 다른 사람에게 무슨 일이 생겼을 때 "모른 체 하는 건 예의가 아니에요. 마음을 표현하는 게 진짜 예의죠." 이 얘기를 통해 상대를 향한 관심을 사소하게나마 표현하면, 서로가 서로에게 중요한 존재라는 사실을 알게 된다는 걸 새삼 깨달았다.

매터링은 더 깊은 차원의 유대 의식을 만들기도 한다. 월턴에서 만난 바네사 일라이어스는 월턴청소년협의회에서 부모 교육 프로그램을 직접 운영한 뒤, 사람들과 유대 관계를 맺을 다른 방법도 고민했다. 그녀는 월턴을 다시 '마을화'하고, 공동체 의식을 형성해 사람들의 고립감과 외로움을 없애는 것을 자신의 사명으로 삼았다. 그래서 2018년부터 여름이 시작되는 6월과 여름이 끝나는 9월에 각각한 번씩 주말에 이웃들이 모여 함께 파티를 하고 아이들도 야외에서 놀 수 있게 하는 마을 축제를 개최한다. 축제의 주제가 '한 번에 한 블록씩 공동체를 짓다'인데, 거기에 걸맞게 행사도 매번 성공적으로 치르고 있다. 첫해 총 마흔 번의 소규모 파티가 열렸고, 거기에 참석한 주민은 1200명 이상이었다.[3] 마을 축제는 이웃들이 지하 창고를 부수고 울타리 너머 이웃에게로 손을 뻗는 계기를 만들어주었고, 덕분에 이제는 '밀가루 한 컵 빌리는 것쯤은 별일 아닌 게 되었다'며 바네사는 눈을 찡긋했다.

바네사는 부모로서 겪은 힘든 일을 주변에 털어놓은 뒤, 즉흥적으로 여자들끼리 한잔하는 자리를 만든 적이 있다. 물론 마을 축제도 좋긴 하지만 그때처럼 엄마들끼리 어떤 안건도 없이 순수하게 재미로 만나는, 자유로운 모임이 있으면 좋겠다고 문득 생각했다. 처음에는 의심의 눈으로 보는 사람도 있었다. "친구에게 그 얘기를 했더니, '그런 걸 만들어서 뭘 하려고? 혹시 봉사 활동 하는 데 우리를 끌어들이려고 그러는 거야?'라고 묻더군요."

그런 말에도 바네사는 단념하지 않았다. 페이스북에 '월턴의 여성들' 모임을 만든다는 게시 글을 올리고 '상담하고 싶은 일, 실망스러운 일, 재밌는 일, 어떤 이야기도 환영. 함께 마음을 나누는 곳'이라는 설명을 덧붙였다. 현재 페이스북에 만들어진 모임에는 30대부터 50대까지 다양한 연령대의 여성들이 가입되어 있고, 회원 수도 400명이 넘는다. 한 달에 한 번 이뤄지는 오프라인 모임은 코로나19로 한동안 뜸했다가 최근 다시 활성화되었다.

매터링은 이미지를 의식하는 삶을 그대로 꿰뚫어 버린다. 나는 뉴욕이라는 도시를 정말 사랑하지만, 이곳 사람들은 보이는 이미지에 신경을 너무 많이 쓴다. 하지만 이웃과 매터링을 실천한다는 것은 우리가 수시로 쓰고 있는 사회적 마스크를 다 함께 내려놓는 일을 의미한다. 가령 갑자기 눈이 내려 아이가 밖에 나가 놀고 싶어 하는데, 예전에 입던 스키 바지는 작아서 맞지 않는다고 치자. 그럴 때 이런 것 하나 미리 준비하지 못한 부모라고 자책하는 대신 이웃에게

'혹시 사이즈 10짜리 스키 바지 빌려줄 수 있나요?'라고 문자를 보내 보면 어떨까? 당장의 문제도 해결하고, 인생은 혼자 사는 거라는 생각도 떨쳐버릴 수 있으니 이거야말로 일거양득 아닐까? 매터링은 사회적 안전망을 강화한다. 아이들 또한 도움이 필요할 때 언제든 의지할 사람이 있다는 사실에 안정감을 느낀다. 늦은 밤 과제를 프린트해야 하는데 프린터기의 잉크가 다 닳았다거나 한참 요리 중이었는데 계량을 잘못하는 바람에 우유가 모자란다거나 할 때, 우리는 이웃에게 도움을 요청할 수 있다. 물론 엉망진창으로 사는 내 모습을 다른 사람이 보긴 할 테지만, 그 엉망진창 속에서 나를 도와줄, 내가 믿고 의지할 사람은 이웃이다.

주변 사람들에게 매터링 전파하기

매터링의 마음가짐을 지니면 아이의 성공에 관해서도 더 대범하게 생각하고 아이에게 정말 무엇이 필요한지 알 수 있다. 뉴욕 소재의 고등학교 10학년에 재학 중인 조니는 다른 사람과의 교류가 원활하지 않아 학교에서 힘든 시간을 보내고 있었다. 그의 어머니와 이야기를 나눠보니 조니는 아이들 사이에서 따돌림을 당하는 것도 아니었고 친구가 아예 없는 것도 아니었지만, 함께 놀자고 전화하거나 정말 친하다고 할 만한 친구는 없었다고 했다. 스스로에 대한 매터링 감각이 낮다 보니, 다른 친구에게 먼저 다가가지 못하고 외로움의 덫에 빠져 꼼짝하지 못하는 거였다.

그런데 가을 학기가 3주 정도 지났을 무렵, 조니의 반에 어떤 일이 생겼다. 뮤지컬 공연을 준비 중이었는데, 중요한 배역을 맡을 사람이 없어 공연이 무산될 위기에 놓였다고 했다. 친구들은 조니를 찾아와 그 역할을 맡아달라고 부탁했고, 나중에는 거의 사정하다시피 했다. 조니는 쉽게 결정을 내리지 못했다. 배역을 맡으면 매일 두 시간씩 연습해야 해서 공부할 시간이 줄어들기 때문이었다. 그는 어머니에게 고민을 얘기했다.

"시간이 없다거나 다른 일에 방해가 된다고 말할 수도 있었지만, 그때 조니에게 필요한 건 공부가 아니라는 생각이 들었어요." 조니의 어머니는 한번 해보라고 권하면서 마음속 한편으로는 이런 생각을 했다. '이번 일로 조니가 친구들과 다시 유대감을 느끼고, 자신이 필요한 사람이라는 걸 깨달을 수도 있지 않을까?'

공연 팀에 합류한 후 조니는 금세 팀 분위기에 적응해 갔다. 자기가 맡은 배역도 잘해냈을 뿐 아니라 다른 친구가 멋지게 연기를 하면 제일 먼저 잘했다고 등을 두드려주고, 무대에 오르지 않을 때는 배우를 향해 가장 큰 소리로 환호해 주었다. 친구들은 조니가 공연에 처음부터 관심이 있었던 게 아니란 걸 알기에 배역을 수락한 일을 두고두고 고마워했고 공연이 성공한 데는 조니의 존재와 노력이 큰 역할을 했다고 추켜세웠다. 다른 사람에게 기여하고 가치를 인정받으면서 조니도 활기를 되찾았다. 학교에 대한 소속감도 커졌고, 자신이 친구들에게 정말 중요한 존재라는 생각을 하게 되었다.

요즘 나는 아이를 양육하는 모든 과정에서 항상 매터링을 생각하고 적용하려고 한다. 집에서 일이 잘 풀리지 않을 때, 아이가 외롭다고 느끼거나 스트레스를 받을 때, 이제는 아이의 행복을 걱정하지 않는다. 매터링을 먼저 고민하고, 아이를 가장 잘 도울 방법을 찾기 위해 매터링의 틀을 활용한다. 아이가 가치 있는 사람이라는 느낌을 받지 못해 힘들어하는 건 아닌가? 자신이 다른 사람에게 기여하는 방법을 알지 못해 애를 먹는 건 아닌가? 심지어 아이들에게 "너희가 행복하길 바란다"라는 말도 하지 않는다. 행복과 충만함은 다른 사람에게 기여하고 스스로 가치 있는 존재임을 느끼는 삶을 살 때 자연히 따라오는 것임을 깨달았기 때문이다.

성과를 중시하는 공동체에 속한 청소년에게 자신이 아닌 남을 위해 진정으로 기여할 곳을 찾는다는 건 쉽지 않은 일일 수 있다. 나와 인터뷰한 한 어머니는 집안에서 벌어지는 10대 남매들 사이의 갈등에 관해 이야기한 적이 있다. 남동생이 집안일을 하나도 하지 않으려고 해서 누나가 자기만 일을 거든다며 불만이 많다고 했다. 열두 살인 아들이 너무 자기만 생각하고, 모두를 위해 수고하는 가족의 노력을 당연하게 여기면서 고마워하는 마음도 갖지 않는다고 했다. "자기가 무지 대단한 사람인 줄 아는 것 같아요."

우리는 머리를 맞대고 함께 좋은 방법을 찾아보았다. 평소 아들이 맡는 집안일이 있는지 물었다. "내가 '쓸모 있는 일을 했다', '다른 사람이 나한테 의지한다'고 느낄 만한 구체적인 일거리가 있었나요?" 하지만 어머니 말에 의하면, 그동안 가족은 아들에게 자기가 아닌 다른 사람을 위해 뭔가를 해달라고 부탁조차 한 적이 없었다. 그렇게 말하는 그녀의 눈빛이 순간 환해지는 듯했다. 어쩌면 지나치게 자기에게 빠져 있는 게 다른 사람에 대한 매터링 의식이 부족해서 생긴 보상 행동은 아닐까, 라는 생각을 했던 것 같다. 어머니는 아들에게 책임지고 해야 하는 일거리, 가령 일주일 치 식단 짜기, 보모와 장보기를 맡겼을 때 도움이 될지 한번 실험해 보겠다고 했다.

2주 뒤 그 어머니에게서 메일이 왔다. 아들이 보모를 도와 장을 봤을 뿐 아니라 스스로 '특별한' 음식의 조리법을 찾아내 요리까지 했다고 했다. 아들이 만든 '요거트에 재운 치킨'을 저녁으로 먹던 날, 딸은 지금껏 먹어본 치킨 중에 최고였다며 동생을 칭찬했다. 요즘 아들은 잠자리에 들기 전 요리책을 들여다보면서 또 한 번 가족을 놀라게 할 특별한 음식이 없을지 찾는다고 했다. 그러면서 아들이 자신에게만 집중하는 시간도 훨씬 줄어든 것 같다고 했다. 집안일을 거들라고 할 때는 여전히 잔소리를 해야 하지만, 아들이 다른 사람에게 더 주의를 기울이고 스스로의 가치를 느끼게 되었다고 말했다.

또 다른 어머니 스테이시는 고등학교에 다니는 아들의 친구 관계에 관해 이야기했다. 아들에게는 삼총사처럼 항상 어울려 다니던 친구 둘이 있었다고 했다. 그런데 10학년이 된 후 2주 사이에 두 친구 모두에게 여자 친구가 생기자, 아들은 마치 곁다리 같은 존재가 되어버렸다. 함께 영화를 보러 가거나 비디오 게임을 하자고 해도 친구들은 이미 데이트 약속이 있어 만나기 힘들었고, 점심시간에는 여자 친구와 시간을 보내느라 함께 점심도 먹지 않게 되었다. 아들은 친구들이 더 이상 자신을 중요한 존재라고 여기지 않는 것 같다며 우울해했다.

낙천적이던 아이가 자꾸 시무룩하고 위축된 모습을 보이자, 스테이시도 걱정되기 시작했다. 11학년이 되기 전 여름 방학이 다가올 무렵이었다. 대학 입시를 준비하려면 인턴십 프로그램에 참여하는 게 좋겠지만, 스테이시는 아들에게 여름 캠프 지도자로 일해보는 게 어떻겠냐고 제안했다. 아들이 여름 캠프에 갔다 오면 항상 여유롭고 자신만만한 모습으로 집에 돌아오던 것을 떠올렸기 때문이다. 그렇게 캠프에 간 지 일주일 만에 우울해하던 아이가 확실히 달라졌다. 통화할 때 아들의 목소리에는 예전처럼 다시 신나고 활기찬 기운이 가득했다. 아이는 자신이 얼마나 가치 있는 존재인지 다시 깨달은 듯했다.

스테이시는 아들이 어린 캠퍼들에게 어떻게 매터링 감각을 전해주었는지 설명하며, 파급 효과에 대해 이야기했다. 스테이시의 아들은 소외된 아이가 있으면 그 아이가 중요한 역할을 했다고 느낄 만한 방법을 찾아냈다. 예를 들면 창고에 가서 보트를 끄집어내는 일처럼 중요한 임무를 맡기고, 일을 완수했을 때 고맙다며 칭찬을 해주어 뿌듯함을 느끼게 하는 식이었다. 그런 칭찬은 아이가 작은 공동체 안에서 자신도 중요한 일부라는 사실을 깨닫는 계기를 만들어주었다.

사람은 혼자서는 중요한 존재가 될 수 없다. 우리는 다른 사람과의 관계 속에 있을 때 가치 있는 존재가 된다. 자신의 가치를 스스로 깨닫고 그 마음을 잘 간직하기란 매우 어려운 일이다. 혼자서는 너무나도 쉽게 잊어버린다. 아무리 명상을 하고 감정을 조절한다 해도 소용이 없다. 우리 존재가 세상에 기여한다는 사실, 그리고 각자가 본래부터 가치 있는 존재라는 것을 일깨워주는 다른 사람의 인정이 필요하다. 한마디로 사회적 증거가 필요하다. 그리고 다른 사람에게도 자신의 매터링을 일깨워줄 우리가 필요하다. 인기 있는 육아 커뮤니티 '그로운 앤드 플로운'을 공동으로 개설해 운영하는 리사 헤퍼넌Lisa Heffernan은 아이 문제로 힘들어하는 부모가 커뮤니티에 찾아와 조언을 구하면 열정적으로 활동하는 수천 명의 회원이 금세 공감해주고 각자의 경험을 나눠준다고 했다. "누군가 고민 글을 올렸을 때 그 사람을 격려하고 도움을 주는 댓글이 잔뜩 달리는데, 그건 사실 '당신도 중요한 존재'라는 걸 말해주는 거예요."

우리 주변에는 매터링 감각을 지니지 못한 사람이 정말 많다. 그런 사람은 자신의 중요성과 가치를 의심하고, 남들과 지나치게 경쟁하거나 예의 없이 굴거나 쉽게 화를 내는 행동을 보인다. 만약 지구상의 모든 사람이 자신이 중요한 존재라는 걸 분명히 안다면 이 세상이 어떻게 변할지 상상해 보라.

서던캘리포니아 대학교 교수 크리스토퍼 엠딘Christopher Emdin은 트위터에 이런 글을 올렸다. "누군가에게서 특별한 장점과 매력을 보았다면, 그 사람에게 말해주세요. 정작 그 사람은 그걸 모를지도 모르거든요. 당신의 말 한마디로 그 사람은 자기 참모습에 눈을 뜰 수도 있어요. 사람들이 각자의 매력을 알아볼 수 있게 우리 부지런히 돌아다니며 말해주자고요." 내가 말하고 싶은 것도 바로 이거였다. 내 주변 사람들이 매터링의 신비에 눈뜰 수 있게, 그걸 알려주는 사람이 되자는 것. 우리는 모두 그런 파급 효과를 만들어낼 수 있는 존재다.

　내 생일 파티 이후, 한 친구는 매터링이라는 개념이 얼마나 의미 있는지 알고 나니, 슈퍼마켓 계산대에서, 헬스장에서, 사무실에서 만나는 모든 사람에게 매터링을 염두에 두고 소통하게 되었다고 했다. 또 다른 친구도 누군가가 내게 왜 중요한 존재인지 말로 표현해 본 경험이 정말 좋았다면서 "우리는 친구가 내게 얼마나 큰 의미를 지닌 사람인지 마음속으로는 알지만, 그걸 말로는 잘 표현하지 않잖아? 그래서 이제부터는 내가 그 사람을 왜 그렇게 많이 좋아하는지 친구들에게 자주 말하려고 해"라는 내용이 담긴 편지를 보내기도 했다. 한 친구는 파티를 마치고 집으로 가는 길에 이런 문자를 보냈다. "매터링이라는 거 정말 엄청나다. 내가 중요한 존재라고 느끼게 하고, 다른 사람 역시 중요한 존재라는 걸 느끼게 하다니, 삶을 멋지게 살게 하는 정말 놀라운 방법이야."

◆ ◆ ◆

　나를 기꺼이 집으로 초대해 사는 이야기를 들려준 분들, 그리고 각자 자기만의 방식으로 내 매터링 감각과 목적의식에 기여해 준 분들에게 큰 빚을 졌다. 이 고마움은 평생 잊지 못할 것이다. 그동안 인터뷰를 하며 나눈 이야기 모두가 피가 되고 살이 되어, 나는 조금이나마 나은 부모가 될 수 있었다. 아이가 외출하고 돌아올 때마다 반려견이 된 듯 뛰어가 아이를 반길 때는 심리학자 수전을 생각했다. 아이가 너무 많은 일을 하려고 욕심을 부릴 때는 부모의 역할은 주전자의 물이 팔팔 끓지 않게 하는 거라던 제인의 말이 떠올랐다. 그리고 첫째 아이가 대학에 원서를 쓸 때처럼 걱정이 앞서 일이 손에 잡히지 않을 때는 월턴에서 만난 제너비브와 바네사가 나눠준 지혜를 되새기기도 했다. 육아에 지쳐 한계에 다다랐을 때는 아이를 위해서라도 마음의 회복 탄력성을 되찾아야 한다며 자기 자신과 친구 관계를 우선시하라던 수니야 루타의 말이 귓가에 들리는 듯했다. 내가 친구도 만나지 않고 일에만 몰두할 때 목표가 균형을 이루도록 해야 한다던 팀 캐서의 조언을 떠올리려고 애썼다. 아이가 조금 어긋나가는 듯 보일 때, 나는 부모 교육 전문가 마지를 떠올리고는 아이의 초점을 타인에게 돌려 바깥세상을 바라보도록 도와주었다.

여러 사람을 만나 친밀한 대화를 나누고, 통찰력 있는 조언을 들으며 내가 깨달은 것이 있다면, 이 모든 불안, 걱정, 시기심, 두려움, 지나친 경쟁 속에서 우리 모두가 아이들을 위해 바라봐야 할 방향은 같다는 사실이다. 우리는 우리가 더 이상 옆에서 길을 안내해 주지 못하더라도 아이가 혼자 잘 살아가기를 바란다. 그리고 살아가는 동안 평생 지속될 깊은 관계를 맺고, 의미 있는 삶을 사는 기쁨을 누리며, 전보다 더 나은 세상을 만들 수 있기를 바란다. 자신이 가치 있는 존재임을 주변 사람들에게 인정받고, 다른 사람 역시 스스로 가치 있다고 느낄 수 있게 인정하며 살기를 바란다. 우리가 아이들에게 바라는 것은 진정 가치 있는 삶을 사는 것이다.

부모·교육자·대학이 할 수 있는 매터링 코칭

이 책을 쓰고 난 후 사람들은 제일 먼저 이번 연구를 진행하면서 내 양육 방식이 어떻게 바뀌었는지 묻곤 했다. 여기 실린 목록은 연구와 인터뷰로 배운 교훈을 가정에서 매일 실천하기 위해 직접 메모했던 내용인데, 독자들에게도 도움이 될 거라고 생각해 다시 한번 정리해 보았다.

 ## 부모를 위한 실천 방법

혼자 걱정하지 않는다[1]

이 부분만큼은 이론의 여지가 없을 것 같다. 아이를 최선을 다해 돌보고 싶다면 우리가 가장 먼저 돌보아야 할 것은 부모 자신의 행복과 정신 건강이다. 우리가 먼저 행복하고 건강해야 아이들을 위해 더 나은 버팀목이 되어줄 수 있기 때문이다. 일이 너무 많다는 생각이 들면 나는 반드시 가까운 친구들에게 연락해 도와달라고 한다. 건강한 방식으로 다른 사람에게 의지하는 모습을 보여주는 건 아이들을 위해서도 바람직하다. 현재 우리 집에서 슬로건처럼 자주 사용하는 말이 있으니, 바로 "절대 혼자 걱정하지 말자"라는 말이다.

셀피스트가 되자

심리학자 카린 루벤스타인Carin Rubenstein은 현대 부모들이 자녀를 위해 너무 쉽게 자기 부정이라는 함정에 빠진다고 지적했다.[2] 그녀는 저서에서 이런 습관을 고치기 위해서는 가족의 욕구만큼이나 자신의 욕구를 중요하게 생각하고, 자기 역시 적절한 보살핌을 받는지 늘 살피는 셀피스트selfist(이기적이라는 뜻의 'selfish'와 혼동하지 말 것)가 되어야 한다고 주장했다.

완벽하지 않은, 적당히 괜찮은 부모, 교사, 코치가 되기 위해 노력한다[3]

아이들에게 필요한 사람은 완벽한 롤 모델이 아니다. 사실 완벽한 모습은 아이에게 도움이 되지 않으며 어른에게도 도움이 되지 않는다. 아이들에게는 자신을 사랑해 주고, 완벽하지 않지만 호감이 간다는 게 어떤 모습인지 가르쳐줄, 그저 적당히 괜찮은 사람이 필요하다. 아무 조건 없이 스스로를 사랑하는 방법을 가르칠 수 있도록 결점이 있는 자기 모습도 수용할 줄 아는 어른이 되자.

'믿을 만한 조력자' 모임을 만들자

아이를 무조건 수용하고 계속 본보기를 보이려면 내가 먼저 무조건 받아들여진다는 느낌을 받을 필요가 있다. 수니야 루타는 무조건적으로 나를 사랑한다고 느끼게 하는 친구가 누군지 스스로 물어보라고 제안한다. 배우자 외에도 우리가 믿고 의지할 수 있는 사람이 적어도 한둘은 옆에 항상 있도록 의도적으로 노력해야 한다. 루타가 만든 어센틱 커넥션즈 그룹 프로그램에서 했던 것처럼 정기적으로 친구를 만날 수 있게 일정을 미리 조절하자.

집을 '매터링의 안식처'로 만든다

부모는 아이에게 매터링 감각을 심어주는 가장 중요한 원천이다. 하지만 아이가 뭔가를 잘했을 때만 중요한 사람처럼 대한다면 아이는 매터링이 조건에 따라 달라지는 것처럼 느낄 수도 있다. 아이들은 사회에서 성취 결과물이 중요하다는 메시지를 계속 받아들이기 때문에 집에서만큼은 아이가 자신의 매터링을 의심하지 않고 편안하게 쉴 공간을 만들어주어야 한다.

점심에 뭘 먹었는지부터 물어보자

아이가 현관으로 들어오자마자 성과와 관련된 질문(오늘 시험은 어땠니?)부터 퍼붓지 말고 "점심에는 뭘 먹었니?" 같은 가벼운 질문부터 시작하는 게 좋다. 이런 큰 의미 없는 질문이 아이의 마음을 열고, 성적과 능력보다 네가 더 중요하다는 신호를 은연중에 아이에게 보내기 때문이다. 10대 아이의 대답이 너무 짧더라도 실망하지 말고 그렇게라도 조금씩 다가가며 소통을 계속해 나가는 게 좋다.

까다로운 화제에 대해서는 시간을 미리 정해놓고 대화한다

심리학자 수전 바우어펠드는 아들이 11학년이 되었을 때, 대학 입시와 관련된 얘기는 일요일 오후에만 하기로 시간을 정해놓았다고 한다. 덕분에 가족은 일주일의 나머지 시간을 좀 더 즐겁게 보냈고, 아들의 인생에서 다른 중요한 일에 더 집중할 수 있었다.

가치에 관해 터놓고 말하자

평소 아이에게 본보기를 보이는 것도 중요하지만, 우리가 정말로 가치 있다고 여기는 것에 관해 자주, 분명하게 대화를 나누는 일도 무척 중요하다. 어쩌다가 하는 거창한 설교가 아닌, 관련된 대화를 일상에서 꾸준히 나누는 것이 좋다. 가치와 관련해 부모의 말과 행동이 실제로 일치하는지 아이의 생각을 물어보는 것도 좋은 방법이다.

가치와 관련해서 했던 말과 행동을 정리해 본다

심리치료사 티나 페인 브라이슨Tina Payne Bryson은 가치와 관련해 자기 생각과 행동이 일치하는지 스스로 확인할 수 있게 다음과 같은 방법을 제시했다.

(1) 아이를 위해 돈을 어디에 어떻게 쓰는지 볼 것

(2) 아이의 일정을 들여다볼 것

(3) 내가 아이에게 어떤 것을 요구하는지 주의해 살펴볼 것

(4) 아이와 주로 무엇에 관해 논쟁하는지 확인할 것

대부분의 부모가 자신은 성취 결과물에 대해서는 중요하게 생각

하지 않는다고 말하지만, 막상 이 네 가지에 집중해 자신의 말과 행동을 살펴보면 사실은 가치관과 다르게 말하고 행동한다는 사실을 깨달을 것이다.

부정적 감정도 자연스럽게 받아들이게 한다

누구나 부러움을 느끼거나 자신을 남과 비교할 때가 있다. 이런 감정이 든다고 해서 자신을 판단할 필요는 없지만, 그 감정 때문에 자신이 한 행동에 관해서는 반드시 책임을 져야 한다는 것을 아이에게 알려주는 것이 좋다.

건강한 경쟁과 그렇지 못한 경쟁의 차이에 관해서도 이야기를 나눠보자. 자신에 대해 알고 더 나은 사람이 되고 싶다면 괴롭더라도 경쟁심 같은 감정에 대해 생각해 볼 기회를 주어야 한다. 무엇보다도 아이를 있는 그대로 사랑하고 받아들임으로써 질투 같은 감정은 빨리 지나가게 하는 것이 좋다.

균형을 유지하도록 노력하자

아이들도 스스로를 돌보는 방법을 배워야 한다. 비영리단체인 챌린지 석세스는 아이들에게는 노는 시간(10대 아이에게는 '재충전' 시간), 휴식 시간, 가족과 보내는 시간이 매일 필요하다고 당부했다.

현명하고 효율적인 방법으로 노력하는 데 집중한다

'좋은 학생'이란 과연 어떤 학생을 말하는 걸까? 아동 심리학자 리사 다무르는 모든 일에 백 퍼센트 노력을 기울이는 게 꼭 '좋은' 건 아니라면서 그렇게 하면 완벽주의 성향이 강해져 번아웃 상태가 될 수도 있다고 말했다. 그렇기 때문에 에너지를 어디에 쓸지 미리 전략을 세우는 법을 배우는 게 중요하다.

아이가 성공에 대해 긴 안목으로 바라볼 수 있게 돕는다[4]

아이에게 낮은 성적은 단지 그날 배운 지식을 평가한 수치가 낮게 나온 것뿐이라고 말해준다면 아이도 성적에 덜 압박을 받을 것이다. 성적이 나쁘다고 미래에 성공하지 못하는 것도 아니고, 선생님이 자신을 싫어하는 것도 아니고, 부모가 가치를 낮게 평가하는 것도 아니다. 리사 다무르는 아이가 이런 사실을 알 수 있게 분명하게 말해주는 게 좋다고 조언했다.

실패한 모습을 보여주자

뭔가가 잘 안될 때 아이들 앞에서 감추려 하지 말고, 어른도 이런 실수를 한다는 걸 가까이에서 볼 수 있게 하면 어떨까? 무언가 실수했을 때, 아이 앞에서 자기를 연민하는 모습을 보이며 이와 같은 말을 하면 좋다. "좋아, 실수했지만 그걸 통해 뭔가를 배웠어. 이제는 나를 너무 몰아붙이는 건 그만하자. 누구나 실수할 수 있어. 나도 사람이야. 실수가 곧 나를 뜻하는 건 아니잖아."

건강하게 의지하는 방법을 가르친다

뭐든 혼자 힘으로 해야 한다고 생각하게 하지 말고, 도움이 필요할 때는 도와달라고 말할 수 있는 아이로 키워야 한다. 그리고 직접 시범을 보이며 도움을 요청하는 방법을 알려주는 것이 좋다.

집안일을 의무적으로 하게 한다

"서로 도우며 함께 사는 게 가족이다"라는 마음가짐을 알려주고 싶다면, 집안일을 혼자 다 하려 하지 말고 세금 내기, 신문지 재활용, 물건 정리 정돈 같은 일은 아이들 몫으로 남겨두는 것도 좋은 방법이다. 집안일을 도왔다고 용돈을 주거나 지나치게 칭찬하는 것은 금물이다. 가족의 일원으로서 당연히 해야 하는 일, 공동체에 기여하는 일로 여기게 해야 한다.

관심과 배려의 범위를 넓히게 하자

가령 학교를 깨끗하게 관리해 주는 청소부, 수업 외에도 자기 시간을 내 아이들을 챙겨주는 선생님에 대해 말해주고, 다른 사람이 아이의 일상에 어떤 기여를 하는지 알려주면서 아이의 관심 영역을 확장해 주는 것이 좋다. 식당 종업원이나 버스 기사에게 고맙다는 인사를 건네게 하라. 리처드 웨이스보드는 아이들은 우리가 가장 가까운 사람을 대하는 태도뿐 아니라 낯선 사람을 대하는 태도에서도 친절한 행동과 공감하는 마음을 배운다고 지적한 바 있다.

봉사 활동을 의무적으로 하게 한다

내가 인터뷰했던 몇몇 가족은 아이에게 봉사 활동을 무조건 하게 한다고 했다. 사회봉사를 통해 아이를 다양한 경험에 노출시키고, 관심 분야가 뭔지 스스로 알아내게 하는 것이 좋은데, 그러기 위해서라도 봉사할 시간을 미리 빼두는 노력이 필요하다.

'매터링 관찰자'가 되자

아이가 주변 사람에게 뭔가 기여하는 일을 했을 때, 지나친 칭찬은 하지 말고 단순히 그걸 봤다는 정도의 느낌으로 아이에게 말해주면 좋다. "이웃이 장바구니 나르는 걸 네가 도와주더구나"라든가 "세라가 이번 주 수업 시간에 노트를 안 가져왔는데, 네가 빌려주는 걸 봤어" 정도로 말해주면 어떨까?

부모-교사 간에 협력 관계를 만든다

부모가 선생님에 대해 부정적으로 말하면 선생님과 학생 간의 관계 역시 흔들릴 수밖에 없다. 수니야 루타는 아이가 부모와 교사 사이의 좋지 않은 관계를 목격하면 격하게 싸우며 이혼하는 부모를 볼 때와 비슷한 강도의 충격을 받는다고 지적하기도 했다. 아이들은 거리감 없는 선생님에게 배울 때 가장 좋은 성과를 내며, 선생님은 아이의 성과에 대한 스트레스를 완화하는 데 중요한 역할을 하기도 한다. 아이의 선생님에 관해 말하거나 소통할 때, 존경심과 감사의 마음을 보여주도록 하자. 교사와 파트너십을 쌓기 위해 적극적으로 노력하는 것은 아이를 위해서도 매우 중요하다.

나를 '대체할 어른'을 찾는다

나를 대신할 부모 위원회를 만들어보는 건 어떨까? 아이에게 관심을 보이고 보호해 줄 어른이 많다는 건 좋은 일이다. 아이가 더 넓은 사회적 안전망을 누릴 수 있게 일부러 기회를 만드는 것도 필요하다. 내가 인터뷰했던 몇몇 부모들처럼 모임을 만들고 서로의 연락처도 공유하면서 공식적인 모임을 운영할 수 있다.

감사한 마음을 갖게 하자

아이들이 다른 사람을 중요하게 여기는 이유를 당사자에게 확실히 말하는 습관을 들이도록 노력해 보자. '생일을 맞은 사람에 대해 칭찬할 점' 말하기를 통해 평소 집에서 감사함을 표현하는 연습을 해볼 수도 있다. 감사하게 생각하는 법을 아이들에게 가르치자. 누군가 아이에게 귀한 선물을 주거나 아이를 위해 친절한 행동을 했을 때, 그 사실을 알려주는 것도 좋은 방법이다. 감사한 마음은 관계를 단단하게 붙여주는 접착제와 같다고 말한 전문가들의 조언을 기억하자.[5]

 교육자를 위한 실천 방법

성과 중심의 문화에서 오는 지나친 압박감으로부터 우리 아이들을 보호하려면 부모, 교사, 코치는 물론 지역 사회의 믿을 만한 어른들 모두가 다 함께 협력해야 한다. 심한 경쟁으로 학교에서 생길 수 있는 문제를 최소화하기 위해 이 분야 최고의 전문가들이 했던 조언을 정리해 보았다.

매터링의 틀을 활용한다

학교 공동체에 속한 모든 사람에게 매터링의 체계에 대해 교육한다. 아이가 스스로를 가치 있는 사람으로 느끼게 하는 방법, 사회에 기여하도록 돕는 방법을 가르치는 건 물론 아이를 중요하지 않은 사람처럼 느끼게 하는 말과 행동을 피하는 방법까지 모두 알려준다.

공동체 구성원들의 정신 건강을 먼저 생각하자

아이들의 선생님은 자신이 중요한 사람이고 가치 있는 사람이라고 여기는가? 그들에게 관심을 갖고 보살펴주는 모임이 있는가? 교사와 교직원의 정신 건강에 주의를 기울이고 보호할 방법을 찾아보자.

정신 건강 성적표를 만들자

학교가 주체가 되어 전문가를 초청하고 구성원들의 정신 건강에 관한 자료를 수집하는 것도 좋은 방법이다. 비영리단체인 챌린지 석세스에서는 학생과 교사를 비롯한 관계자 모두를 대상으로 심층적인 설문 조사를 실시해 좀 더 균형 있고 적극적인 학교생활을 위해 개선해야 할 부분을 알아내는 사업을 진행하고 있다. 어센틱 커넥션즈 또한 학교의 분위기를 평가해 각 학교가 지닌 고유한 강점과 난제, 실행 가능한 조치를 분석해 알려준다.

학교 구성원 모두를 참여시킨다

챌린지 석세스에서는 각 학교의 독특한 문화를 다양한 각도에서 알아보고, 문제가 있다면 이를 개선하기 위해 다양한 노력을 하고 있다. 어른-학생, 학생-학생 간의 상호 작용이 활발하게 이뤄지도록 학사 일정을 변경하고, 교사에게는 학생이 더 많은 의견을 내고 선택권을 행사하며 제대로 문제를 해결할 방법을 고민하도록 권유하기도 한다. 학생에게는 서열을 매기기 위한 평가가 아니라 배움을 위한 평가의 진정한 의미를 교육한다. 또한 교직원과 학생들의 만족감과 소속감을 증대하기 위해 연수회도 개최한다.

'가치' 평가표를 만들어보자

학교가 학생들에게 명시적으로, 암묵적으로 강조하는 가치는 어떤 것들인가? 학교에 처음 들어섰을 때 제일 먼저 보이는 것은 우등생 명단인가, 스포츠 트로피인가, 토론 대회 트로피인가, 아니면 주요 기부인 명단인가? 벽에는 대학 깃발이 걸려 있나? 어느 대학의 깃발들이 걸려 있나? 만약 학교가 중시하는 게 학생들의 성품과 매터링이라면 그런 가치에 대해 학생들에게 어떻게 보여주고 있나?

눈에 띄지 않거나 가치를 인정받지 못하는 학생에게 주목한다

학교 내 '이름 없는 영웅'을 기리거나 알리는 시간이 있는가? 내가 방문했던 한 학교는 매주 '숨은 재능쇼'를 개최했다. 만약 앞에 나서서 자신을 드러내는 걸 너무 부끄러워하는 학생이 있다면 학교 신문이나 뉴스레터에 소개란을 만들어 학생들의 숨겨진 재능을 소개할 수도 있다.

모든 학생이 도움을 요청할 수 있는 어른을 교내에 한 명 이상 두도록 관계 매핑을 한다

메이킹 케어링 커먼 프로젝트는 이런 관계가 저절로 생기도록 놔두기보다는 '관계 매핑'이라는 것을 통해 적극적으로 실천할 것을 제안한다. 비공식적인 모임을 통해 학교에 잘 적응하지 못하는 학생을 지명한 뒤, 그 학생을 교내 멘토가 한 명씩 맡아 일 년 동안 꾸준히 돌봐주며 도움을 주도록 하는 것이다.

다양성을 인정하고 모두를 포용하는 문화를 만들자

의도치 않게 '매터링을 깎아내리는' 메시지가 담긴 말과 행동에는 어떤 것이 있는지 교사와 학생들을 대상으로 미리 교육한다. 학교 안에서 특정인을 더 중요한 사람인 것처럼 여기게 만드는 모습이 있지는 않은지 확인해 보는 것도 좋다. 특정 분야에서만 자신이 가치 있다고 여기는 학생이 있지는 않은가? 모든 학생이 '종합적인 매터링' 감각을 느끼게 하려면 어떤 노력을 해야 할지 고민해야 한다.

생각을 눈에 보이게 하자

지나치게 경쟁하는 환경에서 자주 떠오르는 감정들은 오히려 표면으로 드러나게 하는 것이 좋다. 수니야 루타는 학생들이 사회적 비교 때문에 품었던 부정적 감정과 지나친 경쟁으로 생긴 경험 등을 털어놓고, 극복할 수 있는 자리를 학교 차원에서 마련하라고 제안하기도 했다. 이런 감정이 자연스러운 현상임을 알려주고, 건강하게 다스리도록 방법을 알려주자.

모든 학생이 학교를 위해 기여할 수 있게 기회를 주자

오프라는 4학년 담임이었던 메리 덩컨 선생님이 교실에서 어떤 임무를 맡긴 덕분에 자신이 중요한 사람이 된 것처럼 느낀 경험이 있다고 말했다.[6] 덩컨 선생님이 했던 것처럼 학생들 모두에게 학교를 위해 뭔가 기여할 기회를 준다면 아이들 매터링 형성에도 도움이 될 것이다.

제대로 봉사할 기회를 만들어주자

클리블랜드의 세인트 이그네이셔스 고등학교처럼 타인에 대한 책임감과 사회봉사의 필요성을 가르치는 수업을 학교 커리큘럼에 포함하는 것도 좋은 방법이다. 학생들에게 여러 학기에 걸쳐 참여할 수 있는 봉사 활동의 기회를 다양하게 마련해 주고, 봉사 시간을 수업 일정에 포함한다면 사회봉사가 수학 수업만큼 중요하다는 것을 아이들도 느낄 것이다.

학생들에게 실생활에서 생기는 문제를 직접 해결해 볼 기회를 준다

내가 방문했던 한 학교는 사회에 기여하는 프로젝트를 교육 커리큘럼에 포함했다. 클리블랜드의 매스터리 스쿨 이사회 임원들은 지역 사회와 직접 파트너십을 맺고 학생들에게 실생활에서 생기는 문제를 해결한 방법을 고민해 보는 기회를 만들어주었다. 내가 그 학교를 방문했을 때, 마침 학생들이 선거 및 정치 활동에 대한 시민 참여 활성화 방안을 주제로 발표를 하고 있었는데, 그 자리에는 클리블랜드의 시장 후보도 참석했다.

전통을 재고한다

이롭지 않은 경쟁을 최소화하기 위해 전통처럼 해오던 것들, 가령 학생들이 앞으로 다닐 대학의 옷을 입고 학교에 오는 날이나 대학에 합격하면 결과를 학교 신문과 지역 신문에 게재하는 일을 중단할 수도 있다.

성장 마인드셋을 함부로 적용하지 말자

더 노력하라는 말이 모든 학생에게 도움이 되는 것은 아니다. 오히려 그만두는 법을 배워야 하는 아이들도 많다. 루타도 지적했듯이 교사가 학생에게 '그 정도면 충분하다'는 메시지를 보내야 하는 시점을 아는 것이 매우 중요하다.

다른 길을 소개한다

국내 최고 대학을 졸업하지 않았어도 자신의 분야에서 성공적으로 일하고 있는 연사를 초청해 학생들에게 소개해 주는 건 어떨까? 성공으로 가는 '전통적인' 좁은 길만 바라보는 아이들에게 다른 길도 있다는 것을 알려주자.

블라인드 대학 박람회를 개최한다

배너와 각종 홍보물이 있는 전통적인 대학 박람회 대신 블라인드 박람회에서는 각 대학을 대표하는 특성 또는 프로그램 다섯 가지를 종이에 적은 다음, 학생들이 학교 이름을 모른 채로 소개 부스를 돌면서 '명성'보다는 자신에게 얼마나 '잘 맞는' 학교인가에 초점을 맞춰 대학을 선택할 수 있게 한다

학부모 연수회를 개최한다

성과 중심의 문화가 주는 압박감을 주제로 전문가 강의를 열고, 독서 모임을 하고, 지역 사회 단위에서 서로 토론하는 자리를 지속적으로 마련한다. 챌린지 석세스는 학생들이 어른들에게 하고 싶은 이야기를 익명으로 편지에 쓴 다음, 학부모들이 모인 자리에서 공개하는 방법을 제안하기도 했다.

🌳 대학이 할 수 있는 일

추첨 입학을 고려하자

하버드 대학교 홈페이지에는 본교에 지원한 학생 대다수가 입학할 자격이 충분할 만큼 성적이 좋았다는 사실을 언급한 게시 글이 올라와 있다. 최근 2000명의 신입생을 선발하는 과정에서 GPA 만점을 받은 미국 내 지원자는 8000명에 달했고, SAT 수학에서 만점을 받은 학생이 3400명, 구술 평가에서 만점을 받은 학생이 2700명이었다고 밝혔다. 스워스모어 대학교 명예 교수 배리 슈워츠Barry Schwartz는 특정 명문대 입시에 추첨 입학제를 도입하자는 주장을 오랫동안 해왔는데, 추첨 입학제란 대학에서 정한 기준을 충족시키는 학생을 먼저 지원자로 받은 다음, 그중에서 합격자를 무작위로 뽑는 방식을 의미한다. 슈워츠 교수는 추첨제를 시행하면 대학 입시에 운이 작용하기 때문에 학생들이 받는 압박감이 훨씬 줄어들 거라고 말한다. 성적이 매우 우수한 수험생들이 이력서를 채우는 데 집중하는 대신 좀 더 편한 마음으로 자신의 관심거리를 탐구하게 되리라고 설명한다.

사실상 비영리단체처럼 운영한다[7]

예일대 로스쿨 교수인 대니얼 마코비츠Daniel Markovits는 자신의 저서 《엘리트 세습》에서 비영리단체의 성격을 띠고 세금 혜택을 받는 대학들은 자선 활동을 할 책임이 있기에 그 노력의 일환으로 '대학 정원의 최소 절반은 가구 소득 하위 3분의 2 이하에 속한 가정에서 신입생을 선발해야 한다'고 주장하기도 했다. 마코비츠는 엘리트 계층의 교육이 너무 과열된 나머지 막대한 기부금을 내고도 입학하려는 학생은 충분히 많다며, 모집 정원의 수를 조금만 늘려도 전체 학생이 겪는 지나친 경쟁이 한층 누그러들 거라고 설명했다.

'행복 성적표'를 발행한다

어센틱 커넥션즈와 챌린지 석세스의 사례를 참고하여 대학에서도 설문 조사를 실시해 교내 학생들의 정신 건강과 행복 수준을 조사하는 건 어떨까? 그리고 학생, 교직원뿐 아니라 학부모와 대학 지원자들 모두에게 공개한다.

추천할 만한 자료

이 책에 언급한 주제와 관련해 더 깊이 있게 알아보고 싶은 독자를 위해 참고할 만한 도서와 영화 목록을 아래에 정리했다.

성과 중심의 문화와 관련된 도서

- **Doing School:** How We Are Creating a Generation of Stressed-Out, Materialistic, and Miseducated Students by Denise Clark Pope
- **The Gift of Failure:** How the Best Parents Learn to Let Go So Their Children Can Succeed by Jessica Lahey
- **How to Raise an Adult:** Break Free of the Overparenting Trap and Prepare Your Kid for Success by Julie Lythcott-Haims
- **Raising Kids to Thrive:** Balancing Love With Expectations and Protection With Trust by Kenneth R. Ginsburg, Ilana Ginsburg, and Talia Ginsburg
- 《기울어진 교육: 부모의 합리적 선택은 어떻게 불평등을 심화시키는가?》, 마티아스 되프케Matthias Doepke, 파브리지오 칠리보티Fabrizio Zilibotti
- 《엘리트 세습: 중산층 해체와 엘리트 파멸을 가속하는 능력 위주 사회의 함정》, 대니얼 마코비츠Daniel Markovits
- **Overloaded and Underprepared:** Strategies for Stronger Schools and Healthy, Successful Kids by Denise Pope, Maureen Brown, and Sarah Miles
- **The Parents We Mean To Be:** How Well-Intentioned Adults Undermine Children's Moral and Emotional Development by Richard Weissbourd

---

- 참고 도서 및 영화가 국내에서 출간·개봉된 경우에는 번역된 제목을 표기했으며, 국내에 소개되지 않은 도서, 영화, 논문, 기사는 원문을 그대로 표기했다.

- **The Path to Purpose:** *How Young People Find Their Calling in Life* by William Damon
- 《물질적 풍요로부터 내 아이를 지키는 법: '풍요의 시대'에 자녀를 키우는 부모들이 꼭 알아야 할 양육의 지혜》, 매들린 러바인Madeline Levine
- 《놓아주는 엄마 주도하는 아이: '자기주도성'은 '성공 경험'으로 만들어진다》, 윌리엄 스틱스러드William Stixrud, 네드 존슨Ned Johnson
- 《공정하다는 착각: 능력주의는 모두에게 같은 기회를 제공하는가》, 마이클 J. 샌델Michael J. Sandel
- **Under Pressure:** *Confronting the Epidemic of Stress and Anxiety in Girls* by Lisa Damour, PhD

성과 중심의 문화와 관련된 영화
- **Chasing Childhood**, directed by Marga Munzer Loeb and Eden Wurmfeld
- 〈레이스 투 노웨어Race to Nowhere〉, 비키 아벨스Vicki Abeles 감독

매터링 관련 도서
- **Family Matters:** *The Importance of Mattering to Family in Adolescence* by Gregory C. Elliott
- **How People Matter:** *Why It Affects Health, Happiness, Love, Work, and Society* by Isaac Prilleltensky and Ora Prilleltensky
- **The Psychology of Mattering:** *Understanding the Human Need to be Significant* by Gordon L. Flett

사회적으로 소외된 아이들에 관한 도서
- **Biased:** *Uncovering the Hidden Prejudice That Shapes What We See, Think, and Do* by Jennifer L. Eberhardt, PhD
- 《20 VS 80의 사회: 상위 20퍼센트는 어떻게 불평등을 유지하는가》, 리처

드 V. 리브스Richard V. Reeves

- *Learning in Public:* Lessons for a Racially Divided America from My Daughter's School by Courtney E. Martin
- *Race at the Top:* Asian Americans and Whites in Pursuit of the American Dream in Suburban Schools by Natasha Warikoo
- 《인종 토크: 내 안의 차별의식을 들여다보는 17가지 질문》, 이제오마 올루오Ijeoma Oluo
- *Wanting What's Best:* Parenting, Privilege, and Building a Just World by Sarah W. Jaffe
- *Why Are All the Black Kids Sitting Together in the Cafeteria?:* And Other Conversations About Race by Beverly Daniel Tatum, PhD

소셜 미디어 관련 도서

- *Behind Their Screens:* What Teens Are Facing (and Adults Are Missing) by Emily Weinstein and Carrie James
- *The Big Disconnect:* Protecting Childhood and Family Relationships in the Digital Age by Catherine Steiner-Adair, EdD, with Teresa H. Barker
- *iGen:* Why Today's Super-Connected Kids Are Growing Up Less Rebellious, More Tolerant, Less Happy-and Completely Unprepared for Adulthood by Jean M. Twenge, PhD

스포츠 관련 도서

- *Take Back the Game:* How Money and Mania Are Ruining Kids' Sports-and Why It Matters by Linda Flanagan
- *Whose Game Is It, Anyway?* A Guide to Helping Your Child Get the Most from Sports, Organized by Age and Stage by Richard D. Ginsburg, PhD, and Stephen Durant, EdD, with Amy Baltzell, EdD

생각해 볼 문제

1 책의 도입부에서 저자는 소위 말하는 '좋은 학교'에 다니는 학생들의 건강 상태가 좋지 않은 것으로 나타나 국가 차원에서 이들을 "위기" 그룹으로 지정했다는 보고서를 언급하며 현재 교육 환경의 문제를 지적하고 있다. 저자의 이런 문제 제기에 대해 어떻게 생각하는가? 성과에 대한 지나친 압박감 때문에 주위에서 실제로 이런 현상이 일어나고 있다고 느끼는가?

2 심리학자인 수니야 루타는 요즘 아이들은 온갖 곳으로부터 압박을 받고 있으며, 한때는 스트레스로부터 아이들을 보호하던 관계가 지금은 오히려 스트레스를 더하는 원인이 되고 있다고 주장했다. 1장에서 소개된 수니야 루타의 이런 주장에 동의하는가? 동의하는 이유와 반대하는 이유는 무엇인가?

3 2장에서 저자는 어른들이 우리 사회에 대해 부정적인 인식을 품고 있으며, 그런 내면화된 생각이 은연중에 아이들과 소통하는 방식에도 영향을 미치고 있다고 주장한다. 저자의 주장이 맞다고 생각하는가? 부모들이 느끼는 결핍은 상상으로 생긴 것인가, 아니면 진짜인가? 외부 세계로부터 전달된 메시지는 매일의 양육 태도에 어떤 영향을 미친다고 생각하는가?

4   3장에서 저자는 아이들이 가치 있는 사람이 되려면 주위의 엄청난 기대에 부응해야 하고, '그걸 해냈을 때만 중요한 사람이다'라는 식으로 받아들이면서 매터링 감각이 떨어질 수밖에 없다고 말하고 있다. 학교, 지역 사회, 온라인처럼 우리를 둘러싼 세계가 중요한 사람은 누구인가에 대해 아이들에게 보내고 있는 메시지는 무엇이라고 생각하는가?

5   지난 수십 년간 심리학 연구를 통해 아이의 회복 탄력성은 주 양육자의 회복 탄력성에 따라 결정된다는 사실이 밝혀졌다. 이 사실을 듣고 어떤 생각이 드는가? 매일 고군분투하는 아이에게 주 양육자는 '응급 구조요원' 같은 존재라고 한다면 아이 옆에 항상 있어주기 위해서는 부모 역시 정신적으로 의지할 곳이 필요하다. 부모가 자신을 먼저 돌본다는 생각에 거부감을 느끼게 만드는 문화적 메시지는 무엇이라고 생각하는가? 부모들이 다른 사람에게 쉽게 도움을 청하지 못하는 이유는 무엇 때문일까? 자신을 먼저 생각한다는 건 과연 어떤 의미일까?

6   학생들이 누구보다 열심히 노력하고 공부하게 된 데는 출신 대학이 앞으로의 미래를 결정하게 될 거라는 믿음이 깔려 있기 때문이다. 저자가 학부모를 대상으로 실시한 설문 조사 결과에 따르면 '성인이 되어 행복한 인생을 살기 위해 가장 중요한 요소는 좋은 대학에 들어가는 것이라는 데에 주변 부모들이 대체로 동의한다'라는 문항에 73퍼센트가 그렇다고 응답했다. 독자들은 이 문항에 대해 어떻게 생각하는가? 성공한 삶을 살기 위해 우리 사회는 아이들에게 무엇을 해야 한다고 말하고 있는가? 이롭지 않은 이런 메시지로부터 아이를 보호하려면 어른들은 무엇을 해야 할까?

7 책의 5장에는, 사회에 진출한 사람의 성공 여부는 졸업한 대학의 '순위'가 아니라 얼마나 '잘 맞는' 학교를 선택했는가에 따라 결정된다고 기술한 데니즈 포프의 정부 백서가 소개되어 있다. 다시 말해, 학생이 대학을 다니는 동안 얼마나 적극적으로 학교생활에 참여했는가가 이후 인생의 성공에도 영향을 미쳤다는 뜻이다. 이런 결과에 대해 어떻게 생각하는가? 대학에 관해 이야기할 때 대화의 방향을 바꾸려면 우리는 어떻게 해야 할까?

8 저자는 이번 연구를 통해 경쟁적인 환경에서도 잘 성장하는 아이들은 제로섬의 사고방식을 적극적으로 밀어내는 어른이 주변에 있다는 사실을 알게 되었다고 말했다. 부모든, 코치든, 선생님이든 이런 어른이 있다면 아이가 반 친구들을 격려하고, 팀이 유리하도록 자신을 희생할 줄도 알고, 친구를 돕고, 반대로 도움이 필요할 때는 요청할 수도 있게 옆에서 잘 거들어주었으며, 또래 친구와 경쟁하면서 생기는 불편한 감정을 외면하지 않도록 도와주었다고 설명했다. 이런 식으로 아이가 건강하게 타인에게 의존할 수 있는 법을 배운다면 아이에게도 도움이 될 거라고 생각하는가? 만약 그렇게 생각한다면 집, 교실, 운동장에서 그런 태도를 가르칠 수 있는 방법은 무엇일까?

9 아이에게 집안일을 시키는 것이 부모에게는 또 다른 일거리처럼 느껴져 차라리 내가 빨리 해치우는 게 낫다고 여기는 부모들이 많다. 독자들은 어린 시절 집에서 어떤 집안일을 했는지 떠올려보고, 현재 우리 아이에게는 어떤 일을 하게 하는지 생각해 보자. 그 과정에서 방해가 되는 건 무엇인가? 그런 번거로움을 극복하려면 어떻게 해야 할까?

10 윌리엄 데이먼은 오늘날 젊은이들이 심한 스트레스를 느끼고 불안해하는 이유는 꼭 일이나 공부를 너무 많이 해서라기보다는 자신이 무엇을 위해 그토록 애쓰는지를 모르기 때문이라고 말했다. 그의 설명에 동의하는가? 만약 그렇다면 이런 '목적의 부재'가 아이들이 학교생활이나 과외 활동을 하는 중에 어떤 모습으로 나타나고 있다고 생각하는가?

11 7장에서 저자는, 아이들에게 목적의식에 관해 말할 때 아무렇게나 말하지 않고, 신중하고 진지한 태도로 말한다는 태라 크리스티 킨제이의 사례를 소개하고 있다. 처음으로 내 인생에서 불꽃이 될 만한 거리를 찾았다고, 목적의식이란 걸 갖게 되었다고 느꼈던 때를 한번 떠올려보자. 그 불꽃이 활활 타오를 수 있게 도왔던 사람이 있는가? 내게 뭔가를 할 동기를 품게 하고, 관심을 갖게 하는 것에 대해 아이들과도 자주 이야기를 나누는가? 아이들이 뭔가를 하는 이유에 대해 생각할 기회를 주었는지 생각해 보자.

12 매터링에서 중요한 부분 중 하나는, 다른 사람이 내게 얼마나 중요한 존재인지 그 사람에게 직접 표현하는 일일 것이다. 하지만 고맙다는 표현을 실제로는 잘 하지 못하는데, 그런 표현을 주저하고 못 하게 만드는 건 어떤 문화 때문일까? 그리고 그 장애물을 극복할 방법에는 어떤 것이 있을까?

13 책의 마지막에서 저자는 "심지어 아이들에게 '너희가 행복하길 바란다'는 말도 이제는 하지 않는다. 행복과 충만함은, 다른 사람에게 기여하고, 스스로 가치 있는 존재임을 느끼는 그런 삶을 살 때 자연히 따라오는 것임을 깨달았기 때문이다"라는 대담한 발언을 한다. 우리가 인생을 사는 목표는 행

복이라고 생각하는가? 그렇다고 생각하는 이유는 무엇이고, 반대하는 이유는 무엇인가?

14 가정에서 가족에게 매터링을 전파할 수 있는 좋은 방법을 알고 있는가? 학교 교실에서, 또는 이웃을 만났을 때 매터링의 사고방식을 가지고 사람을 대한다면 우리 관계는 어떻게 달라질까? 아이의 친구나 선생님과 소통할 때, 그들이 소중한 존재임을 어떻게 표현할 수 있을까? 만나는 모든 사람에게 매터링을 전파하기 위해 노력한다면 세상이 어떻게 달라질지 생각해보자.

들어가며

1   National Academies of Sciences, Engineering, and Medicine, *Vibrant and Healthy Kids: Aligning Science, Practice, and Policy to Advance Health Equity* (Washington, DC: The National Academies Press, 2019), 4-24, https://doi.org/10.17226/25466.

2   2022년 9월 24일, 수니야 루타와의 대화.

3   Office of the Surgeon General, "U.S. Surgeon General Issues Advisory on Youth Mental Health Crisis Further Exposed by COVID-19 Pandemic," U.S. Department of Health and Human Services, Dec. 7, 2021, https://www.hhs.gov/about/news/2021/12/07/us-surgeon-general-issues-advisory-on-youth-mental-health-crisis-further-exposed-by-covid-19-pandemic.html.

4   나는 하버드 교육대학원 연구원들의 자문을 받아 2020년 1월에서 2월까지 총 2개월에 걸쳐 미국 전역 6000명이 넘는 부모를 대상으로 설문 조사를 실시했다. 먼저, 내 소셜 네트워크를 통해 온라인으로 설문지를 배포한 뒤, 설문지를 받은 사람이 다시 자기 소셜 계정에 설문을 올려 주변 사람에게 전달하는 '스노볼' 표집 방식을 통해 추가 응답자를 모집했다. 응답률의 불균형을 조정하기 위해(초기 표본은 고소득 부모의 응답률이 월등히 높았음) 소득, 지역, 거주하는 도시의 발달 정도에 따라 가중치를 두어 미 국민 전체의 시각을 반영하고자 했다. 설문 결과를 분석할 때는 이 주제에 대한 국민 다수의 의견을 반영하는 게 아닐 수도 있다는 것을 염두에 두기 위해 노력했다.

5   설문 조사 결과, 소위 '명문 학교'에 아이를 보내는 부모는 이 문항에 80퍼센트가 그렇다고 응답했고, 상대적으로 경쟁이 덜한 학교에 아이를 보내는 부모는 60퍼센트만 그렇다고 응답했다. 두 그룹 간에 이렇게 큰 차이가 나타나는 것은 대학의 중요성에 관해 인식하는 정도가 분명히 다르다는 사실을 보여준다.

6   이 문항에 그렇다고 응답한 비율은 '명문 학교'에 아이를 보내는 부모와 경쟁이 덜한 학교에 아이를 보내는 부모 사이에 별다른 차이가 나타나지 않았다. 이 문항이 현대 부모들의 공통적인 생각을 반영하고 있다는 것을 알 수 있다.

7 위 문항과 마찬가지로, 그렇다고 응답한 비율에서 '명문 학교'에 아이를 보내는 부모와 경쟁이 덜한 학교에 아이를 보내는 부모 사이에 큰 차이가 나타나지 않았다.

CHAPTER 1. 우리 아이는 어쩌다 위기에 놓이게 됐을까?

1 Suniya S. Luthar and Karen D' Avanzo, "Contextual Factors in Substance Use: A Study of Sub-urban and Inner-City Adolescents," *Development and Psychopathology* 11 (1999): 845-67.

2 Terese J. Lund and Eric Dearing, "Is Growing Up Affluent Risky for Adolescents or Is the Problem Growing Up in an Affluent Neighborhood?," Journal of Research on Adolescence 23, no. 2 (June 2013): 274-82.

3 Mary B. Geisz and Mary Nakashian, *Adolescent Wellness: Current Perspectives and Future Opportunities in Research, Policy, and Practice* (Robert Wood Johnson Foundation, 2018), https://www.rwjf.org/en/library/research/2018/06/inspiring-and-powering-the-future—a-new-view-of-adolescence.html.

4 Geisz and Nakashian, *Adolescent Wellness*, 앞의 책, 20.

5 성과 중심의 문화가 오늘날 학생들에게 어떤 영향을 미치는지 이해하기 위해 부모를 대상으로 한 설문 조사 외에도 학생을 대상으로 한 설문 조사도 실시했다. 베일러 대학교 연구원들의 도움을 받아 2021년 4월에서 5월까지 두 달에 걸쳐 전국 18세에서 30세에 해당하는, 거의 500명에 가까운 학생(그중 여성의 비율은 58퍼센트)을 대상으로 온라인 설문지를 배포했다. 내 개인 소셜 네트워크를 통해 1차로 설문지가 배포됐고, 이후 스노볼 방식을 통해 응답자를 추가 모집했다.

6 Jennifer Breheny Wallace, "Students in High-Achieving Schools Are Now Named an 'At-Risk' Group, Study Says," *Washington Post*, Sept. 26, 2019, https://www.washingtonpost.com/lifestyle/2019/09/26/students-high-achieving-schools-are-now-named-an-at-risk-group.

7 Nance Roy, "The Rise of Mental Health on College Campuses: Protecting the Emotional Health of Our Nation's College Students," *Higher Education*

Today, Dec. 17, 2018, https://www.higheredtoday.org/2018/12/17/rise-mental-health-college-campuses-protecting-emotional-health-nations-college-students.

8   Nate Herpich, "Task Force Offers 8 Recommendations for Harvard as Issues Rise Nationally," Harvard Gazette, July 23, 2020, https://news.harvard.edu/gazette/story/2020/07/task-force-recommends-8-ways-to-improve-emotional-wellness.

9   Suniya S. Luthar, Phillip J. Small, and Lucia Ciciolla, "Adolescents from Upper Middle Class Communities: Substance Misuse and Addiction Across Early Adulthood," Corrigendum, Development and Psychopathology 30, no. 2 (2018): 715-16, https://doi.org/10.1017/S0954579417001043.

10   Douglas Belkin, Jennifer Levitz, and Melissa Korn, "Many More Students, Especially the Affluent, Get Extra Time to Take the SAT," Wall Street Journal, May 21, 2019, https://www.wsj.com/articles/many-more-students-especially-the-affluent-get-extra-time-to-take-the-sat-11558450347.

11   Belkin, Levitz, and Korn, 앞의 기사.

12   자세한 내용은 다음 도서를 참고. Jay J. Coakley, *Sports In Society: Issues And Controversies* (New York: McGraw Hill, 2017).

13   리처드 웨이스보드와 수니야 루타가 실시했던 설문의 기본 뼈대를 참고했다.

14   Loan Le, "Fighting the Negative 'Tiger Mom' Mentality," *Fairfield Mirror*, Mar. 8, 2012, http://fairfieldmirror.com/news/fighting-the-negative-"tiger-mom"-mentality.
     또한 에이미 추아의 공식 홈페이지도 참고. https://www.amychua.com.

15   Christopher Bjork and William Hoynes, "Youth Sports Needs a Reset. Child Athletes Are Pushed to Professionalize Too Early," *USA Today*, Mar. 24, 2021, https://www.usatoday.com/story/opinion/voices/2021/03/24/youth-sports-competitive-covid-19-expensive-column/4797607001.

16   NJIC Web Master, "NJSIAA Student Athlete Advisory Council Pushes for More Balance," North Jersey Interscholastic Conference, Apr. 17, 2019, https://njicathletics.org/njsiaa-student-athlete-advisory-council-pushes-for-more-balance.

17   Valerie Strauss, "Kindergarten Show Canceled So Kids Can Keep Studying

to Become 'College and Career Ready.' Really." Washington Post, Apr. 26, 2014, https://www.washingtonpost.com/news/answer-sheet/wp/2014/04/26/kindergarten-show-canceled-so-kids-can-keep-working-to-become-college-and-career-ready-really.

18 David Gleason, *At What Cost: Defending Adolescent Development in Fiercely Competitive Schools* (Concord, MA: Developmental Empathy LLC, 2017), xiii.

19 Hilary Levey Friedman, *Playing to Win: Raising Children in a Competitive Culture* (Berkeley: University of California Press, 2013), xiv.

20 Jordan Fitzgerald, "Yale Admits 2,234 Students, Acceptance Rate Shrinks to 4.46 Percent," *Yale Daily News*, Mar. 31, 2022, https://yaledailynews.com/blog/2022/03/31/yale-admits-2234-students-acceptance-rate-shrinks-to-4-46-percent.

CHAPTER 2. 아이를 짓누르는 부모의 욕심

1 Sophie Kasakove, "The College Admissions Scandal: Where Some of the Defendants Are Now," *New York Times*, Oct. 9, 2021, https://www.nytimes.com/2021/10/09/us/varsity-blues-scandal-verdict.html.

2 Nicholas Hautman, "Felicity Huffman Details Daughter Sophia's Emotional Reaction to College Scandal: 'Why Didn't You Believe in Me?,'" *Us Weekly*, Sept. 6, 2019, https://www.usmagazine.com/celebrity-news/news/felicity-huffman-details-daughters-reaction-to-college-scandal.

3 Cell Press, "Our Own Status Affects the Way Our Brains Respond to Others," *ScienceDaily*, Apr. 28, 2011, https://www.sciencedaily.com/releases/2011/04/110428123936.htm.

4 Loretta Graziano Breuning, *I, Mammal: How to Make Peace with the Animal Urge for Social Power* (Oakland, CA: Inner Mammal Institute, 2011), 7.

5 Arizona State University, "Invisible Labor Can Negatively Impact Well-Being in Mothers: Study Finds Women Who Feel Overly Responsible for Household Management and Parenting Are Less Satisfied with Their Lives

and Partnerships," *ScienceDaily*, Jan. 22, 2019, https://www.sciencedaily.com/releases/2019/01/190122092857.htm.

6   Raj Chetty et al., "The Fading American Dream: Trends in Absolute Income Mobility Since 1940," *Science* 356, no. 6336 (Apr. 2017): 398-406, https://doi.org/10.1126/science.aal4617.

7   Christopher Kurz, Geng Li, and Daniel J. Vine, "Are Millennials Different?," *Finance and Economics Discussion Series* 2018-080, Board of Governors of the Federal Reserve System, 2018, https://doi.org/10.17016/FEDS.2018.080.

8   더 자세한 정보는 다음 책을 참고할 것. Sendhil Mullainathan and Eldar Shafir, *Scarcity: The New Science of Having Less and How It Defines Our Lives* (New York: Picador, 2013).

9   Juliana Menasce Horowitz, Ruth Igielnik, and Rakesh Kochhar, "Trends in Income and Wealth Inequality," *Pew Research Center*, Jan. 9, 2020, https://www.pewresearch.org/social-trends/2020/01/09/trends-in-income-and-wealth-inequality.

10   Amy Chua, "Why Chinese Mothers Are Superior," *Wall Street Journal*, Jan. 8, 2011, https://www.wsj.com/articles/SB10001424052748704111504576059713528698754.

11   Caitlin Gibson, "When Parents Are So Desperate to Get Their Kids into College That They Sabotage Other Students," *Washington Post*, Apr. 3, 2019, https://www.washingtonpost.com/lifestyle/on-parenting/when-parents-are-so-desperate-to-get-their-kids-into-college-that-they-sabotage-other-students/2019/04/02/decc6b9e-5159-11e9-88a1-ed346f0ec94f_story.html;Adam Harris, "Parents Gone Wild: High Drama Inside D.C.'s Most Elite Private School," The Atlantic, June 5, 2019, https://www.theatlantic.com/education/archive/2019/06/sidwell-friends-college-admissions-varsity-blues/591124.

CHAPTER 3. 내 아이를 위한, 첫 매터링 코칭

1   Jennifer Breheny Wallace, "The Teenage Social-Media Trap," *Wall Street*

Journal, May 4, 2018, https://www.wsj.com/articles/the-teenage-social-media-trap-1525444767.

2   Thomas Curran and Andrew P. Hill, "Perfectionism Is Increasing Over Time: A Meta-Analysis of Birth Cohort Differences From 1989 to 2016," *Psychological Bulletin* 145, no. 4 (2019): 410-29, https://doi.org/10.1037/bul0000138.

3   Konrad Piotrowski, Agnieszka Bojanowska, Aleksandra Nowicka, and Bartosz Janasek, "Perfectionism and Community-Identity Integration: The Mediating Role of Shame, Guilt and Self-Esteem," *Current Psychology* (2021), https://doi.org/10.1007/s12144-021-01499-9.

4   Morris Rosenberg and B. Claire McCullough, "Mattering: Inferred Significance and Mental Health Among Adolescents," *Research in Community and Mental Health* 2 (1981): 163-82, https://psycnet.apa.org/record/1983-07744-001.

5   2017년 3월 31일, 로드아일랜드 커뮤니티칼리지의 교직원을 대상으로 한 강연에서 기조연설자로 나온 그레고리 엘리엇은 사람들이 매터링의 감각을 떠올릴 수 있게 이와 비슷한 질문을 던졌다.

6   Rebecca Newberger Goldstein, "The Mattering Instinct," *Edge*, Mar. 16, 2016, https://www.edge.org/conversation/rebecca_newberger_goldstein-the-mattering-instinct.

7   Isaac Prilleltensky, "What It Means to 'Matter,'" *Psychology Today*, Jan. 4, 2022, https://www.psychologytoday.com/us/blog/well-being/202201/what-it-means-matter.

8   Isaac Prilleltensky and Ora Prilleltensky, *How People Matter: Why It Affects Health, Happiness, Love, Work, and Society* (Cambridge: Cambridge University Press, 2021), 5.

9   Mark R. Leary, "Sociometer Theory and the Pursuit of Relational Value: Getting to the Root of Self-Esteem," *European Review of Social Psychology* 16, no. 1 (Jan. 2005): 75-111, https://doi.org/10.1080/10463280540000007.

10 Gordon Flett, *The Psychology of Mattering: Understanding the Human Need to be Significant* (London: Elsevier, 2018), 32.

11 챌린지 석세스의 '나는 바란다! Wish' 캠페인에서 영감을 얻어 이 문항을 넣게 되

었다. 캠페인에 관한 내용은 다음 사이트를 참고할 것. https://challengesuccess. org/resources /i-wish-campaign.

12 Roy F. Baumeister, Ellen Bratslavsky, Catrin Finkenauer, and Kathleen D. Vohs, "Bad Is Stronger Than Good," *Review of General Psychology* 5, no. 4 (2001): 323-370, https://doi.org/10.1037//1089-2680.5.4.323.

13 Timothy Davis, "The Power of Positive Parenting: Gottman's Magic Ratio," *Challenging Boys*, last updated 2022, https://challengingboys.com/the-power-of-positive-parenting-gottmans-magic-ratio.

14 Laura L. Carstensen and Marguerite DeLiema, "The Positivity Effect: A Negativity Bias in Youth Fades with Age," *Current Opinion in Behavioral Sciences* 19, no. 1 (2018): 7-12, https://doi.org/10.1016/j.cobeha.2017.07.009.

15 Suniya S. Luthar and Bronwyn E. Becker, "Privileged but Pressured? A Study of Affluent Youth," *Child Development* 73, no. 5 (Sept. 2002): 1593-1610, https://doi.org/10.1111/1467-8624.00492.

16 Brené Brown, *The Gifts of Imperfection: Let Go of Who You Think You're Supposed To Be and Embrace Who You Are* (Minneapolis: Hazelden Inform & Educational Services, 2010).

17 Gregory C. Elliott, *Family Matters: The Importance of Mattering to Family in Adolescence* (Chichester, UK: Wiley-Blackwell, 2009), 39.

18 앨리스 밀러Alice Miller 《천재가 될 수밖에 없었던 아이들의 드라마》(양철북, 2019), 더 자세한 내용은 다음을 참고할 것. Gabor Maté, *The Myth of Normal: Trauma, Illness, and Healing in a Toxic Culture* (New York: Avery, 2022).

19 Ece Mendi and Jale Eldeleklioğlu, "Parental Conditional Regard, Subjective Well-Being and Self-Esteem: The Mediating Role of Perfectionism," *Psychology* 7, no. 10 (2016): 1276-95, https://doi.org/10.4236/psych.2016.710130.

20 Avi Assor, Guy Roth, and Edward L. Deci, "The Emotional Costs of Parents' Conditional Regard: A Self-Determination Theory Analysis," *Journal of Personality* 72, no. 1 (2004): 47-88, https://doi.org/10.1111/j.0022-3506.2004.00256.x.

21 Dorien Wuyts, Maarten Vansteenkiste, Bart Soenens, and Avi Assor, "An Examination of the Dynamics Involved in Parental Child-Invested Contingent Self-Esteem," *Parenting* 15, no. 2 (2015): 55-74, https://doi.org/

10.1080/15295192.2015.1020135.

22 Elliott, *Family Matters*, 187.

23 매들린 러바인Madeline Levine, 《물질적 풍요로부터 내 아이를 지키는 법》(책으로 여는 세상, 2017).

24 매들린 러바인, 앞의 책.

25 Richard Weissbourd, *The Parents We Mean to Be: How Well-Intentioned Adults Undermine Children's Moral and Emotional Development* (New York: Mariner Books, 2010).

26 리 워터스Lea Waters, 《똑똑한 엄마는 강점스위치를 켠다》(웅진리빙하우스, 2019).

27 Michelle McQuaid, "Don't Make a Wish-Try Hope Instead," VIA Institute on Character, Achieving Goals, Jan. 31, 2014, https://www.viacharacter.org/topics/articles/don%27t-make-a-wish-try-hope-instead.

28 "The VIA Character Strengths Survey," VIA Institute on Character, https://www.viacharacter.org/survey/account/Register.

29 Flett, *Psychology of Mattering*, 117.

30 Scott Galloway, *The Algebra of Happiness: Notes on the Pursuit of Success, Love, and Meaning* (New York: Portfolio, 2019), 148-9.

31 "Parent Touch, Play and Support in Childhood Vital to Well-Being as an Adult," *Notre Dame News*, Dec. 21, 2015, https://news.nd.edu/news/parent-touch-play-and-support-in-childhood-vital-to-well-being-as-an-adult.

32 Bingqing Wang, Laramie Taylor, and Qiusi Sun, "Families that Play Together Stay Together: Investigating Family Bonding through Video Games," *New Media & Society* 20, no. 11 (2018): 4074-94, https://doi.org/10.1177/1461444818767667.

33 Jennifer Breheny Wallace, "The Right Way for Parents to Question Their Teenagers," *Wall Street Journal*, Nov. 23, 2018, https://www.wsj.com/articles/the-right-way-for-parents-to-question-their-teenagers-1542982858.

CHAPTER 4. 자신의 가치를 아는 아이는 무엇이 다른가

1   Julia Hess, "Mercer Island Featured as Best Place to Live in Washington," *My Mercer Island*, Jan. 29, 2018, https://mymercerisland.com/mercer-island-best-place-to-live-washington.

2   Charles Murray, "SuperZips and the Rest of America's Zip Codes," *American Enterprise Institute*, Feb. 13, 2012, https://www.aei.org/research-products/working-paper/superzips-and-the-rest-of-americas-zip-codes.

3   Carol Morello and Ted Mellnik, "Washington: A World Apart," *Washington Post*, Nov. 9, 2013, https://www.washingtonpost.com/sf/local/2013/11/09/washington-a-world-apart/.

4   Andy Kiersz, "MAP: Here Are The 20 'Super-Zips' Where America's Ultra-Elite Reside," *Business Insider*, Dec. 9, 2013, https://www.businessinsider.com/map-americas-super-elite-live-in-these-zip-codes-2013-12.

5   Meghana Kakubal, Lila Shroff, and Soraya Marashi, "Pressure, Insomnia and Hospitalization: The New Normal for Students Applying to College," *KUOW RadioActive*, Apr. 3, 2019, https://www.kuow.org/stories/what-students-go-through-to-get-into-college.

6   Cynthia Goodwin, "Gearing Up for Summer: Findings and Recommendation on Our Youth Well-Being Student Survey," *Mercer Island Living*, June 2019.

7   Suniya S. Luthar, Samuel H. Barkin, and Elizabeth J. Crossman, "'I Can, Therefore I Must': Fragility in the Upper-Middle Classes," *Developmental Psychopathology* 25, no. 4, pt. 2 (Nov. 2013): 1529-49, https://doi.org/10.1017/S0954579413000758.

8   배리 슈워츠Barry Schwartz, 《점심메뉴 고르기도 어려운 사람들: 선택의 스트레스에서 벗어나는 법》(예담, 2015).

9   캐럴 S. 드웩Carol S. Dweck, 《마인드셋: 원하는 것을 이루는 태도의 힘》(스몰빅라이프, 2017).

10 Suniya S. Luthar, Nina L. Kumar, and Nicole Zillmer, "High-Achieving Schools Connote Risks for Adolescents: Problems Documented, Processes Implicated, and Directions for Interventions," *American Psychologist* 75, no. 7 (2020): 983-95, https://doi.org/10.1037/amp0000556.

11   Paweł A. Atroszko, Cecilie Schou Andreassen, Mark D. Griffiths, and Ståle Pallesen, "Study Addiction-A New Area of Psychological Study: Conceptualization, Assessment, and Preliminary Empirical Findings," *Journal of Behavioral Addictions* 4, no. 2 (2015): 75-84, https://doi.org/10.1556/2006.4.2015.007.

12   Paweł A. Atroszko, Cecilie Schou Andreassen, Mark D. Griffiths, and Ståle Pallesen, "The Relationship Between Study Addiction and Work Addiction: A Cross-Cultural Longitudinal Study," *Journal of Behavioral Addictions* 5, no. 4 (2016): 708-14, https://doi.org/10.1556/2006.5.2016.076.

13   Atroszko et al., "The Relationship Between Study Addiction and Work Addiction".

14   요한 하리Johann Hari, 《벌거벗은 정신력: 행복을 도둑맞은 시대, 마음의 면역력을 되찾는 법》(쌤앤파커스, 2024).

15   Evan Nesterak, "Materially False: A Q&A with Tim Kasser about the Pursuit of the Good Life through Goods," *Behavioral Scientist,* Sept. 9, 2014, https://behavioralscientist.org/materially-false-qa-tim-kasser-pursuit-good-goods.

16   Tim Kasser et al., "Changes in Materialism, Changes in Psychological Well-Being: Evidence from Three Longitudinal Studies and an Intervention Experiment," *Motivation and Emotion* 38 (2014): 1-22, https://doi.org/10.1007/s11031-013-9371-4.

17   Paul Tough, *The Inequality Machine: How College Divides Us* (Boston: Houghton Mifflin Harcourt, 2019), 25.

18   "A 'Fit' Over Rankings: Why College Engagement Matters More Than Selectivity," Challenge Success, Resources, May 14, 2021. https://challengesuccess.org/resources/a-fit-over-rankings-why-college-engagement-matters-more-than-selectivity.

19   Malcolm Gladwell, "The Order of Things: What College Rankings Really Tell Us," *New Yorker,* Feb. 6, 2011, https://www.newyorker.com/magazine/2011/02/14/the-order-of-things.

20   Anemona Hartocollis, "U.S. News Dropped Columbia's Ranking, but Its Own Methods Are Now Questioned," *New York Times,* Sept. 12, 2022, https://www.nytimes.com/2022/09/12/us/columbia-university-us-news-

ranking.html.

21 다음을 참고할 것. David Wagner, "Which Schools Aren't Lying Their Way
    to a Higher U.S. News Ranking?," *The Atlantic*, Feb. 6, 2013, https://www.
    theatlantic.com/national/archive/2013/02/which-schools-arent-lying-their-
    way-higher-us-news-ranking/318621. 다음 자료도 참고할 것. Max Kutner,
    "How to Game the College Rankings," *Boston Magazine*, Aug. 26, 2014,
    https://www.bostonmagazine.com/news/2014/08/26/how-northeastern-
    gamed-the-college-rankings.

22 Anna Brown, "Public and Private College Grads Rank about Equally in Life
    Satisfaction," Pew Research Center, May 19, 2014, https://www.pewresearch.
    org/fact-tank/2014/05/19/public-and-private-college-grads-rank-about-
    equally-in-life-satisfaction.

23 "Why You Should Work Less: A Second Look at the 10,000 Hour Rule," The
    Neuroscience School, 2020, https://neuroscienceschool.com/2020/05/22/
    why-you-should-work-less.

24 "The Youth Risk Behavior Surveillance System (YRBSS): 2019 National,
    State, and Local Results," National Center for HIV/AIDS, Viral Hepatitis,
    STD, and TB Prevention Division of Adolescent and School Health, 2019,
    https://www.cdc.gov/healthyyouth/data/yrbs/pdf/2019/2019_Graphs_508.
    pdf.

25 Andrew J. Fuligni, Erin H. Arruda, Jennifer L. Krull, and Nancy A. Gonzales,
    "Adolescent Sleep Duration, Variability, and Peak Levels of Achievement and
    Mental Health," Child Development 89, no. 2 (Mar. 2018): 18-28, https://
    doi.org/10.1111/cdev.12729.

26 Lucia Ciciolla, Alexandria S. Curlee, Jason Karageorge, and Suniya S Luthar,
    "When Mothers and Fathers Are Seen as Disproportionately Valuing
    Achievements: Implications for Adjustment Among Upper Middle Class
    Youth," *Journal of Youth and Adolescence* 46, no. 5 (May 2017): 1057-75,
    https://doi.org/10.1007/s10964-016-0596-x.

CHAPTER 5. 지나친 경쟁이 아이를 망친다

1   로버트 H. 프랭크Robert H. Frank, 《부자 아빠의 몰락》(창비, 2009).

2   Prashant Loyalka, Andrey Zakharov, and Yulia Kusmina, "Catching the Big Fish in the Little Pond Effect: Evidence from 33 Countries and Regions," *Comparative Education Review* 62, no. 4 (Nov. 2018): 542-64, https://doi. org/10.1086/699672.

3   더 자세한 생각이 궁금하다면 다음 자료를 찾아볼 것. David Foster Wallace's May 21, 2005, Kenyon College commencement address, https://people. math.harvard.edu/~ctm/links/culture/dfw_kenyon_commencement. html#:~:text=The%20really%20important%20kind%20of,and%20 understanding%20how%20to%20think.

4   Nicole LaPorte, "This Year's College Admissions Horror Show," *Town & Country*, Apr. 1, 2022, https://www.townandcountrymag.com/society/ money-and-power/a39560789/college-admissions-2022-challenge-news.

5   Jean M. Twenge et al., "Worldwide Increases in Adolescent Loneliness," *Journal of Adolescence* 93 (Dec. 2021): 257-69, https://doi.org/10.1016/j.adolescence. 2021.06.006.

6   Isaac Lozano, "It Literally Consumes You: A Look into Student Struggles with Mental Health at Stanford," *Stanford Daily*, Apr. 21, 2022, https:// stanforddaily.com/2022/04/21/it-literally-consumes-you-a-look-into-student- struggles-with-mental-health-at-stanford.

7   Gordon Flett, The Psychology of Mattering: Understanding the Human Need to be Significant (London: Academic Press, 2018), 31.

8   Julie Newman Kingery, Cynthia A. Erdley, and Katherine C. Marshall, "Peer Acceptance and Friendship as Predictors of Early Adolescents' Adjustment Across the Middle School Transition," *Merrill-Palmer Quarterly* 57, no. 3 (2011): 215-43, https://doi.org/10.1353/mpq.2011.0012.

9   Rachel K. Narr, Joseph P. Allen, Joseph S. Tan, and Emily L. Loeb, "Close Friendship Strength and Broader Peer Group Desirability as Differential Predictors of Adult Mental Health," *Child Development* 90, no. 1 (Aug. 2017): 298-313, https://doi.org/10.1111/cdev.12905.

10 Gregory C. Elliott, *Family Matters: The Importance of Mattering to Family in Adolescence* (Chichester, UK: Wiley-Blackwell, 2009), 58.

11 Robert E. Coles, "The Hidden Power of Envy," *Harper's Magazine*, Aug. 1995, https://harpers.org/archive/1995/08/the-hidden-power-of-envy.

12 Ersilia Menesini, Fulvio Tassi, and Annalaura Nocentini, "The Competitive Attitude Scale (CAS): A Multidimensional Measure of Competitiveness in Adolescence," *Journal of Psychology & Clinical Psychiatry* 9, no. 3 (2018): 240-44, https://doi.org/10.15406/jpcpy.2018.09.00528.

13 Tamara Humphrey and Tracy Vaillancourt, "Longitudinal Relations Between Hypercompetitiveness, Jealousy, and Aggression Across Adolescence," *Merrill-Palmer Quarterly* 67, no. 3 (July 2021): 237-68, https://doi.org/10.13110/merrpalmquar1982.67.3.0237.

14 Jennifer Breheny Wallace, "Teaching Girls to Be Great Competitors," *Wall Street Journal*, Apr. 12, 2019, https://www.wsj.com/articles/teaching-girls-to-be-great-competitors-11555061400.

15 사이먼 시넥Simon Sinek,《인피니트 게임》(세계사, 2022). 다음 자료도 찾아볼 것. Darya Sinusoid, "A Worthy Rival: Learn from the Competition," *Shortform* (blog), June 11, 2021, https://www.shortform.com/blog/worthy-rival.

16 W. 티머시 갤웨이W. Timothy Gallwey,《테니스 이너 게임: 최고의 기량을 발휘하기 위한 정신적 측면에 대한 지침》(소우주, 2022).

17 Jennifer Breheny Wallace, "Teaching Girls to Be Great Competitors".

18 Renée Spencer, Jill Walsh, Belle Liang, Angela M. Desilva Mousseau, and Terese J. Lund, "Having It All? A Qualitative Examination of Affluent Adolescent Girls' Perceptions of Stress and Their Quests for Success," *Journal of Adolescent Research* 33, no. 1 (Sept. 2016): 3-33, https://doi.org/10.1177/0743558416670990.

19 Jennifer Breheny Wallace, "Teaching Girls to Be Great Competitors".

20 Amy Tennery, "Athletics-'Iron Sharpens Iron': McLaughlin, Muhammad Hurdle to New Heights," Reuters, Aug. 4, 2021, https://www.reuters.com/lifestyle/sports/athletics-iron-sharpens-iron-mclaughlin-muhammad-hurdle-new-heights-2021-08-04.

CHAPTER 6. 영향력 있는 아이로 키우는 방법

1   Jean M. Twenge, "How Dare You Say Narcissism Is Increasing?," *Psychology Today*, Aug. 12, 2013, https://www.psychologytoday.com/us/blog/the-narcissism-epidemic/201308/how-dare-you-say-narcissism-is-increasing.

2   Diane Swanbrow, "Empathy: College Students Don't Have as Much as They Used To," *Michigan Today*, June 9, 2010, https://michigantoday.umich.edu/2010/06/09/a7777.

3   Jean M. Twenge and M. Keith Campbell, *The Narcissism Epidemic: Living in the Age of Entitlement* (New York: Atria, 2009).

4   Terri Lobdell, "Driven to Succeed: How We're Depriving Teens of a Sense of Purpose," *Palo Alto Weekly*, Nov. 18, 2011, https://ed.stanford.edu/news/driven-succeed-how-were-depriving-teens-sense-purpose.

5   Rick Warren, *The Purpose Driven Life: What on Earth Am I Here For?* (Grand Rapids: Zondervan, 2002).

6   Jennifer Breheny Wallace, "Why Children Need Chores," *Wall Street Journal*, Mar. 13, 2015, https://www.wsj.com/articles/why-children-need-chores-1426262655.

7   Leon F. Seltzer, "Self-Absorption: The Root of All (Psychological) Evil?," *Psychology Today*, Aug. 24, 2016, https://www.psychologytoday.com/us/blog/evolution-the-self/201608/self-absorption-the-root-all-psychological-evil.

8   이 연구에 관한 자세한 내용은 다음을 참고할 것. Robert Waldinger, MD, and Marc Schulz, PhD, *The Good Life: Lessons from the World's Longest Scientific Study of Happiness* (New York: Simon & Schuster, 2023).

9   Jennifer Breheny Wallace, "How to Get Your Kids to Do Their Chores," *The Huffington Post*, Apr. 23, 2015, https://www.huffpost.com/entry/how-to-get-your-kids-to-do-their-chores_b_7117102.

10 Isaac Prilleltensky and Ora Prilleltensky, *How People Matter: Why It Affects Health, Happiness, Love, Work, and Society* (Cambridge: Cambridge University Press, 2021), 78.

11 윌리엄 데이먼William Damon, 《무엇을 위해 살 것인가》(한국경제신문, 2012).

12 Samantha Boardman, *Everyday Vitality: Turning Stress into Strength* (New

York: Penguin Books, 2021), 188-89.

13 Damon, *Path to Purpose*, 183-202.

14 William Damon, *Greater Expectations: Overcoming the Culture of Indulgence in Our Homes and Schools* (New York: Free Press Paperbacks, 1995), 31.

15 Christian Smith and Hilary Davidson, *The Paradox of Generosity: Giving We Receive, Grasping We Lose* (Oxford: Oxford University Press, 2014), 71

16 Christopher Peterson, "Other People Matter: Two Examples," *Psychology Today*, June 17, 2008, https://www.psychologytoday.com/us/blog/the-good-life/200806/other-people-matter-two-examples.

CHAPTER 7. 부모의 매터링이 먼저다

1 Anthony Cilluffo and D'Vera Cohn, "7 Demographic Trends Shaping the U.S. and the World in 2018," Pew Research Center, Apr. 25, 2018, https://www.pewresearch.org/fact-tank/2018/04/25/7-demographic-trends-shaping-the-u-s-and-the-world-in-2018.

2 다음을 참고할 것. William Delgado, "Replication Data for The Education Gradient in Maternal Enjoyment of Time in Childcare," Harvard Dataverse, V1, June 14, 2020. 다음 자료도 참고하면 좋음. Ariel Kalil, Susan E. Mayer, William Delgado, and Lisa A. Gennetian, "The Education Gradient in Maternal Enjoyment of Time in Childcare," University of Chicago, Becker Friedman Institute, June 14, 2020.

3 Sharon Hays, *The Cultural Contradictions of Motherhood* (New Haven: Yale University Press, 1996).

4 Charlotte Faircloth, "Intensive Fatherhood? The (Un)involved Dad," in Ellie Lee, Jennie Bristow, Charlotte Faircloth, and Jan Macvarish, *Parenting Culture Studies* (London: Palgrave Macmillan, 2014): 184-99, https://doi.org/10.1057/9781137304612_9.

5 Gretchen Livingston and Kim Parker, "8 Facts about American Dads," Pew Research Center, June 12, 2019, https://www.pewresearch.org/fact-tank/2019/06/12/fathers-day-facts.

6   Lydia Buswell, Ramon B. Zabriskie, Neil Lundberg, and Alan J. Hawkins, "The Relationship Between Father Involvement in Family Leisure and Family Functioning: The Importance of Daily Family Leisure," *Leisure Sciences* 34, no. 2 (Mar. 2012): 172-90, https://doi.org/10.1080/01490400.2012.65251.

7   Maaike van der Vleuten, Eva Jaspers, and Tanja van der Lippe, "Same-Sex Couples' Division of Labor from a Cross-National Perspective," *Journal of GLBT Family Studies* 17, no. 2 (Dec. 2020): 150-67, https://doi.org/10.1080/1550428X.2020.1862012.

8   Claire Cain Miller, "How Same-Sex Couples Divide Chores, and What It Reveals About Modern Parenting," *New York Times*, May 16, 2018, https://www.nytimes.com/2018/05/16/upshot/same-sex-couples-divide-chores-much-more-evenly-until-they-become-parents.html.

9   Erika M. Manczak, Anita DeLongis, and Edith Chen, "Does Empathy Have a Cost? Diverging Psychological and Physiological Effects Within Families," *Health Psychology* 35, no. 3 (Mar. 2016): 211-18, https://doi.org/10.1037/hea0000281.

10   "Does Being an Intense Mother Make Women Unhappy?," *Springer via ScienceDaily*, July 5, 2012, https://www.sciencedaily.com/releases/2012/07/120705151417.htm.

11   제니퍼 시니어Jennifer Senior, 《부모로 산다는 것》(알에이치코리아, 2014).

12   Suniya S. Luthar and Lucia Ciciolla, "What It Feels Like to Be a Mother: Variations by Children's *Developmental Stages*," Developmental Psychology 52, no. 1 (2016): 143-54, https://doi.org/10.1037/dev0000062.

13   로버트 D. 퍼트넘Robert D. Putnam, 《나 홀로 볼링: 사회적 커뮤니티의 붕괴와 소생》(페이퍼로드, 2016).

14   "Privileged and Pressured Presentation Summary," compiled by Genevieve Eason, Wilton Youth Council, https://www.wiltonyouth.org/privileged-pressured-summary.

15   Gordon Flett, *The Psychology of Mattering: Understanding the Human Need to be Significant* (London: Academic Press, 2018), 123.

16   "The Most Important Thing We Can Do for Our Children Is to Learn How to Manage OUR Stress," 13D Research, Aug. 9, 2017, https://latest.13d.

com/the-most-important-thing-we-can-do-for-our-children-is-learn-how-to-manage-our-stress-62f9031f55c4.

17 Gordon Flett, *The Psychology of Mattering*, 116. 다음 자료도 참고할 것. Brooke Elizabeth Whiting, "Determinants and Consequences of Mattering in the Adolescent's Social World" (PhD diss., University of Maryland College Park, 1982).

18 Jennifer E. DeVoe, Amy Geller, and Yamrot Negussie, eds., *Vibrant and Healthy Kids: Aligning Science, Practice, and Policy to Advance Health Equity* (Washington, DC: The National Academies Press, 2019).

19 Thomas W. Kamarck, Stephen B. Manuck, and J. Richard Jennings, "Social Support Reduces Cardiovascular Reactivity to Psychological Challenge: A Laboratory Model," *Psychosomatic Medicine* 52, no. 1 (1990): 42-58, https://doi.org/10.1097/00006842-199001000-00004.

20 Simone Schnall, Kent D. Harber, Jeanine K. Stefanucci, and Dennis R. Proffitt, "Social Support and the Perception of Geographical Slant," *Journal of Experimental Social Psychology* 44, no. 5 (Sept. 2008): 1246-55, https://doi.org/10.1016/j.jesp.2008.04.011.

21 Suniya S. Luthar et al., "Fostering Resilience among Mothers under Stress: 'Authentic Connections Groups' for Medical Professionals," *Women's Health Issues* 27, no. 3 (May-June 2017): 382-90, https://doi.org/10.1016/j.whi.2017.02.007.

22 Sherry S. Chesak et al., "Authentic Connections Groups: A Pilot Test of an Intervention Aimed at Enhancing Resilience Among Nurse Leader Mothers," *Worldviews on Evidence-Based Nursing* 17, no. 1 (Feb. 2020): 39-48, https://doi.org/10.1111/wvn.12420.

23 Suniya S. Luthar, Nina L. Kumar, and Renee Benoit, "Toward Fostering Resilience on a Large Scale: Connecting Communities of Caregivers," *Developmental Psychopathology* 31, no. 5 (Dec. 2019): 1813-25, https://doi.org/10.1017/S0954579419001251.

24 미국 공중보건단장 비벡 머시Vivek Murthy 박사는 비슷한 경험담을 자신의 저서 *Together: The Healing Power of Human Connection in a Sometimes Lonely World* (New York: HarperCollins, 2020)에 기술했다.

25 제니퍼 시니어,《부모로 산다는 것》(알에이치코리아, 2014).

26 Edward M. Hallowell, *The Childhood Roots of Adult Happiness: Five Steps to Help Kids Create and Sustain Lifelong Joy* (New York: Ballantine Books, 2002).

CHAPTER 8. 아이와 더 넓은 세상으로 나아가려면

1 브루스 파일러Bruce Feiler,《아빠가 선물한 여섯 아빠》(21세기북스, 2011).

2 미국 청소년 건강에 관한 종단 연구The National Longitudinal Study of Adolescent Health 자료를 참고할 것. 자료는 다음 사이트에서 확인할 수 있음. "Social, Behavioral, and Biological Linkages Across the Life Course," Add Health, https://addhealth.cpc.unc.edu.

3 GOOD Morning Wilton Staff, "Get Ready for Wilton's 2nd Annual Big Block Party Weekend," *GOOD Morning Wilton*, May 29, 2019, https://goodmorningwilton.com/get-ready-for-wiltons-2nd-annual-big-block-party-weekend.

부록

1 다음을 참고할 것. 에드워드 M. 할로웰Edward M. Hallowell,《아이를 행복한 어른으로 자라게 하는 5단계》(이론과실천, 2010).

2 Carin Rubenstein, *The Sacrificial Mother: Escaping the Trap of Self-Denial* (New York: Hachette Books, 1999).

3 '적당히 괜찮은 부모'라는 말은 D. W. 위니컷D. W. Winnicott의 표현을 빌려온 것이다. 이 개념에 관해 더 자세한 내용은 위니컷의 다음 저서를 참고할 것. *The Child, the Family, and the Outside World* (Harmondsworth, UK: Penguin, 1964).

4 Jennifer Breheny Wallace, "The Perils of the Child Perfectionist," *Wall Street Journal*, Aug. 31, 2018, https://www.wsj.com/articles/the-perils-of-the-young-perfectionist-1535723813.

5 감사함에 대한 더 자세한 연구는 다음을 참고할 것. Summer Allen, "The

Science of Gratitude," Greater Good Science Center, May 2018, https://happierway.org/pillars/well-being/articles/the-science-of-gratitude.

6   Gordon Flett, *The Psychology of Mattering: Understanding the Human Need to be Significant* (London: Academic Press, 2018), 20-1.

7   대니얼 마코비츠Daniel Markovits, 《엘리트 세습》(세종서적, 2020).

모든 부모는 내 아이가 매순간 행복하기를 바란다.
이제는 성적이 아닌 아이의 손을 잡아줄 때다.

—제니퍼 윌리스

옮긴이 조경실

성신여대 영문학과를 졸업한 후 산업 전시와 미술 전시 기획자로 일했다. 글밥 아카데미 영어출판번역 과정 수료 후 바른번역 소속 번역가로 활동 중이며, 책을 번역하고 달리기로 하루를 마무리하는 일상을 살고 있다. 옮긴 책으로는《핸디맨》,《레니와 마고의 백 년》,《이제 나가서 사람 좀 만나려고요》,《일상이 예술이 되는 곳, 메인》,《이지 웨이 아웃》,《밤이 제아무리 길어도》,《배색 스타일 핸드북 1, 2》,《현대 미술은 처음인데요》 등이 있다.

내 아이를 위한
매터링 코칭

초판 1쇄 발행 2024년 8월 8일

지은이	제니퍼 월리스
옮긴이	조경실
펴낸이	권미경
기획편집	김효단
마케팅	심지훈, 강소연, 김재이
디자인	어나더페이퍼

펴낸곳	㈜웨일북
출판등록	2015년 10월 12일 제2015-000316호
주소	서울시 마포구 토정로 47 서일빌딩 701호
전화	02-322-7187
팩스	02-337-8187
메일	sea@whalebook.co.kr
인스타그램	instagram.com/whalebooks

ISBN 979-11-92097-88-6 (03590)

소중한 원고를 보내주세요.
좋은 저자에게서 좋은 책이 나온다는 믿음으로, 항상 진심을 다해 구하겠습니다.